AI时代高等学校通识教育系列教材

U0723024

人工智能导论与实践

微课视频版

何东彬　主编

杨争艳　宋宇斐　朱艳红　副主编

清华大学出版社

北京

内 容 简 介

本书全面介绍人工智能的基本原理，以及相关研究领域的核心内容、最新进展与发展方向。本书深入讲解人工智能的核心技术，并以5个经典学习案例贯穿全书，涵盖计算机视觉和自然语言处理两大重要应用领域。

全书共6章，主要内容包括人工智能、机器学习、深度学习、计算机视觉、自然语言处理、智能机器人。本书特别强调实践性，每个案例都结合实际应用，有助于读者掌握经典神经网络结构并进入人工智能领域从事相关工作。

本书可作为高等院校计算机类、软件工程、人工智能等相关专业的"人工智能"课程的教材，也可作为感兴趣读者的自学读物，还可作为相关行业技术人员的参考用书。

图书在版编目（CIP）数据

人工智能导论与实践：微课视频版 / 何东彬主编. -- 北京：清华大学出版社，2025.7.
（AI时代高等学校通识教育系列教材）. -- ISBN 978-7-302-69777-0

Ⅰ. TP18

中国国家版本馆 CIP 数据核字第 2025CK9672 号

策划编辑：魏江江
责任编辑：葛鹏程　薛　阳
封面设计：刘　键
责任校对：刘惠林
责任印制：刘海龙

出版发行：清华大学出版社
　　　　网　　　址：https://www.tup.com.cn, https://www.wqxuetang.com
　　　　地　　　址：北京清华大学学研大厦 A 座　　　邮　　编：100084
　　　　社 总 机：010-83470000　　　　　　　　邮　　购：010-62786544
　　　　投稿与读者服务：010-62776969, c-service@tup.tsinghua.edu.cn
　　　　质量反馈：010-62772015, zhiliang@tup.tsinghua.edu.cn
　　　　课件下载：https://www.tup.com.cn, 010-83470236
印 装 者：北京同文印刷有限责任公司
经　销：全国新华书店
开　本：185mm×260mm　　　**印　张**：15.5　　　**字　数**：377 千字
版　次：2025 年 8 月第 1 版　　　　　　　　**印　次**：2025 年 8 月第 1 次印刷
印　数：1～1500
定　价：49.80 元

产品编号：109675-01

前　言

党的二十大报告指出：教育、科技、人才是全面建设社会主义现代化国家的基础性、战略性支撑。必须坚持科技是第一生产力、人才是第一资源、创新是第一动力，深入实施科教兴国战略、人才强国战略、创新驱动发展战略，这三大战略共同服务于创新型国家的建设。高等教育与经济社会发展紧密相连，对促进就业创业、助力经济社会发展、增进人民福祉具有重要意义。

人工智能作为一门新兴的交叉学科，已经迅速发展成为 21 世纪科技创新的核心驱动力之一。随着计算能力、数据存储能力和算法不断取得突破，人工智能技术的应用已经从初期的理论探索阶段，迈向了深刻影响经济、产业和社会的实际应用层面。人工智能不仅是计算机科学的一部分，它与数学、心理学、神经科学、哲学等多个学科交织融合，形成了一个复杂而庞大的技术体系。正因如此，人工智能被誉为 21 世纪科技创新的"万能钥匙"，它的应用已经渗透到生活的各个层面，正在重新塑造人类的生活方式和工作模式。

我国早在 2017 年就明确将人工智能列为国家发展的重点战略。2018 年，教育部发布了《高等学校人工智能创新行动计划》。该计划特别强调，未来我国的高校应成为人工智能创新中心的核心力量，成为推动国家人工智能战略实施的核心引擎。为此，教育部鼓励高校在专业课程、学科建设、人才培养等方面进行深度改革，推动人工智能学科与其他相关学科的交叉融合，提升综合性研究能力。同时，政府对高校人工智能教育的投入也在持续增加，为高校提供更加丰富的科研资源和实践平台，以培养更多能够适应新一代人工智能技术需求的创新型人才。

"人工智能导论"作为一门综合性较强的计算机专业核心课程，紧密契合国家对人工智能发展战略的需求。课程内容覆盖人工智能的基本理论框架，涵盖多个学科和领域，旨在为学生提供全面、系统的人工智能基础知识，为未来人工智能领域的深造和应用打下坚实的基础。

本书的主要特点如下。

(1) 跨学科。人工智能跨越计算机、数学、神经科学、心理学等多个学科，课程内容丰富多样，要求学生具备广泛的科学素养和扎实的基础知识。

（2）综合性。本书涵盖了人工智能的基本理论框架，包括知识表示、推理、搜索、规划、机器学习、神经网络、自然语言处理和计算机视觉等多个子领域，提供了对人工智能学科的全面概览。

（3）前沿性。在深入讲解基本原理与方法的基础上，纳入最新的人工智能技术和发展动态，引入深度学习、大语言模型和智能机器人等当前最具影响力的技术，使学生能够了解行业前沿进展及人工智能的先进工具与解决方案。

（4）实践性。除理论知识外，本书还在实践中介绍编程语言、机器学习算法和人工智能框架，以加深学生对理论的理解，锻炼其分析、设计和工程能力，从而为其未来人工智能领域就业或深造奠定坚实的实践基础。

本书源自作者多年的教学实践。目前，课程视频在哔哩哔哩平台上已超过 16 万次播放，并收获了大量本科和研究生的高度评价。许多学生表示，这是他们接触人工智能以来最适合入门的课程，这也是本书编写的初衷和动力所在。根据来自线上和线下的教学反馈意见，作者深刻感受到广大学生对一本简单易懂、适合入门的人工智能教材的强烈需求，以及理论与实践结合的重要性。与市面上大部分人工智能同类教材相比，本书删减了冗繁、生涩的内容，摒弃了"水漫金山式灌输"的写作方式，避免了学生课上昏昏欲睡、课下自学乏力的教学困境，为应用型本科和高职院校的学生提供了一条清晰、实践导向的学习路径，力求将人工智能基本概念与核心技术以更加直观和高效的方式呈现，确保学生能够在理论与实践的结合中获得深刻理解。

为便于教学，本书提供丰富的配套资源，包括教学课件、教学大纲、程序源码、习题答案和微课视频。

资源下载提示

课件资源：扫描目录上方的二维码获取下载方式。

微课视频：扫描封底的文泉云盘防盗码，再扫描书中相应章节的视频讲解二维码，可以在线学习。

本书由何东彬担任主编并负责统稿工作。在本书的编写过程中，何东彬负责第 3～5 章的主要编写工作，杨争艳负责第 1、2 章的编写工作，宋宇斐负责第 6 章的编写工作，朱艳红负责第 4、5 章的部分编写工作及全书的审稿、校订工作，李慧和游紫暄参与了本书的插图绘制和表格设计等工作。本书得到了教育部产学合作协同育人项目"人工智能导论课程师资培训项目"，河北省教育厅"创新创业基础课程"《人工智能导论》，石家庄学院教学改革研究与实践项目《基于学科竞赛的产学研协同育人创新培养模式研究》（项目编号：JGXM-202304Z）等的支持。

最后，感谢所有在本书编写过程中提供支持的领导、同事和家人。在未来的版本中，作者将继续完善内容，同步最新的技术发展和研究成果，以更好地服务于广大学习者，推动人工智能学科的发展和人才的培养。

由于作者水平所限，书中难免存在疏漏之处，恳请读者批评指正。

作 者

2025 年 6 月

目 录

资源下载

第 1 章

人 工 智 能

CHAPTER *1*

本章学习目标
- 了解人工智能的定义和发展历史
- 了解人工智能的研究内容
- 熟悉人工智能技术的分类
- 了解人工智能的应用场景

本章从人工智能的基本概念、发展概况等基础知识入手,讲解人工智能自诞生以来取得的巨大成就及技术上的发展突破,引导读者初步了解人工智能相关技术及应用场景。

🔑 1.1　人工智能概述

人工智能(Artificial Intelligence,AI)是一门研究、开发用于模拟、延伸和扩展人的智能的理论、方法、技术及应用系统的新技术科学。人工智能自 1956 年诞生以来已经取得了丰硕的研究成果,广泛地应用于诸多领域,极大地改变了人们的生产生活。

1.1.1　人工智能的定义

人工智能是一个跨学科的研究领域,涉及计算机科学、数学、神经科学、心理学、哲学等多个学科。不同学科的专家根据自己的研究背景和关注重点,对人工智能的定义和范畴有不同的理解和诠释。

1. 约翰·麦卡锡的定义

约翰·麦卡锡(John McCarthy)被誉为人工智能之父(见图 1.1),他在 1955 年提出的定义是:"人工智能是制造智能机器的科学与工程,特别是智能计算机程序"。这一定义强调了人工智能的核心在于创造能够模拟或超越人类智能的机器,或者通过编程实现的智能计算机程序。麦卡锡的定义突出了人工智能作为一门科学和工程的属性,指出人工智能是旨在探索和开发能够执行复杂任务、理解环境并做出相应决策的智能系统。

图 1.1　人工智能之父——约翰·麦卡锡

2. 卡普兰和海恩莱因的定义

安德里亚斯·卡普兰(Andreas Kaplan)和迈克尔·海恩莱因(Michael Haenlein)则给出了一个更为具体和可操作性强的定义:"人工智能是系统正确解释外部数据,从这些数据中学习,并利用这些知识通过灵活适应实现特定目标和任务的能力"。这一定义强调了人工智能系统对外部数据的处理能力,包括数据的解释、学习和应用。该定义指出,人工智能系统能够通过对数据的分析和学习,灵活适应环境变化,从而实现特定的目标和任务。这一定义更侧重人工智能系统的功能性和实用性,强调了其在解决实际问题中的重要作用。

3. 科学网博客的定义

人工智能是一门研究、开发用于模拟、延伸和扩展人的智能的理论、方法、技术及应用系统的新技术学科,旨在通过计算机系统和算法,使机器能够执行通常需要人类智慧才能完成的任务,包括学习、推理、感知、理解和创造等活动。

4. 本书的定义

人工智能是一种利用计算机和相关技术来模拟、延伸和扩展人的智能的计算机科学的分支,目标是使用算法和数据构建能够表现出人类智能的系统。该系统试图以人类的智慧为模型,开发出能以与人类智能相似的方式思考、学习、解决问题的计算机程序和技术。

这些定义虽然有所不同,但都揭示了人工智能系统的核心特征和重要作用,为人们理解和探索人工智能提供了重要的参考和指导。

1.1.2 人工智能的历史

人工智能的历史是一个充满挑战与突破的漫长历程,其发展历程大致可以划分为以下几个关键阶段。

1. 理论奠基与初步探索

20 世纪 30 年代至 20 世纪 50 年代是人工智能的理论奠基与初步探索阶段。20 世纪 30 年代,数理逻辑的形式化和智能可计算思想开始构建计算与智能的关联概念,为人工智能的发展奠定了理论基础。

1943 年,美国神经科学家沃伦·麦卡洛克和逻辑学家沃尔特·皮茨共同研制成功了世界上首个人工神经网络模型——MP 模型,这是现代人工智能学科的奠基石之一。

1948 年,美国数学家维纳创立了控制论,为以行为模拟的观点研究人工智能奠定了技术和理论根基。

2. 人工智能学科的诞生与早期发展

20 世纪 50 年代至 20 世纪 60 年代是人工智能学科的诞生和早期发展时期。1950 年,英国数学家阿兰·图灵发表了其著名的论文《计算机能思考吗》,提出了"图灵测试",即通过测试一个机器是否能像人一样回答问题来衡量机器是否具有智能,这一测试成为人工智能领域的重要标准之一。

1956 年,在美国的达特茅斯学院(见图 1.2),约翰·麦卡锡、马文·明斯基和罗切斯特等人举行了为期两个月的学术探讨会,共同讨论了如何用机器模拟人类智能,标志着人工智能学科和"人工智能"这一概念的正式建立。在随后的十几年里,人工智能迎来了历史上的第一波高光时刻。

20 世纪 60 年代,符号主义成为人工智能的主流学派,认为人类的智能是由符号操作实现的,因此人工智能也应该通过符号操作进行实现。这一时期,人工智能在机器定理证明、跳棋程序、人机对话等方面取得了一系列重要成果。

图 1.2 达特茅斯学院

3. 第一次寒冬与专家系统的兴起

人工智能的发展历史中,20世纪70年代是一个关键时期,经历了第一次寒冬与专家系统的兴起。

1) 第一次寒冬

20世纪70年代,随着研究的深入,人们逐渐发现实现真正的人工智能比预想的要复杂得多。1973年,著名数学家拉特希尔向英国政府提交了一份关于人工智能的研究报告,对当时的机器人技术、语言处理技术和图像识别技术进行了严厉的批评,指出人工智能那些看上去宏伟的目标根本无法实现,研究已经完全失败。这一报告引发了科学界对人工智能的深入拷问和对其实际价值的质疑。

随后,由于人工智能未能达到公众和资助机构的期望,相关的研究经费大幅减少,许多项目被迫取消,科学家们也纷纷转向其他领域的工作。人工智能在20世纪70年代陷入了第一次寒冬。

2) 专家系统兴起

20世纪80年代中期,随着计算机硬件性能的提升和知识工程方法的发展,专家系统开始兴起。专家系统是一种能够解决特定领域问题的程序,通常包含大量的领域知识和推理机制,专家系统的出现标志着人工智能研究的一个新方向,强调利用专业知识来解决实际问题,而不是追求全面的智能模拟。

日本在20世纪80年代初期斥巨资启动的"第五代计算机"项目也推动了专家系统的发展,该项目的目标是开发具有超级计算能力和人类智能的计算机。

1976年,米切尔·费根鲍姆(Mitchell Jay Feigenbaum)及其小组成功研制了用于细菌感染患者的诊断和治疗的医学专家系统MYCIN,为专家系统的研究与开发提供了范例和经验。

1981年,斯坦福大学国际人工智能中心的杜达(R. D. Duda)等人成功研制了地质勘探专家系统PROSPECTOR,为专家系统的实际应用提供了最成功的典范。

这一时期,专家系统在医学诊断、客户服务和工业控制等领域取得了显著成果,展示了人工智能在商业应用中的潜力。

4. 连接主义的复兴与神经网络的再次兴起

20世纪80年代,人工智能领域经历了一场重要的变革,人工智能研究开始从符号主义转向连接主义,同时,随着计算能力的提升和算法的发展,神经网络的研究再次兴起。

1) 连接主义复兴

符号主义强调用符号和规则来表示和推理知识,而连接主义则认为人工智能应模拟人脑中的神经元连接来实现智能。

1982年和1984年,Hopfield教授发表了两篇重要论文,提出用硬件模拟神经网络,这为连接主义的复兴奠定了基础。随后,1986年,Rumelhart等人提出了反向传播(Back Propagation,BP)算法,为多层神经网络的训练提供了有效方法,进一步推动了连接主义的发展。

连接主义的复兴使得人工神经网络成为人工智能领域的研究热点,为后续的深度学习等技术的发展奠定了基础。

2）神经网络再次兴起

1985 年开始,神经网络算法在语音识别、图像识别等领域得到广泛应用;1986 年,反向传播算法的提出使得神经网络的训练更加高效,进一步推动了神经网络的发展;20 世纪 80 年代末,尽管面临一些困境和挑战,神经网络的研究仍然保持着持续的发展势头,在诸多领域取得突破性进展,展示了其在处理复杂、非线性问题方面的强大能力。

20 世纪 80 年代是人工智能领域中连接主义复兴与神经网络再次兴起的关键时期。这一时期的发展为人工智能领域带来了深远的影响和变革,为后续的技术突破和应用拓展奠定了基础。

5. 深度学习的兴起与人工智能的现代化

21 世纪初至今,深度学习(Deep Learning,DL)的兴起极大地推动了人工智能的现代化进程。随着大数据的爆发和计算能力的飞速提升,传统的机器学习方法在处理复杂、高维数据时显得力不从心。深度学习作为机器学习的一个分支,通过模拟人脑神经网络的结构和功能,能够自动提取数据中的深层特征,实现了对复杂任务的精准建模和预测。

2006 年,加拿大计算机科学家杰弗里·辛顿(Geoffrey E. Hinton)提出了深度学习的概念,并指出通过逐层训练可以克服深度神经网络训练的难题。这一观点为深度学习的兴起奠定了基础。2012 年,在 ImageNet 图像识别竞赛中,深度学习模型 AlexNet 以远超传统方法的准确率夺冠,标志着深度学习在计算机视觉领域的突破。2016 年,谷歌公司的 AlphaGo 在围棋比赛中战胜了人类顶尖选手李世石(见图 1.3),进一步展示了深度学习在复杂策略决策任务中的强大能力。

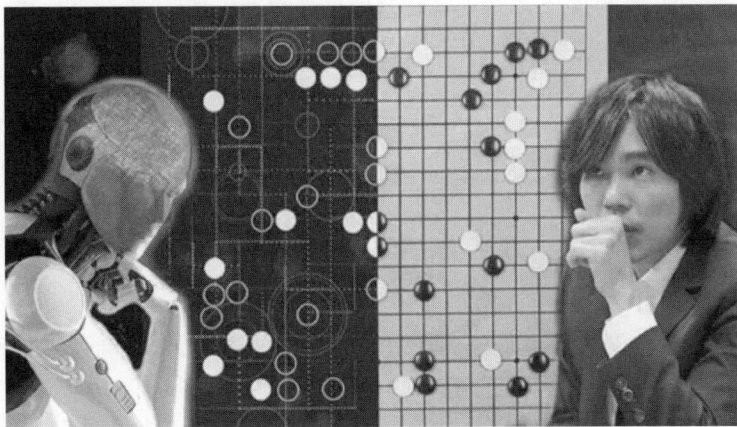

图 1.3 AlphaGo 对战李世石

深度学习的兴起推动了人工智能技术的快速发展,也推进了人工智能现代化的进程。通过构建深层的神经网络模型,深度学习能够在图像识别、语音识别、自然语言处理等多个领域取得突破性进展,不仅提高了人工智能系统的性能,还拓宽了其应用领域。未来,随着技术的不断进步和应用场景的不断拓展,人工智能将继续发挥其巨大潜力,为人类社会带来更多的创新和变革。

1.2　人工智能的研究内容

人工智能的研究内容涵盖了认知建模、知识表示、自动推理、机器感知、机器思维等多个方面,这些方面共同构成了人工智能技术的核心和基础。

1.2.1　认知建模

认知建模是使用一定的理论、方法和技术,建立能够模拟人类思维和认知过程的模型。其目的在于探索和研究人的思维机制,特别是人的信息处理机制,同时也为设计相应的人工智能系统提供新的体系结构和技术方法。常见的认知建模有信息处理模型、神经网络模型、符号推理模型三种。

1. 信息处理模型

信息处理模型描述了人类在面对外界信息时的心理活动模式,用于解释人类认知过程中信息的获取、加工和存储过程。它也可以用于解释所有的人类大脑信息处理活动,信息处理模型将人类的认知过程比作计算机的信息处理过程,主要关注信息在大脑中的编码、存储和检索的方式,描述了信息从输入人脑到输出所经历的各个阶段和转换过程。处理过程包括以下几个阶段。

- 输入阶段:通过感觉器官(如眼睛、耳朵等)接收外界的物理刺激,并将其转换为神经信号。这些信号随后被传输到大脑进行进一步处理。此阶段的信息处理是自动的、无意识的,且高度依赖感觉器官的敏感性和准确性。
- 加工阶段:大脑对接收到的神经信号进行解码、整合和解释,形成有意义的知觉、记忆和思维。
- 输出阶段:大脑将加工后的信息转换为可观察的行为或语言输出,如说话、写字、做动作等。此阶段的信息处理是有意识的、受控制的,且需要一定的时间和努力来完成。

信息处理模型主要应用于以下几方面。

- 系统设计与优化:为状态模型中的每个状态建立数据流图,帮助系统分析者对系统设计进行精化,并发现相同或相似处理的重复使用,以便对处理操作的定义进行调整,使系统结构更趋合理和完善。
- 认知过程研究:通过对信息处理模型的研究,可以更好地理解人类认知的本质,为促进认知能力的发展和应用提供重要的指导。
- 智能系统开发:在智能信息处理系统中,信息处理模型是技术基础,它决定了系统如何接收、处理和输出信息。

2. 神经网络模型

神经网络模型,也称人工神经网络(Artificial Neural Networks,ANN),是一种模仿生物神经网络结构和功能的数学模型。该模型由大量的人工神经元相互连接而成,能够模拟人类大脑中的神经元和突触连接，从而实现对人类认知过程的建模，处理复杂的非线性关系和信息。

1）模型结构

神经网络模型结构通常由以下几层组成（具体可参考 3.1 节）。

- 输入层：负责接收外部输入的数据，是神经网络的第一层。在该层中，每个输入节点对应一个输入数据，可以是图像、文本、声音等形式。输入层将输入数据传递到神经网络的后续层继续进行处理。
- 隐藏层：该层位于输入层和输出层之间，是神经网络的核心部分。它包含若干神经元，每个神经元与前一层的神经元通过权重连接。隐藏层的神经元进行加权求和后，通过激活函数进行非线性变换，然后将结果传递给下一层。深度神经网络通常具有多个隐藏层，允许网络学习复杂的特征表示。
- 输出层：该层是神经网络的最后一层，负责输出最终的预测结果或分类结果。输出层的神经元数量通常取决于任务类型。例如，二分类问题输出一个神经元，多分类问题则输出多个神经元，每个神经元对应一个类别的概率值。

2）主要应用

神经网络模型具有自学习能力、泛化能力强、适应性强等优点，在认知建模中得到广泛应用。通过训练神经网络模型，可以识别图像、语音、文本等复杂数据，还可以模拟人类的感知、语言和思维等认知功能。按照任务和特性，不同类型的神经网络有不同的应用场景。

卷积神经网络（CNN）是图像识别领域中最常用的神经网络模型之一。通过训练 CNN 模型，可以使其学会识别图像中的物体、场景和人脸等；循环神经网络（RNN）和长短期记忆网络（LSTM）等模型可以处理时间序列数据，从而实现对语音信号的识别和理解；RNN、LSTM 和 Transformer 等模型在自然语言处理任务中表现出色，包括文本分类、情感分析、机器翻译和问答系统等；自编码器和生成对抗网络（GAN）等模型可以用于推荐系统中的协同过滤和内容推荐。

3. 符号推理模型

符号推理模型是使用符号逻辑来表示和处理知识的一种建模方法。在符号推理模型中，问题或知识被转换为符号形式，并通过逻辑推理规则进行推理和计算，该模型的核心在于将信息转换为符号，并通过预设的规则对这些符号进行运算处理。

1）模型构成

符号推理模型通常包含知识表示、推理引擎、知识库三部分。其中，知识表示是指使用符号逻辑来表示知识和规则，这些知识和规则可以通过命题逻辑、谓词逻辑等方式实现，命题逻辑用于表示简单的命题和命题之间的关系，而谓词逻辑则用于描述对象、属性和它们之间的关系。

推理引擎是根据输入的信息和知识库中的规则执行逻辑推理过程，以得出新的结论或知识。推理引擎可以采用从已知事实和规则出发推导结论的前向推理，或从目标结论出发寻找前提条件的后向推理方法。

知识库存储了用于推理的知识和规则，在符号推理模型中，知识库通常以规则库、知识图谱等形式存在。

2) 模型应用

符号推理模型主要应用在专家系统、自然语言处理、智能规划等领域。

- 专家系统：专家系统是一种基于符号推理的人工智能系统，它使用事实和规则进行推理，以解决专家级别的问题。专家系统广泛应用于医疗、化学、金融等领域，提供决策支持和问题求解服务。
- 自然语言处理：符号推理模型可以用于自然语言处理任务中的语义分析、信息抽取等方面。通过解析和理解自然语言文本中的符号和逻辑关系，模型可以实现更加精确和智能的文本处理。
- 智能规划：在智能规划领域，符号推理模型可以用于生成和执行计划。通过表示和推理关于世界状态、动作和目标的符号知识，模型可以生成可行的计划并实现自主决策。

1.2.2　知识表示

知识表示是人工智能研究的基础，旨在找到一种方法来表示人类所拥有的知识，并使计算机能够理解和运用这些知识。知识表示的形式包括词逻辑表示、产生式表示、框架表示和语义网络等。

1. 词逻辑表示法

一阶谓词逻辑(First-Order Predicate Logic，FOPL)表示法，也称一阶谓词演算或一阶量化逻辑，是较为常见的逻辑表示形式之一。它是一种形式化的逻辑系统，能够表示事物的属性和关系，以及它们之间的逻辑关系。一阶谓词逻辑表示法可以通过连接词(如与、或、非等)、量词(如全称量词、存在量词等)和谓词公式来构建复杂的逻辑表达式。

1) 基本概念

个体常量：用于表示特定的个体，如 a、b、c 等。

谓词：表示个体之间的关系或个体的属性，如 $P(x)$ 可能表示"x 是一个人"，$R(x,y)$ 可能表示"x 比 y 更高"。

量词：一阶谓词逻辑有两种量词，"$\forall$"表示对所有，"$\exists$"表示存在。例如，"$\forall x\, P(x)$"表示每个 x 都满足 $P(x)$，"$\exists x\, P(x)$"表示存在某个 x 满足 $P(x)$。

连接词：一阶谓词逻辑使用命题逻辑的连接词，如"与"($\wedge$)、"或"($\vee$)、"非"($\neg$)、"蕴含"($\rightarrow$)等。

变量：代表任意个体，如 x、y、z 等。

括号：用于明确表达式的结构和优先级。

2) 示例解析

【例 1-1】 "所有人都是会死的。"

公式：$\forall x(\mathrm{Person}(x)\rightarrow \mathrm{Die}(x))$

解释：对于所有的 x，如果 x 是人($\mathrm{Person}(x)$)，则 x 会死($\mathrm{Die}(x)$)。

【例 1-2】 "存在一个比所有人都更高的人。"

公式：$\exists x(\mathrm{Person}(x)\wedge \forall y(\mathrm{Person}(y)\rightarrow \mathrm{Taller}(x,y)))$

解释：存在某个 x，x 是人($\mathrm{Person}(x)$)，并且对于所有的 y，如果 y 是人($\mathrm{Person}(y)$)，

则 x 比 y 更高(Taller(x,y))。

3) 解释与真值

在一阶谓词逻辑中,一个公式或命题的真值取决于其解释。解释是对个体域、谓词、函数等符号的具体赋值。例如,在例 1-1 中,如果选择人类作为个体域,并将 Person 解释为"是人"的谓词,Die 解释为"会死"的谓词,则公式 $\forall x$(Person(x)→Die(x))在该解释下为真,因为根据常识,所有人都会死。

一阶谓词逻辑表示法提供了一种精确、形式化的方式来表示和推理知识,使得计算机能够理解和处理复杂的逻辑关系,在人工智能、数据库、形式验证等领域有广泛应用。

2. 产生式表示法

1943 年,美国数学家波斯特(Emil Leon Post)首先提出产生式表示法,这是一种根据符合串代替规则的计算模型。产生式表示法通常用于表示事实、规则以及它们的不确定性度量。该方法采用"如果……那么……"的形式来表示规则,前提"如果"是触发规则的条件,结论"那么"是规则执行后应得出的结果。产生式表示法不仅适合表示精确知识,还能表示不精确知识,并通过相似度匹配来进行推理。

1) 推理形式

在人工智能中,产生式的基本形式为"$P\rightarrow Q$"或"IF P THEN Q"。其中,P 是产生式的前提(或前件),给出了该产生式可否使用的先决条件,通常由事实的逻辑组合来构成;Q 是一组结论或操作(或后件),指出当前提 P 满足时,应该推出的结论或应该执行的动作。

一个完整的产生式系统通常由规则库、综合数据库和控制系统三部分组成。规则库用于存放领域知识的产生式集合;综合数据库用于存放问题求解过程中各种当前信息的数据结构,在运行过程中内容可以不断改变,也被称为黑板;控制系统负责整个产生式系统的运行,实现对问题的求解,它从规则库中按一定顺序选择规则,与综合数据库中的已知事实进行匹配。

2) 示例解析

【例 1-3】　求解 $x+y$ 的值。

对于表达式 $z+y$,假设 $x=3,y=2$,产生式表示可以是"IF($x=3$) AND ($y=2$) THEN ($x+y=5$)"。

【例 1-4】　求解迷宫问题。

迷宫问题要解决的是如何找到从起点到终点的路径,产生式表示可以是"IF (当前位置是起点) AND (没有障碍物在前方) THEN (向前移动一步)"。

【例 1-5】　机器人移动问题。

机器人移动问题解决的是如何根据其传感器读数移动。产生式表示可以是"IF (前方有障碍物) AND (右侧没有障碍物) THEN (向右转)"。

3. 框架表示法

框架是一种结构化的知识表示方法,它提供了一个通用的数据结构来存储和组织相关知识。一个框架由一组槽组成,每个槽都可以填充特定的值或子框架,从而形成一个层次化的知识结构。

1) 基本原理

框架表示法基于框架理论,该理论由美国著名的人工智能学者明斯基于 1975 年提出。框架理论认为,人们对现实世界中各种事物的认识都是以一种类似框架的结构存储在记忆中的。当遇到一个新事物时,人们会从记忆中找出一个合适的框架,并根据新的情况对其细节加以修改、补充,从而形成对这个新事物的认识。在框架表示法中,框架是知识的基本单位,把一组有关的框架连接起来便可形成一个框架体系。

2) 框架组成

框架名:用于标识和区分不同的框架。

槽(Slot):用于表示事物的各方面或属性。每个框架可以有多个槽,每个槽又可以根据实际情况划分为若干侧面(Facet)。

侧面:用于描述相应属性的一个方面。一个槽可以有多个侧面,每个侧面也可以拥有若干值(Value)。

值:槽和侧面所具有的属性值。

3) 示例解析

【例 1-6】 采用框架表示法表示"教师"的概念,框架具体内容如下。

框架名:教师

槽:

姓名:单位(姓、名)

年龄:单位(岁)

性别:范围(男、女),默认:男

职称:范围(教授、副教授、讲师、助教),默认:讲师

部门:单位(系、教研室)

地址:引用(住址框架)

工资:引用(工资框架)

开始工作时间:单位(年、月)

截止时间:单位(年、月),默认:现在

在例 1-6 中,"教师"框架包含多个槽,不同槽描述了教师的不同方面或属性。例如,"姓名"槽描述了教师的名字,"职称"槽描述了教师的职称等级等。同时,一些槽还设置了默认值和范围限制,以约束槽值的取值范围。

4. 语义网络

语义网络由奎林(J. R. Quillian)于 1968 年提出,最初是作为人类联想记忆的一个公理模型,该模型是使用有向图直观地表示知识的层次结构和关系网络。

1) 基本原理

语义网络由节点和节点之间的弧组成。节点表示概念(事件、事物),弧表示它们之间的关系。在数学上,语义网络是一个有向图,与逻辑表示法对应。在自然语言处理中,语义网络是以句中词的概念为网络的节点,以沟通节点之间的有向弧来表示概念与概念之间的语义关系,构成一个彼此相连的网络,以理解自然语言句子的语义。

2）示例解析

以"张三是一名教师"为例，可以用语义网络来表示张三和教师这两个实体以及它们之间的关系。在语义网络中，张三和教师分别用两个节点表示，而它们之间的关系则用"ISA"链相连来表示，称"ISA"为指针，如图 1.4 所示。

图 1.4　语义网络图

语义网络在自然语言处理领域有广泛应用，特别是在机器翻译方面。它可以帮助机器翻译系统理解文本的语义，从而提高翻译质量。语义网络还被用于表示家族人物关系、零件知识等复杂关系，通过构建语义网络模型，可以更方便地处理和推理这些关系。

1.2.3　自动推理

自动推理（Automated Reasoning）是一种基于逻辑推理的人工智能技术，其通过计算机程序自动推导出结论，利用计算机程序来模拟人类的推理过程，在给定的知识和规则的基础上推导出新的结论或证明某个命题的真实性。自动推理的研究内容广泛，包括模型生成与定理机器证明、程序正确性验证、逻辑程序设计、常识推理、非单调推理、模糊推理、约束推理、定性推理、类比推理、归纳推理等。

1. 技术与方法

自动推理要解决的首要问题是将问题和知识表示为逻辑形式，通常涉及将自然语言或其他非形式化表示转换为形式化的逻辑语言。这一转换过程依赖一组预定义的推理规则，这些规则描述了如何从已知的事实和前提推导出新的结论。常见的推理规则包括模态逻辑、分辨率原理、归结法等。

自动推理的核心是设计和实现有效的推理算法，这些算法根据给定的推理规则和逻辑表示，自动地搜索可能的推理路径，以找到证明目标命题的证据或推导出新的结论。

常见的自动推理的方法包含基于知识的自动推理和基于机器学习的自动推理。基于知识的自动推理主要依赖预先定义好的知识库和推理规则，通过逻辑推理的方式，从已知的知识中推导出新的结论，这种方法的核心在于知识表示和推理机制的设计；基于机器学习的自动推理是利用机器学习算法从数据中自动学习推理规则和模式，无须预先定义知识库，这种方法的核心在于数据驱动的学习和推理模型的设计。

2. 主要应用

自动推理作为一种基于逻辑推理的人工智能技术，在数学定理证明、软件验证、安全性检查以及知识表示和推理等领域具有广泛的应用前景和重要的研究价值。

自动推理可以用于自动证明和检查数学定理，确保数学理论的正确性和严谨性；在软件开发过程中，自动推理可以用于验证程序的正确性和安全性，减少潜在的错误和漏洞；在网络安全、系统安全等领域，自动推理可以用于检测潜在的安全威胁和漏洞，提高系统的安全性；在人工智能领域，自动推理可以用于知识表示和推理，帮助计算机理解和处理复杂的知识结构和关系。

以自动推理在天气预报方向的应用为例，通过深度学习等先进算法，自动推理能够捕捉到气象数据中的复杂关系，从而提高天气预报的精度。相较于传统数值天气预报方法，自动推理技术能够更快地处理和分析气象数据,生成预报结果。这对于应对突发天气事件具有重要意义。自动推理模型通过学习大量的历史数据,能够适应不同气候条件下的天气预报需求,提高了模型的泛化能力。

华为利用盘古气象大模型进行天气预报,中长期气象预报的精确度首次超过传统数值方法,速度提升 1 万倍以上。由于采用了三维气象数据并建立了 3D 模型,该模型能够更准确地模拟大气层的变化。盘古气象大模型在 1.4s 内就能完成 24h 的全球天气预报,比传统数值预报速度提高了 1 万倍。此外,该模型还展示了良好的通用性,在多个领域都有应用潜力。

除了天气预报,自动推理在各个领域都有广泛的应用,它不仅能够提高系统的效率和安全性,还能在犯罪侦查、医疗诊断等方面发挥重要作用。随着技术的不断进步,自动推理的应用前景将更加广阔。

1.2.4　机器感知

机器感知(Machine Perception,MP)是人工智能研究的一项基本内容,指用机器或计算机模拟、延伸和扩展人的感知或认知能力。机器感知是一连串复杂程序所组成的大规模信息处理系统,信息通常由很多常规传感器采集,经过这些程序的处理,得到一些非基本感官能得到的结果。

1. 基本原理

机器感知旨在让机器具有类似人的感知能力,如视觉、触觉、听觉等。随着计算机和半导体技术的飞速发展,机器感知的理论和应用得到了不断的突破和成熟发展。

机器感知通过数字传感器采集数据,将物理世界的信息转换为数字信号,便于计算机处理和分析,它能够融合多种感官信息,如视觉、听觉、触觉等,形成更全面的感知能力。机器感知系统能够实时采集和处理数据,快速做出响应,还可以根据具体需求进行编程和定制,以适应不同的应用场景。机器感知系统通常具备学习能力,能够通过训练和学习不断提高感知性能,并且可以通过采用滤波、去噪等处理技术,在复杂环境中保持稳定的感知性能。

2. 感知方式

机器感知的主要感知方式包括视觉感知、听觉感知、触觉感知、运动感知和环境感知等,这些方式模拟了人类的感知系统,使机器能够理解和响应周围环境。

1) 视觉感知

视觉感知指机器人通过摄像头获取周围环境的图像信息,并通过图像处理技术来识别和理解图像中的内容。运用先进的图像处理和计算机视觉算法,实现图像识别、目标检测、人脸识别等功能。

2) 听觉感知

听觉感知指机器人通过麦克风获取周围的声音信息,并通过语音识别技术来识别和理解人类语言中的内容,实现包括语音识别、语音合成和语音分析等功能。这些技术使得机器人能够听懂人类指令并进行交互。

3）触觉感知

触觉感知指机器人通过触觉传感器来获取周围物体的形状、大小、重量和质地等信息,利用触觉感知、力反馈和振动检测等技术,机器人能够感知物体的物理特性并进行精细操作。

4）其他感知方式

除了视觉、听觉和触觉外,机器人还可以通过加速度计、陀螺仪、雷达传感器、气体传感器等获取周围环境的更多信息,如运动状态、物体距离、气体成分等,这些信息有助于机器人更全面地理解周围环境并做出正确决策。

3. 应用案例

以美的集团智能制造为例,通过引入机器视觉、深度学习等机器感知技术,实现产品外观、尺寸、性能等方面的自动检测,提升了产品品质。机器感知技术还应用于供应链管理、设备维护等领域,提升整体运营效率,如利用机器视觉系统可实现对设备进行自动巡检,检测设备的运行状态和异常情况,及时发现并处理设备问题机,还可以实现对生产过程的实时监控和自动调整,提高生产效率和产品质量。

随着人工智能技术的不断发展,机器感知能力将更加全面和精细,能够模拟更多人类的感知功能,感知技术将与其他人工智能技术相结合,实现更高级别的智能功能。并将在更多领域得到应用,推动人工智能技术的普及和发展。

1.2.5　机器思维

机器思维指机器能够模仿人类大脑,做到如同人类一般进行思考。它通过算法和数据结构来模拟大脑的工作原理,实现一定程度的智能功能。机器思维的概念最早由科学家阿兰·图灵在 20 世纪 50 年代提出。为了验证计算机是否能够思考,图灵提出了"图灵测试",通过测试一个机器是否能像人一样回答问题来衡量机器是否具有智能,如图 1.5 所示。

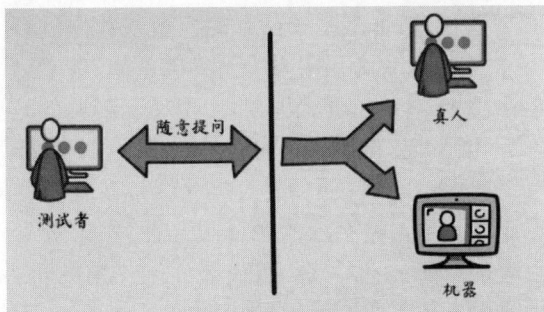

图 1.5　图灵测试

1. 工作原理

机器思维是机器基于算法、计算能力和数据驱动,模仿人类大脑的思考过程。算法是机器思维的核心,定义了机器如何处理输入数据、进行推理和决策。机器思维的算法可以分为两大类:逻辑推理算法和深度学习算法。逻辑推理算法用于解决需要精确计算和结构化推理的问题。深度学习算法模仿生物神经元网络的学习过程,通过大量的数据输入和反馈进行训练,从而实现对复杂问题的理解和解决。

强大的计算能力是机器思维的基础。现代计算机和超级计算机具有的高速、高效的计算能力,使其能够处理大规模的数据集和复杂的计算任务,在短时间内完成大量的计算和分析工作,为实现高级别的机器思维提供了可能。

机器思维在很大程度上依赖数据驱动,机器从各种来源收集数据,包括传感器、互联网、数据库等,通过收集、处理和分析大量的数据,收集到的原始数据经过数据清洗、归一化、降维等操作进行预处理和特征提取,以便机器能够更好地理解和分析。机器利用处理后的数据使用算法进行模型训练。通过迭代优化算法参数,使模型能够更好地拟合数据并预测未来结果。训练好的模型可以应用于各种决策和推理任务。

2. 机器思维与人类思维的差异

机器思维与人类思维在处理问题的方式、学习与适应能力、推理与决策、创造性等方面存在显著差异,主要区别如下。

- 处理问题的方式:机器思维主要是基于逻辑和算法的,它按照预定的规则和程序进行运算和推理;相比之下,人类思维受情感、直觉、经验等因素的影响,具有较高的灵活性和创造性。在面对复杂情境时,人类能够结合情感和文化背景做出调整。
- 学习与适应能力:机器思维通过机器学习、深度学习等技术在大量数据上进行训练,不断优化和调整其参数,但这往往需要大量地标注数据,并且在面对新情境时,机器的适应能力有限。人类思维则具备强大的自我学习能力,能够在缺乏完整信息的情况下进行推理,具备快速适应环境变化的能力。
- 推理与决策:机器思维在推理时依赖规则、算法和数据处理。它能够在已知条件下快速做出决策,但在面对不确定性和模糊信息时,其推理能力较为有限。而人类思维则善于在复杂、模糊或矛盾的情况下做出判断。人类常常结合经验、直觉和创意思维,尤其在面临无法明确计算的情境时,能够做出相对合理的判断。
- 创造性:机器的"创造性"通常是基于已有的模型或数据进行组合而成的,虽然能够产生新的内容,但其创造性较为局限,缺乏"突破常规"的能力。与此相反,人类思维则具备独特的创造力,能够超越既定框架,产生完全新颖的思想或解决方案。

随着人工智能技术的不断发展,机器思维将在算法优化、计算能力提升等方面取得更多突破,机器思维也将会应用到更多的领域中,为人类社会带来更多便利和创新。此外,未来机器思维的发展将会更加注重与人类思维的融合与互补,实现更高效和智能的思维活动。总而言之,机器思维作为人工智能技术的核心组成部分,正在不断发展和完善。它在提高生产效率、改善生活质量等方面发挥着重要作用,同时也为人类探索智能的奥秘提供了新的视角和工具。

🔑 1.3 人工智能技术分类

1.3.1 机器学习

机器学习(Machine Learning,ML)是人工智能的一个分支领域,旨在通过计算机系统的学习和自动化推理,使计算机能够从数据中获取知识和经验,并利用这些知识和经验进行模式识别、预测和决策。

1. 定义

机器学习是一种多领域交叉学科,涉及概率论、统计学、逼近论、线性代数、高等数学等多个学科,从不同的角度来看,机器学习有以下几种定义。

- 从功能角度:机器学习是一种通过分析和学习历史数据,建立数学模型来进行预测或决策的技术,使计算机系统能够基于新数据自动改进其表现。
- 从过程角度:通过"训练"过程学习数据中的模式,并通过"测试"过程验证模型的准确性,最终在实际应用中进行推断或决策。
- 从技术角度:机器学习包括监督学习、无监督学习、半监督学习、强化学习等多种技术,每种方法有其特定的应用场景和算法框架。

机器学习的本质在于其"自我学习"的能力,它通过从大量数据中提取特征,构建能够处理复杂任务的模型,而无须人类编写具体的规则。这使得机器学习在自然语言处理、图像识别、推荐系统等领域取得了显著成果。

2. 工作原理

机器学习的工作原理是通过大量的数据训练模型,让模型能够自主地学习和预测。机器学习高度依赖数据,数据的数量和质量对模型的性能有着至关重要的影响。因此,数据收集和预处理是机器学习项目中不可或缺的一部分。机器学习算法会从数据中提取特征,然后根据这些特征建立模型,并通过不断地调整模型参数来提高模型的准确性和泛化能力。机器学习模型事先不知道输入和输出数据组合之间的数学关系,但如果给出足够的数据集,它可以猜测并学习出这种关系。

机器学习是一个复杂而精细的过程,涉及数据收集、预处理、特征提取、模型选择与训练、评估与优化、部署与应用以及持续迭代与改进等多个环节,具体可参考 2.2 节。通过这些步骤,机器学习算法能够不断地从数据中学习并改进其性能,从而为各种应用场景提供智能化的解决方案。

3. 算法及分类

机器学习算法是一种强大的工具,可以按照学习方式、学习策略、学习任务、应用领域等进行分类。其中,按照学习方式进行分类是最为常见的一种分类方式,具体分类情况如下。

- 监督学习:监督学习的目标是根据训练集学习出一个函数(模型参数),当新的数据到来时,可以根据这个函数预测结果,监督学习的主要任务包括回归和分类。常见的监督学习算法有朴素贝叶斯、决策树、支持向量机、逻辑回归、线性回归等。
- 无监督学习:无监督学习的目标是对观察值进行分类或者区分,其训练数据没有标签,算法需要自行发现数据中的内在规律和特征。常见的无监督学习算法主要有聚类、降维和关联。
- 半监督学习:半监督学习是利用大量的无标签样本和少量的有标签样本来改进学习性能,其成立依赖模型的假设。半监督学习算法可分为半监督分类、半监督回归、半监督聚类和半监督降维等。

- 强化学习:该学习模式下,输入数据作为对模型的反馈,模型必须对此立刻做出调整。常见算法包括 Q 学习(Q-Learning)和时间差学习(temporal difference learning)。

4. 应用场景

机器学习的应用场景非常广泛,涵盖了多个行业和领域,如自然语言处理、金融领域、医疗保健、智能设备、自动驾驶、推荐系统、图像识别等。

1) 自然语言处理

在自然语言处理领域,机器学习主要用于机器翻译、信息抽取、自动文摘、对话系统、情感分析、舆情分析等方向。以谷歌翻译为例,谷歌翻译利用深度学习模型的原理,通过神经网络架构、编码器-解码器结构、大规模训练数据、持续更新和优化以及注意力机制等技术,实现了多语言自动翻译。这些技术使得谷歌翻译能够高效、准确地翻译不同语言之间的文本,为跨语言交流提供了极大的便利。

2) 金融领域

在金融领域,机器学习主要用于实现信用评分、风险预测、股票价格预测、欺诈检测等。例如,万事达卡借助其 Decision Intelligence 平台和 AI Express 平台,利用基于机器学习的预测分析技术,实时分析处理全球范围内的大量交易数据。机器学习算法能够处理每年在全球 4500 万个地方进行的 750 亿次交易,这些交易由万事达卡的网络处理。通过实时分析,系统能够迅速识别出异常交易模式,从而及时发现并清除恶意用户。自 2016 年以来,该系统使万事达卡避免了约 10 亿美元的欺诈损失。

3) 医疗保健

在医疗保健相关行业,机器学习主要应用于疾病诊断、药物研发、医疗图像分析等。例如,Google Health 开发了一款基于 AI 的乳腺癌筛查系统,其准确性超越了人类放射科医生。通过分析数千张乳腺 X 光图像,AI 系统能够识别出微小的病变,并提供详细的诊断报告。这一技术的应用,不仅提高了诊断的准确性,还大大缩短了诊断时间,帮助医生更快地做出决策。

4) 智能设备

机器学习在智能设备相关领域的应用包括智能家居、智能城市、智能工厂等方向。可穿戴设备在健康管理领域发挥着越来越重要的作用,能够帮助用户更好地了解自己的身体状况并及时调整生活方式。智能手环、智能手表等设备可以监测用户的心率、血压、睡眠质量等健康指标,并通过机器学习算法提供个性化的健康建议。

5) 自动驾驶

自动驾驶汽车通过多种传感器收集数据,包括摄像头、雷达和激光雷达等。机器学习算法分析这些数据,识别道路标志、行人、其他车辆等障碍物,并做出相应的驾驶决策,从而实现车辆的自主行驶。

6) 推荐系统

机器学习也常用于个性化推荐,例如,电商网站的商品推荐、视频平台的推荐算法等。例如,亚马逊通过分析用户的浏览和购买行为,推荐个性化产品;Netflix 通过用户的观看历史和喜好推荐电影、视频。

7）图像识别

图像识别在机器学习中应用较为成熟和广泛的领域有人脸识别、物体检测、图像分类、图像分割等。其中，人脸识别用于解锁手机、自动标记照片、监控安全系统。物体检测可应用于自动驾驶汽车、机器人、医疗影像分析中，帮助机器理解图像中的物体等。

1.3.2　深度学习

深度学习是人工智能和机器学习领域的一个重要分支，它源于人工神经网络研究，近年来因大数据和计算能力提升而显著发展。其核心思想是通过构建和训练深层神经网络模型，从大量数据中学习和提取特征，以实现复杂任务的自动化处理和决策。

1. 定义

深度学习是基于深层神经网络模型和方法的机器学习，它能模拟人脑神经网络，使计算机能够执行特定任务。深度学习通过多层神经网络模型来工作，这些模型由多层神经元组成，通过不断地调整网络中的参数（如权重和偏置），使得网络能够从数据中学习到合适的特征表示，并在输出层进行预测或决策。

2. 关键技术

深度学习的关键技术主要包括反向传播算法、激活函数、优化算法、数据增强技术和迁移学习。

1）反向传播算法

反向传播算法是神经网络训练过程中的核心算法，该算法通过计算损失函数相对于权重参数的梯度，来揭示各个参数对模型预测值与实际值之间差异的影响。随后，沿着损失函数下降最快的方向，逐步调整权重参数，以期达到最小化预测误差的目标。这一过程会迭代进行，直至达到预定的停止条件，如损失函数收敛到某个阈值以下，或者迭代次数达到预设的上限时停止。

2）激活函数

激活函数是神经网络中不可或缺的部分，它们为网络引入了非线性因素，使得神经网络能够捕捉到数据中的复杂模式和特征。没有激活函数，多层神经网络将退化为线性模型，无法有效处理非线性问题。Sigmoid 函数是一种常见的激活函数，它将输入值压缩到 0 和 1 之间，适用于二分类问题。而 ReLU（Rectified Linear Unit）函数则以其简洁高效和缓解梯度消失问题的特性，在现代神经网络中得到了广泛应用。除了这两种，还有许多其他激活函数，如 Tanh、Leaky ReLU 等，它们各自具有不同的特性和适用场景。

3）优化算法

优化负责高效地更新神经网络的参数，以加速训练过程并提高模型的性能。例如，Adam 算法是一种自适应学习率的优化算法，它能够根据梯度的一阶矩估计和二阶矩估计来动态调整学习率，从而在训练过程中保持稳定的收敛性。SGD（Stochastic Gradient Descent）算法则是通过每次迭代只使用一个样本来更新参数，从而加快了训练速度并减少了计算资源的消耗。此外，还有 RMSprop、Adagrad 等多种优化算法，它们在不同的应用场景下各有优劣。

4) 数据增强技术

数据增强技术是一种有效的正则化方法,它通过生成多样化的训练样本来增加模型的泛化能力。在图像处理领域,数据增强技术尤为常见,如旋转、翻转、缩放、裁剪等操作可以生成新的训练样本,从而帮助模型更好地识别不同角度、不同尺度的图像特征。这种技术不仅可以提高模型的性能,还可以减少对大量标注数据的依赖。

5) 迁移学习

迁移学习是一种利用已有知识和经验来加速新任务学习的方法。在迁移学习中,通常会使用一个在大型数据集上预训练好的模型作为起点,然后针对新任务进行微调或进一步训练。这样可以避免从头开始训练模型所需的巨大计算资源和时间成本,同时也可以利用预训练模型已经学到的通用特征来加速新任务的学习过程。迁移学习在图像识别、自然语言处理等领域都有广泛的应用,是深度学习领域的一个重要研究方向。

3. 模型架构及应用

根据数据结构和应用场景的不同,深度学习算法模型呈现出了多样化的特点,每种模型都针对特定的任务和数据类型进行了优化。以下是一些在深度学习中广泛应用的模型,详细阐述如下。

1) 全连接神经网络

全连接神经网络(Fully Connected Neural Networks,FCNN),又称前馈神经网络或多层感知器(Multilayer Perceptron,MLP),是深度学习领域中最为基础的神经网络模型。该模型的特点在于,网络中的每个神经元都与前一层的所有神经元相连接,形成一个全面且紧密的连接结构。这种设计使得全连接神经网络能够高效地处理结构化数据,如向量或矩阵形式的数据。

在全连接神经网络中,信息从输入层开始,逐层向前传播,每一层的神经元都会接收来自前一层神经元的输出,并通过加权求和、激活函数等运算,产生新的输出。这个过程会一直持续到输出层,最终得到网络的预测结果。全连接神经网络能够学习到数据中的复杂特征,并基于这些特征进行预测和分类。

2) 卷积神经网络

卷积神经网络(Convolutional Neural Networks,CNN)是一种专门设计用于图像处理的深度学习模型。与全连接神经网络不同,CNN通过引入卷积层和池化层,有效地降低了网络的参数数量,并提高了对图像数据的处理能力。

卷积层是CNN的核心部分,它利用卷积核(或称为滤波器)对输入图像进行滑动卷积操作,从而提取出图像中的局部特征。这些特征可能包括边缘、纹理、形状等,对于图像识别和目标检测等任务至关重要。池化层则用于对卷积层的输出进行下采样,减少数据的维度,同时保留重要的特征信息。

通过多个卷积层和池化层的堆叠,CNN能够逐渐学习到图像中的高层特征,并通过全连接层输出最终的分类或回归结果。由于CNN在图像处理方面的卓越性能,它已经成为图像识别、目标检测、图像分割等领域的首选模型。

3）循环神经网络

循环神经网络（Recurrent Neural Network，RNN）是一种专门用于处理序列数据的深度学习模型。与传统的全连接神经网络不同，RNN 能够记住过去的信息，并将其用于当前时刻的预测和决策。这种能力使得 RNN 在处理长距离依赖关系时具有显著的优势。

RNN 的关键在于其循环结构，网络中的神经元不仅接收当前时刻的输入，还接收来自上一时刻的输出。这种设计使得 RNN 能够捕捉到序列数据中的时间依赖关系，从而实现对序列数据的准确预测和分类。

RNN 在自然语言处理、语音识别、机器翻译等领域有着广泛的应用。例如，在机器翻译任务中，RNN 可以逐词地翻译输入的句子，同时利用之前翻译的词的信息来提高翻译的准确性和流畅性。

4）长短期记忆网络

长短期记忆网络（Long Short-Term Memory，LSTM）是循环神经网络的一种变体，旨在解决传统 RNN 中存在的梯度消失和梯度爆炸问题。LSTM 通过引入门控机制（包括遗忘门、输入门和输出门），实现了对信息的有效控制和存储。

遗忘门用于决定哪些信息应该被遗忘或保留，输入门则用于控制新信息的输入，输出门则用于决定当前时刻的输出。这些门控机制使得 LSTM 能够更好地捕捉序列数据中的长期依赖关系，并在处理长序列数据时表现出色。LSTM 在序列数据处理方面性能优异，被广泛应用于自然语言处理、语音识别、时间序列预测等领域。

5）生成对抗网络

生成对抗网络（Generative Adversarial Networks，GAN）是一种由生成器和判别器组成的深度学习模型。生成器的目标是生成逼真的数据样本，而判别器的目标则是区分真实样本和生成样本。这两个网络通过对抗训练的方式不断优化，最终生成器能够生成与真实数据难以区分的样本。

GAN 在图像生成、视频合成、风格迁移等领域具有广泛的应用前景。例如，在图像生成任务中，GAN 可以生成与真实图像相似的照片、画作等；在视频合成任务中，GAN 可以生成逼真的视频片段；在风格迁移任务中，GAN 可以将一种艺术风格应用到另一张图像上，实现风格的转换。

6）Transformer

Transformer 是一种完全基于注意力机制的深度学习模型，它摒弃了传统的 RNN 和 CNN 结构，通过自注意力机制（Self-Attention）和位置编码（Positional Encoding）等技术，实现了对序列数据的高效处理和理解。自注意力机制是 Transformer 的核心部分，它允许网络在处理每个位置时都能考虑到输入序列中的所有位置，从而捕捉到全局的依赖关系。位置编码则用于为输入序列中的每个位置添加一个唯一的标识，使得网络能够感知到序列的顺序和位置信息。

由于 Transformer 高效的并行计算能力和对长序列数据的出色处理能力，该模型在机器翻译、文本生成、语义理解等任务中表现出优异的性能，同时，也在图像识别、视频处理等领域展现出了巨大的潜力。

1.3.3 自然语言处理

自然语言处理(Natural Language Processing,NLP)的研究可以追溯到 20 世纪 50 年代,当时的研究主要集中在机器翻译领域,经历了从基于规则的方法到基于统计和机器学习的方法,再到如今的深度学习方法的转变。

1. 定义及特点

自然语言处理研究的是能实现人与计算机之间用自然语言进行有效通信的各种理论和方法,旨在使计算机能够"理解"人类语言的含义、语法、语义和上下文,并从中提取有用的信息。它不仅关注如何使计算机能够理解人类所使用的自然语言,即实现自然语言的理解,还着重如何让计算机能够生成符合人类语言习惯与逻辑的自然语言文本,即自然语言生成。

自然语言处理是语言学、计算机科学、数学等多个学科的交叉领域,它结合了语言学的研究成果和计算机科学的技术手段,来实现人机之间的自然语言通信。自然语言中的词语和句子的意义往往依赖前后文。同一个词语在不同的前后文中可能具有不同的解释,这要求 NLP 系统不仅要理解单个词汇,还要能够捕捉到更广泛的上下文信息,尤其在长文本和对话系统中尤为重要。因此,自然语言处理具有多学科交叉、处理多维度、语义多义性及前后文相关的特点。

2. 主要技术

1) 词向量表示

词向量表示,是自然语言处理领域的一项核心技术,它在处理过程中将单词以连续向量的形式进行表示,捕捉并体现词语的丰富语义和语法特性。这一技术通过将每个词语映射到一个高维且连续的向量空间中,实现了词语之间的量化比较。在这个向量空间里,语义上相似或相关的词语会被映射到相近的位置,即它们之间的向量距离较短,反之则距离较远。这种表示方法不仅便于计算机进行高效处理,而且能够深入挖掘词语间的潜在关系。

在词向量表示技术中,Word2Vec 和 GloVe 是两种常用技术。Word2Vec 通过预测上下文中的词语来训练模型,从而得到每个词语的向量表示;GloVe 利用全局词频统计信息来优化词向量,使得词向量之间的关系更加准确和稳定。

2) 自然语言理解

自然语言理解(Natural Language Understand,NLU)是自然语言处理的一个重要分支,其核心目标是将人类复杂多变的自然语言转换为机器能够准确解读的信息。为了实现这一目标,自然语言理解需要完成一系列关键任务,包括分词、词性标注、命名实体识别、句法分析、语义分析及关系抽取等。

分词是将连续的自然语言文本切分成一个个独立的词语或词组的过程;词性标注则为每个词语标注其所属的词性类别,如名词、动词、形容词等;命名实体识别则是识别文本中具有特定意义的实体,如人名、地名、机构名等;句法分析旨在分析句子的结构关系,确定词语之间的依存关系;语义分析则进一步理解句子的含义和上下文关系;关系抽取则是从文本中提取出实体之间的关系信息。通过这些任务的协同作用,NLU 能够深入理解文本的内在结构和含义,为机器提供更为精准、全面的信息解读。

3) 自然语言生成

自然语言生成(Natural Language Generate,NLG)是自然语言处理的另一个重要分支,其目标是将机器处理后的数据或信息以人类可理解的语言形式进行表达。自然语言生成涵盖了文本生成、篇章生成、摘要生成等多方面,旨在使机器生成的语言既符合语法规范,又能够准确传达信息内容。

在文本生成任务中,机器需要根据给定的上下文或主题生成连贯、合理的文本内容;篇章生成则要求机器能够生成具有完整结构和逻辑关系的多篇文本;摘要生成则是从原始文本中提取出关键信息,以简洁明了的语言进行表达。为了实现这些目标,NLG 技术需要结合自然语言处理、机器学习以及深度学习等多个领域的知识和技术,通过不断优化模型算法和提高生成质量,使得机器生成的语言更加自然、流畅且富有表现力。

4) 神经网络模型

神经网络模型在自然语言处理中扮演着至关重要的角色。前馈神经网络(Feedforward Neural Networks)是最基础的网络结构,通过层层传递和加权求和的方式,实现对输入数据的非线性变换和特征提取。在处理序列数据时,前馈神经网络显得力不从心。为此,循环神经网络(RNN)应运而生。

RNN 通过引入循环结构,使得网络能够处理具有时序依赖性的数据,如语言建模和序列标注任务,但传统的 RNN 在处理长序列数据时,容易出现梯度消失或梯度爆炸的问题,导致无法有效捕捉长距离依赖关系。为了克服这一难题,出现了长短期记忆网络(LSTM)和门控循环单元(GRU),它们通过引入记忆机制和门控机制,使得网络能够有选择地保留和遗忘信息,从而在处理长序列数据时表现出色。近年来,基于注意力机制的神经网络架构(如 Transformer)逐渐崭露头角,并迅速成为 NLP 领域的主流技术。

3. 应用场景

自然语言处理的应用场景广泛,涵盖了问答系统、情感分析、机器翻译、文本分类、自动摘要等多个领域。

1) 问答系统

根据用户提出的问题,从大量文档或数据库中提取出准确的答案。该任务不仅要求理解问题,还需要从多个信息源中获取和整合答案。常见的问答系统包括基于知识库的问答和基于文本的问答。

典型应用如智能客服系统,通过自然语言处理技术,能够理解并回应用户的问题或需求,提供 24h 不间断的客户服务。电商平台的客服机器人可以根据用户的问题,自动回复商品的价格、库存、配送方式等信息,提供快速、准确的解答。这不仅提高了客户满意度,也减轻了人工客服的工作压力。

2) 情感分析

语义分析是情感分析中的常用技术,其目标是理解词语和句子的意义。它主要解决词义消歧(识别多义词在特定上下文中的正确含义)、命名实体识别(识别文本中的重要实体,如人名、地名、机构名等)、语义角色标注(识别句子中的语义角色,如谁做了什么、给谁做了什么等)、情感分析(识别和提取文本中的情感倾向,在社交媒体分析、产品评论分析、舆情监测等领域应用广泛)等。

以电商平台上的商品评价的语义分析为例,电商平台商品评价往往包含用户对商品质量、物流、客服等方面的情感反馈。通过情感分析,电商平台可以了解用户对商品的满意度,从而改进商品质量、提升物流效率和服务水平。同时,还可以根据情感分析结果对商品进行智能推荐,提高用户体验和销售额。

3) 机器翻译

机器翻译是将一种语言的文本自动转换成另一种语言的过程。通过使用统计方法或神经网络模型,机器翻译能够处理跨语言的信息传递。

以其在外交与政务领域的应用为例,在国际会议、外交谈判、跨国政府合作中,机器翻译能够快速提供不同语言之间的即时翻译,促进沟通与合作;在国际贸易、商务谈判、跨国企业合作中,机器翻译帮助双方理解合同、邮件、报告等文件,降低语言障碍。

再如,谷歌翻译就是一款基于 NLP 技术的智能翻译工具,它可以将用户输入的英文文本翻译成多种语言,帮助用户在跨语言交流中更好地理解和沟通。

4) 文本分类

将文本按照一定的类别进行分类,常见的应用包括垃圾邮件识别、新闻分类、情感分类等。文本分类的核心在于根据文本内容预测其所属类别。

以文本分析中的新闻分析为例,在文本分析过程中使用词袋模型、TF-IDF 特征提取方法,结合逻辑回归、SVM 或深度学习模型对文本进行分类。通过训练的模型,能将新闻文章自动分类到不同的类别,如体育、科技、财经等。这有助于新闻网站和聚合器更好地组织和管理新闻内容。新闻分类提高了新闻内容的可读性和可访问性,使用户能够更快地找到感兴趣的新闻。

5) 自动摘要

自动摘要是指从大量文本中提取出关键信息,生成简明扼要的摘要。根据生成摘要的方式,分为抽取式摘要(从原文中抽取句子)和生成式摘要(用生成模型生成新的内容)。

以学术文献的摘要为例,学术文献摘要的生成通常需要考虑文本的结构、逻辑和语义关系。语义角色标注、篇章结构分析等一些高级的 NLP 技术经常被用于提高摘要的准确性和连贯性。自动摘要技术被广泛应用于生成论文摘要。这些摘要可以帮助读者快速了解论文的研究内容、方法和结论。

除此之外,自然语言处理技术在许多领域都有着广泛的应用,如舆情监测、观点提取、文本语义对比、语音识别、中文 OCR 等,随着技术的不断进步,自然语言处理还在智能客服、智能家居、虚拟助手等新兴领域发挥着重要作用。

4. 技术发展与挑战

自然语言处理(NLP)技术的发展经历了从规则驱动到统计学习,再到深度学习的演变过程。早期的研究主要集中在规则和语法分析上,随着计算能力的提升和数据资源的丰富,基于统计和机器学习的方法逐渐兴起。语料库建设和语料库语言学崛起,大规模真实文本的处理成为 NLP 的主要战略目标,越来越多的 NLP 研究使用机器自动学习的方法来获取语言知识。此外,预训练模型和迁移学习的应用使得 NLP 模型在面对不同任务时能够更快速地适应和表现出色。未来 NLP 可能会与图像识别、语音识别等其他人工智能技术融合,实现更全面的信息理解和交互。

尽管已经取得了显著的进展,NLP 仍面临许多挑战。例如,语义理解的深度仍有待提高,多语言处理成为重要的发展方向之一,知识图谱的构建也是待解决的问题。此外,随着技术的不断进步和应用场景的不断扩展,如何更好地实现个性化与智能化服务也是未来需要关注的方向。

1.3.4 计算机视觉

1. 定义与原理

计算机视觉(Computer Vision,CV)是一门研究如何使机器"看"的科学,试图建立能够从图像或者多维数据中获取"信息"的人工智能系统。进一步说,是指用摄影机和计算机代替人眼对目标进行识别、跟踪和测量等机器视觉任务,在获得相应环境信息后进一步做图形处理,使之成为更适合人眼观察或传送给仪器检测的图像。这一过程依据了仿生学原理,使机器具有了视觉分析处理能力。

计算机视觉的核心原理包括图像处理、特征提取和机器学习。在深度学习兴起之前,计算机视觉技术主要依赖特征提取和机器学习。例如,边缘检测使用 Sobel 算子、Canny 算法等用于提取图像边缘;特征提取如 SIFT、HOG,用于捕捉图像中的关键点和纹理特征;图像匹配则基于特征的图像对比。

2. 主要技术

计算机视觉是交叉学科的典型代表,其涉及的学科领域包括图像处理、计算机技术、模式识别及机器学习等,成为研究信息处理的重要方向。它主要使用的技术包括图像分类、目标检测、图像分割和三维重建等计算机视觉技术方法。

1) 图像分类

图像分类是计算机视觉中的一项基础任务,旨在通过对输入图像的分析,为其分配一个或多个预定义的标签。这一技术主要依赖图像特征的提取和分类器的设计。在特征提取阶段,算法会识别图像中的关键元素,如颜色、纹理、形状等,这些元素构成了图像的特征向量。随后,利用支持向量机、神经网络等分类器,对特征向量进行分类,从而确定图像的类别。图像分类技术广泛应用于图像检索、人脸识别、物体识别等领域,为图像的理解和处理提供了有力支持。

2) 目标检测

目标检测是计算机视觉中的另一项重要任务,它要求在图像中准确定位和识别出多个目标物体。与图像分类不同,目标检测不仅要求识别出目标的类别,还需要确定目标在图像中的具体位置。这一目标通常通过滑动窗口、区域候选网络等策略实现,结合深度学习中的卷积神经网络(CNN)等模型,对图像进行精细地解析和识别。目标检测技术在自动驾驶、智能监控、机器人导航等领域具有广泛的应用前景,为实现对动态环境的感知和理解提供了关键技术支持。

3) 图像分割

图像分割是将图像划分成多个不同区域的过程,每个区域对应一个特定的类别或对象。

这一技术旨在实现图像的精细划分,为后续的图像分析和理解提供更为详尽的信息。图像分割方法主要包括基于阈值、区域增长、图论分割以及深度学习等。其中,深度学习中的全卷积网络(FCN)、U-Net等模型在图像分割领域取得了显著成果。图像分割技术广泛应用于医学影像分析、遥感图像处理、视频编辑等领域,为图像的精确解析和高效处理提供了有力工具。

4) 三维重建

三维重建是计算机视觉中的一项高级任务,旨在从二维图像中恢复出三维场景或物体的立体结构。这一技术主要依赖立体视觉、光度立体学、结构光等原理和方法。通过获取多视角的图像或利用图像中的深度信息,结合三维建模和渲染技术,可以实现对三维场景的精确重建。三维重建技术在虚拟现实、增强现实、文物保护等领域具有广泛的应用价值,为创建逼真的虚拟环境和实现高效的交互体验提供了关键技术支持。

3. 发展及应用

近年来,得益于大量视觉数据的可用性、强大计算硬件的发展以及深度学习算法的改进,计算机视觉技术发展迅速,主要趋势如下。

1) 合成数据和生成式人工智能

合成数据是人工生成的数据,模仿真实数据的特征和模式。生成式人工智能是人工智能的一个分支,可以使用深度学习模型创建合成数据。合成数据和生成式人工智能可用于扩充现有数据集、提高数据质量、加强隐私保护,以及实现需要大量数据的新用例。

2) 三维计算机视觉

三维计算机视觉是计算机视觉的子领域,涉及从图像或视频中分析和理解三维场景和物体。三维计算机视觉可用于重建三维模型、测量距离和尺寸、跟踪运动和姿势,以及识别形状和纹理。

3) 边缘计算

边缘计算是一种分布式计算模式,它使计算和数据存储更接近数据源,如传感器、摄像头或移动设备。通过在本地处理数据而不是将其发送到云端或集中式服务器,边缘计算可以减少延迟、带宽消耗和隐私风险。边缘计算可支持需要快速可靠响应的实时计算机视觉应用,如人脸识别、物体检测或视频分析等。

计算机视觉在多个领域具有广泛的应用,例如,自动驾驶领域汽车行驶过程中的车辆定位、道路识别、障碍物检测和障碍物跟踪等;人脸识别领域用于检测和识别人脸,适用于安全系统、门禁系统、政府机构、学校等场景;图像识别中利用计算机视觉技术进行图像分类、识别和检测等任务,如医疗影像分析、工业质量检测等;虚拟现实方向使用计算机视觉技术进行虚拟现实的实现,实现虚拟环境的精准重放和交互;无人机中利用计算机视觉技术实现目标检测、跟踪、避障等功能;军事领域利用计算机视觉技术实现目标识别、情报收集和目标跟踪等任务等。

综上所述,计算机视觉是一门涉及多个学科领域的复杂技术,它在实现机器对图像的自动分析和理解方面发挥着重要作用,并在多个领域具有广泛的应用前景。随着技术的不断进步和应用场景的拓展,计算机视觉将在未来的人工智能领域中扮演更加重要的角色。

1.3.5　专家系统

1. 定义及特点

专家系统是一种在特定领域内具有专家水平的计算机程序系统,它将人类专家的知识和经验以知识库的形式存入计算机,并模拟人类专家处理问题的推理方式和思维过程,运用这些知识和经验对现实中的问题做出判断和决策。简言之,专家系统可视作"知识库"和"推理机"的结合。

专家系统的核心在于其丰富的专业知识库,这些知识来源于领域专家的长期实践积累与理论研究,确保了系统在处理问题时能够具备高度的专业性和准确性。与传统的黑箱模型不同,专家系统能够清晰地展示其推理过程与决策依据,使得用户能够理解并信任系统的输出结果,增强了系统的透明度和可信度。得益于严格的逻辑推理机制与丰富的知识库支持,专家系统在面对复杂问题时能够保持高度的稳定性和可靠性,确保决策的科学性与合理性。

2. 系统组件

专家系统的核心组件包括知识库、推理机、用户界面、动态数据库、解释器和知识获取机构。这些组件相互协作,共同构成了专家系统的完整框架,使其能够高效地处理复杂问题,提供精准的决策支持。

1) 知识库

知识库是专家系统的核心组成部分,它存储着特定领域内的专家知识。这些知识涵盖了广泛的内容,包括事实性信息、逻辑推理规则以及操作规范。知识库的设计旨在确保系统能够迅速、准确地访问和利用这些专业知识,以支持复杂的决策和问题求解过程。

知识库通常由多个知识单元组成,每个单元都包含与特定主题或问题相关的知识。这些知识以结构化的方式组织,便于系统地高效检索和应用。此外,知识库还具备更新和扩展的能力,以适应领域知识的不断发展和变化。

2) 推理机

推理机是专家系统中的"思考"部分,它负责根据知识库中的知识进行逻辑推理和决策。推理机通过记忆规则和控制策略,能够分析用户输入的问题或数据,并依据知识库中的知识导出结论或提出解决方案。

推理机采用多种推理策略,如正向推理、反向推理和混合推理等,以适应不同的问题类型和求解需求。它通过分析问题的特征,匹配知识库中的相关规则,逐步推导出问题的答案或解决方案。

3) 用户界面

用户界面是专家系统与用户之间的交互桥梁。它提供了一个直观、易用的界面,使用户能够输入数据、提出问题,并实时了解推理过程和结果。用户界面的设计应遵循简洁性、易用性和反馈性原则。它应能够清晰地展示系统的功能和操作方式,提供必要的帮助和指导,同时及时反馈用户的操作结果和系统的推理过程。

4) 动态数据库

动态数据库是专家系统在推理过程中用于存储和管理数据的临时存储空间。它包含推理所需的原始数据、中间结果以及最终结论,为系统的推理过程提供了必要的数据支持。动态数据库具备高效的数据管理功能,能够快速地存储、检索和更新数据。它确保了在推理过程中数据的准确性和一致性,为系统的正确决策提供了有力保障。

5)解释器

解释器是专家系统中的一个重要组件,它负责根据用户的提问或需求,对系统的推理过程、结论以及求解过程进行解释和说明。解释器的存在使得专家系统更加具有人情味,增强了用户与系统之间的交互性和信任感。

解释器可以采用多种解释方式,如文本解释、图形解释和语音解释等,以满足不同用户的需求和偏好。它通过清晰、简洁的语言或图形,向用户展示系统的推理逻辑和决策依据,使用户能够更好地理解系统的行为和结果。

6)知识获取机构

知识获取机构是专家系统知识库建设的关键环节,也是系统设计中的"瓶颈"问题。它负责从领域专家、文献、数据库等多种来源中获取、整理和验证知识,并将其转换为系统可识别的格式存入知识库。

知识获取机构可以采用多种方式获取知识,如手动输入、自动学习、知识挖掘等。其中,自动学习功能是实现知识库动态更新和扩展的重要途径,它使得系统能够不断吸收新知识,提高决策能力和适应性。

3. 常见专家系统

专家系统是人工智能领域的重要组成部分,常见专家系统有基于规则的专家系统、基于框架的专家系统、基于案例的专家系统、基于模型的专家系统和基于网络的专家系统等。详述如下。

1)基于规则的专家系统

基于规则的专家系统是最早且最广泛应用的专家系统类型之一。它利用一系列明确的规则来表示专家知识,这些规则通常具有"如果……那么……"的逻辑结构,用于指导系统如何根据输入信息做出推理和决策。在基于规则的专家系统中,知识库由大量规则组成,每条规则都包含前提条件和结论。当系统接收到用户输入的问题或数据时,它会依次检查知识库中的规则,找到与当前情境相匹配的前提,然后导出相应的结论。

基于规则的专家系统具有结构简单、易于理解和实现的优势。然而,当领域知识变得复杂且规则数量庞大时,系统的维护和管理会变得困难,且规则之间的冲突和冗余问题也需要解决。

2)基于框架的专家系统

基于框架的专家系统采用了面向对象的编程思想,通过定义一系列具有层次结构的框架来描述数据结构。每个框架都代表了一个概念或对象,并包含与其相关的属性和方法。在基于框架的专家系统中,知识以框架的形式组织,框架之间通过继承关系形成层次结构。系统通过匹配用户输入与框架中的属性,以及调用框架中的方法来推理和解决问题。

基于框架的专家系统具有更强的表达能力和灵活性,能够自然地表示复杂的知识结构。然而,框架的设计和维护需要较高的抽象能力,且当领域知识发生变更时,可能需要重新设计框架结构。

3）基于案例的专家系统

基于案例的专家系统收集、整理和存储以前的成功案例,利用这些案例来求解当前问题,它依赖案例之间的相似性和类比推理能力。在基于案例的专家系统中,系统首先会检索与当前问题相似的历史案例,然后通过对这些案例的分析和比较,找到解决问题的最佳方案或策略。

基于案例的专家系统能够快速适应新环境和新问题,且不需要大量的规则编写。然而,案例的收集、整理和更新是一个持续的过程,且案例之间的相似度计算和类比推理需要精确的方法和技术支持。

4）基于模型的专家系统

基于模型的专家系统通过构建领域模型来清晰定义、设计原理概念和标准化知识库。模型可以是物理模型、数学模型或仿真模型,用于描述领域的本质特征和运行规律。在基于模型的专家系统中,系统利用模型来模拟领域的实际运行过程,通过模型的分析和预测来指导问题的求解和决策的制定。

基于模型的专家系统能够提供深入的领域理解和预测能力,且模型可以随着领域知识的发展而不断更新和完善。模型的构建和验证需要专业的知识和技术,当领域复杂度高时,模型的构建和维护成本也会相应增加。

5）基于网络的专家系统

基于网络的专家系统是将人机交互定位在网络层次上的专家系统。它利用网络技术实现远程知识共享、协同工作和在线服务。在基于网络的专家系统中,用户可以通过网络访问远程的知识库和推理机,进行问题咨询、求解和决策支持。系统也可以通过网络收集用户反馈和领域知识,不断更新和完善自身的功能。基于网络的专家系统具有广泛的覆盖范围、灵活的使用方式和便捷的交互性。然而,网络的安全性和稳定性问题、数据传输的延迟和带宽限制等也是需要考虑的因素。

综上所述,专家系统是一种模拟人类专家决策能力的计算机程序系统,随着技术的不断进步和应用需求的拓展,专家系统的发展趋势表现为更高的智能化水平、更广泛的应用领域和更强的自学习能力等。然而,专家系统也面临着一些挑战,如知识获取的困难、推理方法的局限性以及用户信任度的提高等。未来,专家系统需要在知识表示、推理机制、用户界面等方面进行深入研究和创新,以满足不断增长的应用需求。

1.3.6　智能机器人

1. 定义及特点

智能机器人通常被定义为一种可编程的、根据传感器输入以执行动作或做出选择的智能机器。智能机器人是一种高度自动化的机器,它融合了机械、电子、计算机、传感器、人工智能等多领域的技术,具备一些与人或生物相似的智能能力。

智能机器人具备独特的感知能力、规划能力、动作能力和协同能力,展现出强大的智能化和实用性。智能机器人通过装备各种高精度的传感器,如视觉传感器、听觉传感器、触觉传感器等,能够实时捕捉并解析周围环境的信息。规划能力是智能机器人实现自主行动和智能决策的关键。在感知到环境信息后,智能机器人需要利用先进的算法和模型,对行动进行规划和决策。动作能力是智能机器人实现物理动作和完成任务的基础。通过执行机构,如电机、液压系统等,智能机器人能够将规划好的行动转换为实际的物理运动。协同能力是智能机器人与其他机器人或人类进行协同工作的关键。通过通信技术、协作算法等手段,智能机器人能够实现与其他智能体的有效协作。

2. 工作原理

智能机器人通过传感器系统感知周围环境的信息,如物体的位置、形状、颜色等。通过计算机大脑对感知到的信息进行处理和分析,进行规划和决策。根据规划和决策的结果,控制执行机构进行物理动作,如抓取、移动等。执行机构将动作的结果反馈给计算机大脑,以便进行下一步的规划和决策,各部分的工作原理具体如下。

1) 传感器

传感器是智能机器人感知外部环境的关键部件,它们相当于机器人的"眼睛"和"耳朵"。通过不同类型的传感器,机器人能够捕捉到丰富的环境信息。常用的传感器有以下几种。

- 超声波传感器:利用超声波的反射原理,测量物体与机器人之间的距离,常用于避障和定位。
- 红外传感器:通过检测物体发出的红外辐射来识别其存在,常用于夜间或光线不足的环境下的物体检测。
- 激光传感器:发射激光束并接收其反射回来的信号,以精确测量距离、形状和位置,是高精度定位的首选。

这些传感器将感知到的环境信息转换为电信号,传递给计算机硬件进行进一步处理。

2) 计算机硬件

计算机硬件是智能机器人的核心,它负责处理传感器传来的信息,并根据这些信息控制机器人的运动和操作。计算机硬件主要指以下部件。

- 处理器:作为机器人的"大脑",负责执行各种计算任务,包括信号处理、数据分析、决策制定等。
- 存储器:存储机器人的操作系统、程序代码、环境数据等,是机器人知识和经验的"仓库"。
- 接口电路:连接传感器、执行器与处理器,实现信息的传输和转换,是机器人的"神经"。

计算机硬件通过高效的运算和存储能力,确保机器人能够实时响应环境变化,执行复杂的任务。

3) 软件系统

软件系统是智能机器人的"灵魂",它赋予机器人智能和自主性。软件系统包含操作系统、控制算法、决策系统、学习算法等,软件系统通过复杂的算法和逻辑,使机器人能够像人一样思考、决策和行动。

- 操作系统:为机器人提供基本的运行环境,管理硬件资源和软件程序。
- 控制算法:根据传感器数据规划机器人的动作路径,确保机器人能够准确、稳定地执行任务。
- 决策系统:基于环境信息和任务要求,制定最优策略,使机器人能够自主决策、灵活应对各种情况。

- 学习算法：通过机器学习技术，使机器人能够从经验中学习，不断优化自身性能和适应能力。

在智能机器人中，传感器、计算机硬件和软件系统并不是孤立存在的，而是相互依存、紧密协同的。传感器提供环境信息，硬件进行信息处理和控制，软件则负责规划与决策。三者之间的无缝配合，使得智能机器人能够感知环境、理解任务、规划行动并自主执行。

3. 应用领域

智能机器人在多个领域具有广泛的应用前景，常见的应用领域有家庭服务、医疗领域、工业生产、农业领域等。

1）家庭服务

在家庭服务领域，智能机器人正逐渐成为现代家庭不可或缺的一部分。扫地机器人能够自动清扫地面，减轻家务负担；智能音箱则通过语音交互，提供音乐播放、天气查询、闹钟设置等便捷服务。这些智能机器人不仅提升了家庭生活的便利性，还通过智能化技术，实现了家居生活的个性化定制和高效管理。

例如，扫地机器人利用先进的导航和避障技术，能够自主规划清扫路径，确保家庭环境的整洁；智能音箱通过语音识别和自然语言处理技术，能够响应用户的语音指令，提供多样化的服务，成为家庭生活的智能控制中心。

2）医疗领域

在医疗领域，智能机器人正发挥着越来越重要的作用。手术机器人利用高精度传感器和机械臂，能够实现微米级的手术操作，减少手术风险和创伤，能够辅助医生进行精确、微创的手术操作，提高手术成功率和患者康复速度；康复机器人根据患者的康复需求，能够提供个性化的康复训练方案，助力患者早日康复，通过模拟人体运动，帮助患者进行康复训练，促进功能恢复。

3）工业生产

在工业生产领域，智能机器人以其高效、精准的特点，成为提高生产效率和降低成本的重要工具。焊接机器人通过精确控制焊接参数和路径实现高质量的焊接作业，能够自动完成焊接任务，确保焊缝质量，提高产品合格率；搬运机器人则能利用强大的搬运能力和灵活的移动性轻松搬运重物，减轻工人劳动强度，高效地完成物料搬运任务，提升生产效率。

4）农业领域

在农业领域，智能机器人正助力传统农业向智能化转型。植保机器人能够根据农田的实际情况，智能规划喷洒路径和剂量，自动喷洒农药，减少病虫害对农作物的影响；采摘机器人则能利用视觉识别和机械臂技术精准识别并采摘成熟果实，提高农业产量和品质，减轻农民的劳动强度。

除此之外，智能机器人还能应用于服务业，如餐厅机器人、导购机器人等，提升服务品质，降低人力成本；应用于公共安全领域，如排爆机器人、消防机器人等，提升公共安全水平；应用于科研领域，如探测机器人、实验机器人等，助力科研工作。智能机器人在多个领域具有广泛的应用前景，并随着技术的不断进步将展现出更高的智能化水平和更广的应用领域。

🔑 1.4　人工智能应用

1.4.1　智慧医疗

智慧医疗是指将新一代科技应用于医疗健康行业的一种新兴模式,包括人工智能、物联网、大数据、数字孪生等技术的应用。智慧医疗往往以数据为核心,将医学患者数据和医疗卫生资源高效整合,帮助医疗机构和患者提高诊疗和健康管理效果,提高医疗服务的质量和效率,主要应用场景如下。

1. 疾病风险预测

智慧医疗通过利用人工智能、大数据等技术手段,对患者的健康数据进行监测和分析,能够准确预测患者可能出现的疾病风险。例如,通过智能穿戴设备和传感器技术,实时监测患者的生理参数,并根据数据进行健康评估和预警。同时,智慧医疗还可以通过分析个人的生活习惯和生理数据,提供个性化的健康管理方案,帮助人们更好地管理自己的健康状况。此外,智慧医疗还可以应用于预防工作。例如,通过大数据分析,预测和预防疾病的暴发。

2. 智能医学影像

智能医学影像技术是智慧医疗的重要组成部分。它利用计算机算法和数据分析能力,对医学影像进行自动化分析和解释,辅助医生进行疾病诊断和治疗决策。例如,在肺癌早期筛查中,AI可以通过分析大量的医学影像数据和临床资料,快速定位潜在的肿瘤病灶,提高早期诊断的准确性。这种精准诊断可以为患者提供更及时和有效的治疗方案,降低疾病的致死率,并大大减轻医疗机构的负担。

3. 智能手术辅助

智能手术辅助系统通过结合机器人技术、虚拟现实(VR)和增强现实(AR)等技术手段,为手术过程提供精准的定位和导航,以及实时的手术监测和反馈。例如,腹腔内窥镜单孔手术系统、神经外科手术机器人等智能手术辅助设备,能够在手术过程中实现更高的精准度和稳定性,减少手术风险和并发症发生的可能性。同时,这些系统还能够提供手术前的模拟和规划,帮助医生更好地制定手术方案,提高手术的成功率和病人的手术体验。

4. 智能医药研发

智能医药研发利用人工智能和大数据技术,对药物研发过程进行优化和加速。例如,通过机器学习算法对海量的文献、专利和临床实验报告进行分析,发现新的药物靶点和化合物。此外,智能医药研发还可以应用于药物筛选、药效评价、临床实验设计等环节,提高药物研发的效率和质量。这种智能化的研发模式有助于降低新药研发的成本和时间投入,推动医药行业的创新发展。

随着技术的不断发展,智慧医疗将为医疗行业带来更多创新和改变,为人们的健康和医疗保健提供更加全面和精准的支持。

1.4.2　智能金融

智能金融是指利用人工智能、大数据、云计算等现代信息技术,实现金融服务的智能化、个性化和高效化。智能金融不仅提高了金融服务的效率和质量,还降低了运营成本和风险。智能金融是一个快速发展的领域,涵盖了智能风险控制、智能投资顾问和智能风险评估等多方面。

1. 智能风险控制

智能风险控制是指利用人工智能技术对金融业务中的各种风险进行识别、评估、监控和预警,以降低金融风险的发生概率和损失程度。智能风险控制主要依赖大数据分析、机器学习、深度学习等先进技术。这些技术可以收集和分析来自不同渠道的金融数据,如交易记录、客户行为、市场动态等,从而构建出精准的风险评估模型。智能风险控制能够实时监测和预警潜在风险,帮助金融机构及时采取措施进行干预,有效防范和化解金融风险。同时,智能风险控制还能提高风险管理的效率和准确性,降低人为失误带来的损失。

2. 智能投资顾问

智能投资顾问(Robo-Advisor)是指利用人工智能算法为投资者提供个性化、自动化的投资组合管理服务。智能投资顾问通过收集投资者的投资目标、风险承受能力和财务状况等信息,运用机器学习算法分析海量的市场数据,为投资者提供最优的投资组合建议。同时,智能投资顾问还能实时监测市场动态,自动调整投资策略,以实现资产的增值。

智能投资顾问降低了投资的门槛和成本,使更多人能够参与投资。同时,智能投资顾问还能提高投资决策的效率和准确性,为投资者带来更好的投资回报。

3. 智能风险评估

智能风险评估是指利用人工智能技术对金融产品或服务进行全面的风险评估,以识别潜在的风险点和风险程度,它是通过收集和分析历史数据、市场数据、客户行为数据等,运用机器学习算法构建风险评估模型。该模型能够对金融产品或服务进行多维度、全方位的风险评估,包括信用风险、市场风险、操作风险等。智能风险评估能够帮助金融机构更准确地识别和评估风险,为风险管理和决策提供科学依据。同时,智能风险评估还能提高风险评估的效率和准确性,降低人为失误带来的风险。

智能金融在智能风险控制、智能投资顾问和智能风险评估等方面发挥着重要作用。随着技术的不断进步和应用的深化,智能金融将为金融行业的发展注入新的活力和创新动力。

1.4.3　智能制造

智能制造的概念在 20 世纪 80 年代被提出,1998 年,美国学者赖特和伯恩正式出版了智能制造研究领域的首本专著《制造智能》。随着物联网、大数据、云计算等新一代信息技术的快速发展,智能制造技术不断更新迭代,逐渐形成了当前基于新一代信息技术与先进制造技术深度融合的新型生产方式。智能制造通过集成知识工程、制造软件系统、机器人视觉和机器人控制等技术,对制造技工们的技能与专家知识进行建模,使智能机器能够在没有人工干预的情况下进行小批量生产。

1. 智能制造关键技术

智能制造包括自动化、信息化、互联网和智能化 4 个层次,在这 4 个层次中涉及的关键技术主要如下。

- 数字化设计:利用计算机辅助设计、仿真、虚拟现实等技术,实现产品设计、工艺设计、生产过程仿真等过程的数字化。数字化设计是智能制造技术的核心之一,它利用计算机技术进行产品设计、工艺设计和生产过程仿真,可以实现产品的快速设计、优化和验证,提高产品的质量和性能。
- 自动化生产:通过各种自动化设备和系统,实现生产过程的全自动化。自动化生产可以提高生产效率、降低生产成本、减少人为错误,从而提高产品质量和生产稳定性。
- 智能化物流:通过物联网、传感技术、人工智能等技术,实现物流过程的自动化、智能化、高效率化。智能化物流可以提高物流效率、降低物流成本、提高物流服务质量。
- 信息化管理:通过各种信息技术手段,实现生产过程的全过程管理和监控。信息化管理可以提高生产效率、降低生产成本、提高产品质量和生产管理水平,从而实现企业的可持续发展。
- 服务型制造:通过各种服务手段,实现制造企业向服务型企业的转型。服务型制造可以提高企业的竞争力和客户满意度,增加企业的收入和利润,从而推动企业的持续发展。

2. 智能制造产业链

智能制造产业链是基于新一代信息通信技术与先进制造技术深度融合的新型生产方式,它贯穿设计、生产、管理、服务等制造活动的各个环节,具有自感知、自学习、自决策、自执行、自适应等功能。智能制造产业链主要可以分为以下几个环节。

- 上游环节:包括智能传感器、MCU 芯片、智能控制器、激光雷达、RFID、机器视觉等感知层设备,以及高性能材料、零部件等。主要支撑技术如 5G、云计算、大数据、工业物联网、人工智能、工业软件等技术领域和管理软件,为智能制造提供强大的计算和数据处理能力,以及智能化的决策支持。
- 中游环节:包括机器人、数控机床、3D 打印、增材制造装备、先进激光加工装备、工业控制装备、智能检测装备、智能物流装备等执行层产品。这些装备通过先进技术集成,使生产线能够自主感知、决策和执行,提高企业生产过程的自动化和智能化水平。
- 下游环节:智能制造技术被广泛应用于汽车制造、3C 电子、材料制造、机械制造、航空航天、医药制造、能源加工、塑料制造等多个行业。在这些行业中,智能制造技术通过优化生产流程、提高生产效率、降低生产成本等方式,为企业创造更大的价值。

3. 发展趋势

智能制造正朝着柔性化、工业互联化、智造服务化的方向发展。以数据为驱动的生产柔性化,通过对资源要素进行快速重构以响应新的制造需求;以平台为支撑的工业互联化,通过工业互联网平台实现制造资源的优化配置和高效协同;以用户为中心的智造服务化,提供产品远程运维、预测性维护等增值服务。

我国发布的《"十四五"智能制造发展规划》,明确提出到 2025 年智能制造能力成熟度水平明显提升的目标。随着新一代信息技术的不断发展和应用深化,智能制造将成为推动制造业转型升级的重要力量,具有广阔的发展前景和巨大的市场潜力。

1.4.4　自动驾驶

自动驾驶汽车应具备自动行驶、自动变速、自动刹车、自动监视周围环境、自动变道、自动转向、自动信号提醒、网联自动驾驶辅助功能等。它利用车载传感器来感知车辆周围环境,并根据感知所获得的道路、车辆位置和障碍物信息,控制车辆的转向和速度,从而使车辆能够安全、可靠地在道路上行驶。自动驾驶系统是集环境感知、决策控制和动作执行等功能于一体的综合系统。

特斯拉电动汽车堪称汽车科技领域的前沿成果。它配备多个摄像头与强大的计算芯片,构建起先进的感知与运算体系。具备自动行驶、变速、刹车、监视环境、变道、转向、信号提醒等能力,网联自动驾驶辅助功能也十分出色。特斯拉自动驾驶技术利用车载传感器精准感知周围道路、车辆位置与障碍物信息,其自动驾驶系统融合环境感知、决策控制与动作执行等功能。从基础自动驾驶版 Autopilot 到增强自动驾驶版 Enhanced Autopilot,再到不断发展的完全自动驾驶版 Full Self-Driving,功能逐步拓展和完善,如图 1.6 所示。

图 1.6　特斯拉无人驾驶汽车

1. 自动驾驶技术分级

目前国际上对于无人驾驶的等级分类有两个标准,一是由美国国家公路交通安全管理局(National Highway Traffic Safety Administration,NHTSA)制定,将无人驾驶划分为 5 级(L0~L4);二是由国际汽车工程师学会(Society of Automotive Engineer,SAE)制定,将无人驾驶定义为 6 级(L0~L5)。不同级别的自动驾驶技术在自动化程度上有所不同,从基本无自动化到完全自动化,两种标准具体不同等级对应关系如表 1.1 所示。

表 1.1 自动驾驶技术分级

自动驾驶分级						
分级	NHTSA	L0	L1	L2	L3	L4	
	SAE	L0	L1	L2	L3	L4	L5
称呼(SAE)		无自动化	驾驶支持	部分自动化	有条件自动化	高度自动化	完全自动化
		人类驾驶员全权驾驶汽车,在行驶过程中可以得到警告	通过驾驶环境对方向盘和加速减速中的一项操作提供支持,其余由人类来做	通过驾驶环境对方向盘和加速减速中的多项操作提供支持,其余由人类来做	由无人驾驶系统完成所有的操作,根据系统要求,人类提供适当的应答	由无人驾驶系统完成所有的操作,根据系统要求,人类不一定提供适当应答;限定道路和环境条件	由无人驾驶系统完成所有的操作,根据系统要求,可能的条件下,人类接管;不限定道路和环境条件
主体	驾驶操作	人类驾驶者	人类驾驶者/系统	系统			
	周边监控	人类驾驶者			系统		
	支援	人类驾驶者				系统	
	系统作用域	无	部分				全部

2. 关键技术

感知系统、控制系统、汽车通信和计算平台是实现自动驾驶技术的核心组成部分。

1) 感知系统

自动驾驶汽车的感知系统相当于车辆的"眼睛"和"耳朵",负责收集并解析车辆周围环境的信息。这一系统通常包括多种传感器,如激光雷达、毫米波雷达、高清摄像头、超声波传感器等。这些传感器能够捕捉到不同类型的信息,如距离、速度、方向、颜色、形状等,从而构建出一个全面的环境模型。

2) 控制系统

自动驾驶汽车的控制系统负责处理感知系统传入的数据,并生成相应的操作指令来控制车辆的行驶。这一系统通常包括决策系统和执行系统两部分。决策系统处理从感知系统传入的数据,根据当前的驾驶策略(如避障、跟车、变道、紧急制动等),通过复杂的算法生成操作指令。决策系统的算法通常包括路径规划、行为决策和动态避障等。执行系统负责将决策系统生成的操作指令转换为车辆的实际动作。执行系统通常包括电动机、转向机构、制动器等部件,通过控制这些部件的工作来实现车辆的加速、制动、转向等动作。

3) 汽车通信

自动驾驶汽车的通信系统是实现车辆与外界环境交互的关键。这一系统通常包括车辆与车辆之间的通信(V2V)、车辆与基站之间的通信(V2I)、车辆与互联网之间的通信(V2X)等。通过这些通信方式,无人驾驶汽车可以实时获取交通信息、路况信息、天气信息等,从而提高行驶的安全性和效率。

4) 计算平台

自动驾驶汽车的计算平台是支撑整个自动驾驶系统运行的核心。这一平台通常包括高性能计算单元、存储单元、操作系统、中间件等组件,负责处理感知系统传入的数据、运行决策算法、控制执行系统的工作等。随着自动驾驶技术的不断发展,计算平台也在不断地升级和优化,以满足更高要求的实时性、准确性和可靠性。

1.4.5　智能家居

人工智能与家居生活的结合,正逐步改变着人们的生活方式,让家居变得更加智能、便捷和舒适,如图 1.7 所示。

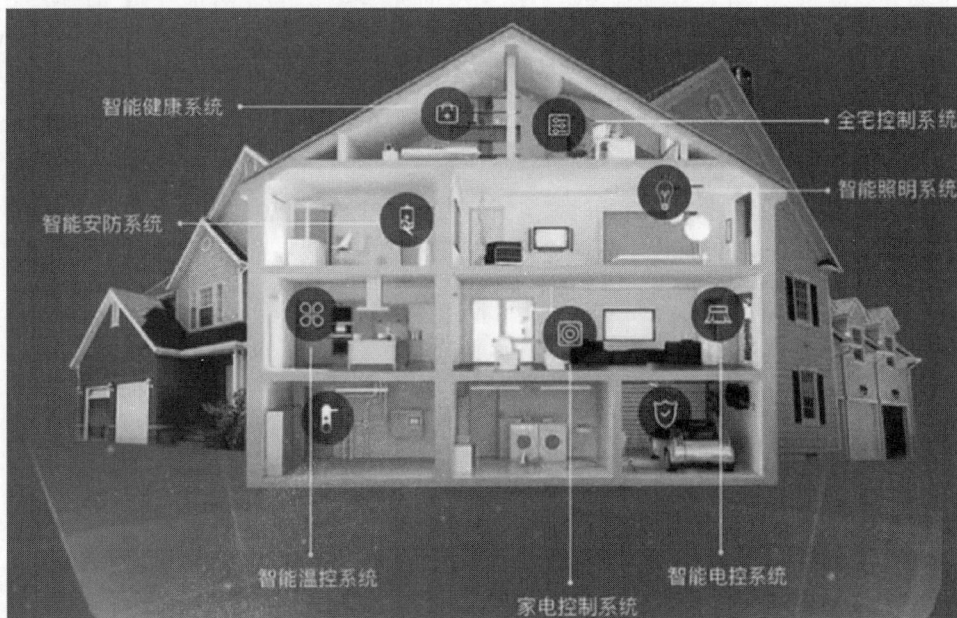

图 1.7　智能家居

智能家居通过对通信技术、智能控制技术、自动化控制技术等综合运用,共同组成一个家居生态圈,提高了生活效率和质量,降低能源消耗。智能家居可实现智能安防、智能控制、智能家居、环境调节、娱乐活动等功能。以下主要以智能安防、智能家电、小米智能家居为例展开说明。

1. 智能安防

智能安防是智能家居中不可或缺的一部分,它利用人工智能、大数据、物联网等技术,实现了对家庭安全的智能化管理。智能安防系统通常包括智能门锁、智能摄像头、智能报警器等设备,这些设备通过物联网技术连接在一起,形成一个完整的安防体系。智能安防系统的主要功能如下。

* 实时监控:智能摄像头可以实时监控家庭内外的情况,并通过手机 APP 等远程查看,确保家庭安全。
* 智能识别:利用人脸识别、行为分析等技术,智能安防系统能够自动识别家庭成员和陌生人,及时发现并处理异常情况。
* 报警功能:当智能安防系统检测到潜在的安全威胁时,会自动触发报警机制,及时通知家庭成员或相关安全机构。

随着技术不断发展,智能安防朝着集成化、智能化和平台化的方向发展,表现在实现多个安防设备的无缝连接和协同工作,能够自动学习家庭成员的生活习惯和行为模式,提供更加个性化的安全服务。智能安防平台正在逐步成为行业趋势,通过平台化管理,可以实现多个安防设备的统一监控和管理,提高安防效率。

2. 智能家电

智能家电是智能家居中的另一个重要组成部分,它们通过物联网技术与家庭网络相连,实现了家电设备的智能化控制和管理。智能家电的种类繁多,包括智能冰箱、智能洗衣机、智能空调等。

用户可以通过手机 APP 等远程控制智能家电的开关、调节温度、设置模式等,智能家电也能够根据用户的需求和习惯,自动调节工作状态和参数,提供更加舒适的使用体验。智能家电通常具有节能环保的功能,可以根据实际情况自动调整工作功率和模式,降低能耗和排放。

随着用户需求的不断多样化,智能家电正在逐步向个性化方向发展,提供更加符合用户需求和习惯的产品和服务,同时也正在逐步实现与其他智能设备的互联互通,形成更加完整的智能家居生态系统。

3. 小米智能家居

小米智能家居作为行业内的佼佼者,以其丰富的产品线和完善的生态系统,为用户提供了全方位的智能生活体验,其生产的智能家居产品有以下几种。

- 智能门锁:支持指纹、密码、手机蓝牙等多种开锁方式,还具备防撬报警、低电量提醒等安全功能。
- 智能照明产品:包括吸顶灯、台灯、筒灯等多种类型,均支持米家和苹果智能家居 HomeKit 的控制。用户可以通过手机 APP 或语音助手调节灯光的亮度、色温,甚至设置定时开关灯和场景模式。
- 智能空调:支持远程控制和智能调节温度,还能与温湿度传感器联动,实现自动化运行。
- 智能摄像头:具备高清画质、夜视功能和智能侦测报警功能,能有效守护家庭安全。
- 智能语音助手:小爱同学作为小米智能家居的核心控制中枢,支持语音控制 3000 余款智能家电,还能实现天气查询、播放音乐、讲故事等多种功能。

此外,小米还推出了智能插座、智能开关、电动窗帘等一系列智能家居产品,用户可以根据自己的需求和预算进行选择和搭配。这些产品之间通过小米智能家居生态系统实现互联互通,为用户带来更加便捷、舒适和智能的生活体验。

🔑 习题

1. 简述人工智能的定义。
2. 简述机器学习的基本工作原理。

第2章

机器学习

CHAPTER **2**

本章学习目标

- 了解机器学习的基本概念和相关历史
- 了解机器学习相关方法
- 理解分类与回归的概念
- 掌握常见的机器学习库
- 学会搭建开发环境
- 掌握 PyTorch 基础知识

本章从机器学习的基本概念及发展历程入手,介绍机器学习的相关方法、重要概念以及常见的机器学习库,通过开发环境搭建及 PyTorch 基础知识学习,引导读者对机器学习进行初步的实践。

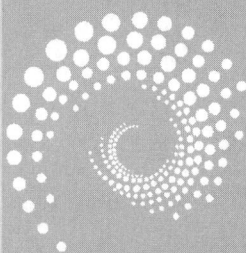

🔑 2.1 机器学习概述

机器学习是人工智能领域的重要分支,是一门多领域交叉学科,涉及概率论、统计学、逼近论、凸分析、算法复杂度理论等多门学科,其核心在于让计算机具备从数据中提取有用信息并自主进行决策的能力。机器学习的理论和方法对人工智能技术的系统实现起着重要的支撑作用。

本书对机器学习的定义为:机器学习是专门研究计算机怎样模拟或实现人类的学习行为,以获取新的知识或技能,重新组织已有的知识结构使之不断改善自身的性能的学习方式。机器学习的过程通常包括数据收集、数据预处理、模型选择、模型训练、模型评估和模型优化等步骤。在这个过程中,机器学习算法发挥着至关重要的作用,它们通过不断地迭代和优化,使模型能够更准确地拟合数据并预测新数据。

机器学习最早可追溯到 17 世纪,贝叶斯、拉普拉斯关于最小二乘法的推导和马尔可夫链等,这些构成了机器学习广泛使用的工具和基础。机器学习的发展历程经历了知识推理期、知识工程期和学习期三个主要阶段。

1. 知识推理期

从 20 世纪 50 年代人工能智能的诞生到 20 世纪 70 年代初期,人工智能的相关研究处于知识推理期。知识推理时期的研究主要集中在逻辑推理、专家系统和符号推理等方面。这一时期的研究者认为只要赋予机器逻辑推理能力,机器就能够具备智能。研究者普遍采用符号主义学派的方法,这种方法基于逻辑和推理,利用人类专家提供的规则进行推理和分类。

1955—1956 年,艾伦·纽厄尔(Allen Newell)和赫伯特·A.西蒙(Herbert A. Simon)合作开发了世界上第一个人工智能程序——"逻辑理论家"。"逻辑理论家"最初证明了怀特黑德和罗素所著的《数学原理》中前 52 个定理中的 38 个定理。后来,随着程序的改进,它最终证明了该书中所有相关的数学定理,这一成果不仅展示了计算机模拟人类逻辑思维的能力,也标志着人工智能的诞生。

在"逻辑理论家"取得成功之后,艾伦·纽厄尔和赫伯特·西蒙开始探索更一般化的问题求解方法,1957 年,他们合作开发了通用问题求解器。通用问题求解器是一个能够模拟人类求解问题过程的计算机程序,使用启发式搜索算法来探索问题的解空间,并找到最优或次优解。通用问题求解器的开发进一步证明了计算机模拟人类智能的潜力,同时也为后来的智能系统、专家系统等人工智能领域的研究提供了重要的思路和方法。

2. 知识工程期

从 20 世纪 70 年代中期开始,人工智能开始进入知识工程期。知识工程之父费根鲍姆(E. A. Feigenbaum)等认为,机器仅具备逻辑推理能力不足以实现人工智能,要使机器具备智能,就必须使机器拥有知识。因此,这一时期的研究开始尝试将各个领域的知识植入系统里,通过机器模拟人类学习的过程。同时,还采用了图结构及其逻辑结构方面的知识进行系统描述,典型示例如下。

费根鲍姆与诺贝尔奖得主莱德伯格等人合作,于 1965 年开发出世界上第一个专家系统程序 DENDRAL。该系统能够根据给定的有机化合物的分子式和质谱图,从几千种可能的分子结构中挑选出一个正确的分子结构。DENDRAL 的成功标志着专家系统的诞生,并推动了知识工程领域的发展,在 DENDRAL 系统取得成功之后,费根鲍姆于 1977 年正式将其命名为"知识工程"。

1972—1978 年,美国斯坦福大学研制出一个用于细菌感染患者诊断和治疗的专家系统——MYCIN 系统,该系统主要用于血液感染患者的诊断和治疗。医生可以输入患者的临床信息,如症状、实验室测试结果等,系统会根据这些信息给出可能的病原体和合适的治疗方案。MYCIN 系统对计算机专家系统理论和实践的发展产生了深远影响。它第一次使用了知识库的概念,并采用了似然推理技术。这些创新不仅为后续的专家系统研究奠定了基础,推动了人工智能技术在医疗领域的应用,还启发了许多其他领域的专家系统研发工作。

3. 学习期

20 世纪 80 年代是机器学习开始快速发展的时期。这一阶段,研究最多且应用最广的是"广义机器学习",包括监督学习(如分类、回归)和非监督学习(如聚类)等。在 20 世纪 90 年代,机器学习的主流技术是归纳逻辑程序设计,归纳逻辑程序能比较容易地表示复杂的数据和数据关系,但是难以解决大规模的问题。

霍普菲尔德(John Hopfield)在 1982 年提出了一种用于联想记忆和优化计算的离散神经网络模型,它通过调整神经元之间的权重来实现模式的存储和检索。Hopfield 神经网络被用来解决旅行商问题。旅行商问题是一个经典的组合优化问题,其目标是在给定一组城市及其之间的距离后,找到一条经过每个城市恰好一次并最终回到起始城市的最短路径。在这一问题中,每个城市可以被看作一个神经元,神经元之间的连接权重反映了城市之间的距离。网络通过异步更新的方式不断调整神经元的状态,使得能量函数逐渐减小。当网络达到稳定状态时,神经元的输出就对应了一条遍历所有城市的最短路径。霍普菲尔德利用神经网络求解旅行商问题使得连接主义重新受到关注。

此后,David E. Rumelhart、Geoffrey E. Hinton 和 Ronald J. Williams 等人在 1986 年提出 BP 神经网络,即误差反向传播算法(Error Backpropagation),用于训练多层前馈神经网络。这一算法的提出解决了多层神经网络中隐含层连接权重的学习问题,使得神经网络能够处理更为复杂的问题,并在实际应用中取得了显著的成效。

随着计算能力的提升和大数据的兴起,深度学习成为机器学习领域的研究热点。深度学习通过多层神经网络实现对大规模数据的建模和预测,取得了许多突破性成果。

2006 年,多伦多大学的 Geoffrey Hinton 教授与他的同事们提出了深度学习的概念,深度学习的提出,为人工智能领域带来了新的突破和发展方向,标志着深度学习的正式兴起。2018 年,三位深度学习领域的先驱者——Geoffrey Hinton、Yoshua Bengio 和 Yann LeCun 获得了图灵奖,这两个标志性事件共同见证了深度学习从兴起走向繁荣的发展历程。

2.2 机器学习方法

作为人工智能的主要分支,机器学习算法有很多种,包括监督学习(supervised learning)、无监督学习(unsupervised learning)、迁移学习(transfer learning)和强化学习(reinforcement learning)等,这些算法的关系如图 2.1 所示。

2.2.1 有监督学习

有监督学习指利用已知类别的样本来训练模型,
调整模型参数,进行数据分类或预测的一种学习方
式。其原理是在模型对输入数据的学习过程中,通过
调整模型参数来最小化预测值与真实标签之间的差
异,以实现对新数据的准确预测或分类。

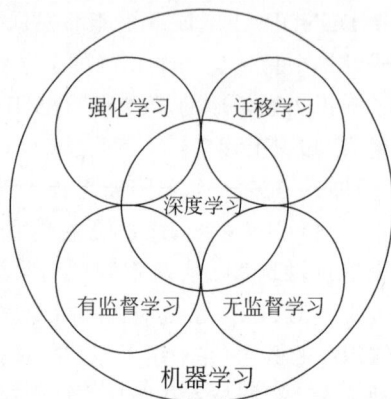

图 2.1 机器学习算法关系图

1. 基本流程

1)数据准备

收集并准备大量带有标签的样本数据作为训练集,进行预处理,如数据清洗、归一化等。

2)模型选择

根据任务需求选择合适的数学模型,如神经网络、决策树、支持向量机等。

3)模型训练

使用训练集数据对模型进行训练,通过调整模型参数来最小化损失函数,提高模型的预
测或分类性能。

4)模型评估与应用

使用验证集或测试集数据对训练好的模型进行评估,根据评估结果调整模型参数以提
高其泛化能力。最终,将训练好的模型应用于实际场景中,进行预测或分类任务。

2. 主要算法

线性回归算法、K-邻近算法、决策树算法、朴素贝叶斯算法、支持向量机算法、随机森林
算法等是有监督学习的常用算法。

1)线性回归算法

线性回归算法是机器学习中的一种基本算法,用于建立输入变量(特征)和输出变量(目
标)之间的线性关系模型。该算法的目标是找到一个最佳拟合线(或平面,对于多维数据),
使得预测值与真实值之间的误差最小。具体可参考 3.2 节的房价预测案例。

2)K-近邻算法

K-近邻(K-Nearest Neighbors,KNN)算法是一种非参数、基于距离的分类方法,无须构
建显式模型,而是直接依赖训练数据进行预测。其核心思想是:如果一个样本在特征空间
中的 K 个最相邻的样本中的大多数属于某一个类别,则该样本也属于这个类别,并具有这
个类别上样本的特性。该算法步骤如下。

(1)选择 K 值:首先选定一个 K 值,表示要考虑多少个最近的邻居。

(2)计算距离:对于新的未知数据点,需要计算它与数据集中所有已知点的距离。常
用的距离度量方法有欧氏距离、曼哈顿距离等。

(3)选择 K 个最近邻:根据计算出的距离,选择 K 个最近的邻居点。

(4)确定类别:根据 K 个最近邻的类别来确定新数据点的类别。

下面给出一个利用 KNN 算法对鸢尾花(Iris)数据集进行分类的代码示例 2-1。鸢尾花

数据集(Iris dataset)是机器学习领域中一个经典的数据集,该数据集由英国统计学家和生物学家 Ronald Fisher 在 1936 年收集。该数据集包含 150 个样本,每个样本都是一朵鸢尾花,具有四个特征(花萼长度、花萼宽度、花瓣长度、花瓣宽度)以及一个类别标签(Setosa、Versicolour、Virginica 三种鸢尾花之一)。

示例代码需要调用 Scikit-learn 库,如未安装,可以使用如下命令进行安装。

```
pip install scikit-learn
```

在 VSCode 的资源管理器中,选择工程根目录 Lesson,单击“新建文件”按钮 ,新建 Jupyter Notebook 文件“ch2.ipynb”,本章的全部代码都将在该文件中编辑且运行,如图 2.2 所示。

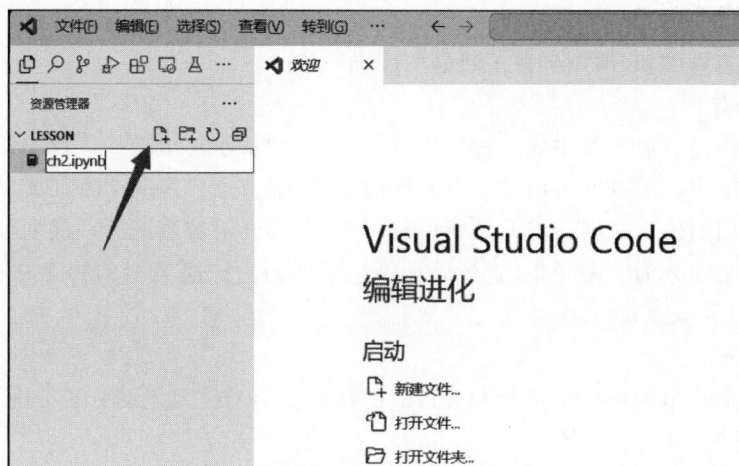

图 2.2 创建 Jupyter Notebook 文件

```
1   #代码示例 2-1  KNN 算法
2   #导入必要的库
3   from sklearn.datasets import load_iris
4   from sklearn.model_selection import train_test_split
5   from sklearn.neighbors import KNeighborsClassifier
6   from sklearn.metrics import accuracy_score
7   #加载鸢尾花数据集
8   iris = load_iris()
9   #获取数据和目标标签
10  X = iris.data             #特征数据
11  y = iris.target           #标签数据
12  #将数据集拆分成训练集和测试集(80%训练,20%测试)
13  X_train, X_test, y_train, y_test = train_test_split(X, y, test_size = 0.2, random_state = 42)
14  #初始化 KNN 分类器,设置邻居数量 k = 3
15  knn = KNeighborsClassifier(n_neighbors = 3)
16  #用训练数据训练 KNN 模型
17  knn.fit(X_train, y_train)
18  #使用测试数据进行预测
19  y_pred = knn.predict(X_test)
20  #输出预测结果
21  print("预测的类别标签: ", y_pred)
22  #输出真实的类别标签
23  print("真实的类别标签: ", y_test)
```

```
24  ♯计算并输出准确率
25  accuracy = accuracy_score(y_test, y_pred)
26  print(f"模型的准确率为: {accuracy:.2f}")
```

本示例中使用 sklearn. metrics 中的 accuracy_score 函数来计算模型的准确率,并评估模型在给定测试集上的性能。如果准确率很高(接近 1),则说明模型在测试集上表现良好,能够准确地根据特征预测鸢尾花的类别;如果准确率较低,则可能意味着模型在训练集上学习到的分类规则不够泛化,或者测试集与训练集的数据分布存在较大差异。本示例代码运行结果如下所示。

```
预测的类别标签:[1 0 2 1 1 0 1 2 1 1 2 0 0 0 0 1 2 1 1 2 0 2 0 2 2 2 2 2 2 0 0]
真实的类别标签:[1 0 2 1 1 0 1 2 1 1 2 0 0 0 0 1 2 1 1 2 0 2 0 2 2 2 2 2 2 0 0]
模型的准确率为:1.00
```

根据上述结果可知,模型具备了较高的准确率(100%)。

3) 决策树算法

决策树算法是机器学习中的一种经典算法,是一种基于树形结构进行决策的模型,它由节点和有向边组成。节点分为内部节点和叶节点,内部节点代表一个特征或属性,叶节点代表一个类别或回归值。从根节点开始,每个内部节点都会对数据进行一次划分,根据不同的特征值将数据集划分为多个子集,直到满足停止条件为止。决策树的构建是一个递归的过程,主要包括以下步骤。

(1) 特征选择。

从训练数据众多的特征中选择一个最优的特征作为当前节点的分裂标准。

(2) 决策树生成。

根据选择的特征评估标准,从上至下递归地生成子节点,直到数据集不可分则停止决策树的生长。在生成过程中,每个节点都包含一个样本集合,根据属性测试的结果,样本集合被划分到子节点中。

代码示例 2-2 是一个使用决策树算法进行分类的 Python 示例。本例中仍然使用了 Scikit-learn 库,具体演示了如何应用决策树来分类鸢尾花(Iris)数据集。

```
1   ♯代码示例 2-2  决策树算法
2   ♯导入必要的库
3   from sklearn.datasets import load_iris
4   from sklearn.model_selection import train_test_split
5   from sklearn.tree import DecisionTreeClassifier
6   from sklearn.metrics import accuracy_score
7   from sklearn import tree
8   import matplotlib.pyplot as plt
9   ♯加载鸢尾花数据集
10  iris = load_iris()
11  X = iris.data
12  y = iris.target
13  ♯将数据集拆分为训练集和测试集
14  X_train, X_test, y_train, y_test = train_test_split(X, y, test_size = 0.3, random_state = 42)
15  ♯初始化决策树分类器
16  clf = DecisionTreeClassifier(random_state = 42)
17  ♯训练模型
18  clf.fit(X_train, y_train)
```

```
19   #进行预测
20   y_pred = clf.predict(X_test)
21   #计算准确率
22   accuracy = accuracy_score(y_test, y_pred)
23   print(f"模型的准确率为: {accuracy:.2f}")
24   #可视化决策树
25   plt.figure(figsize = (20,10))
26   tree.plot_tree(clf, filled = True, feature_names = iris.feature_names, class_names = iris.
     target_names)
27   plt.show()
```

上述示例代码生成了一个决策树的可视化图,该图显示了决策树的结构、节点分裂条件、叶节点类别等信息,这些信息有助于理解模型是如何根据特征进行分类的,以及可能存在的过拟合或欠拟合问题。此外,图中显示模型判断的准确率为 100%。具体如图 2.3 所示。

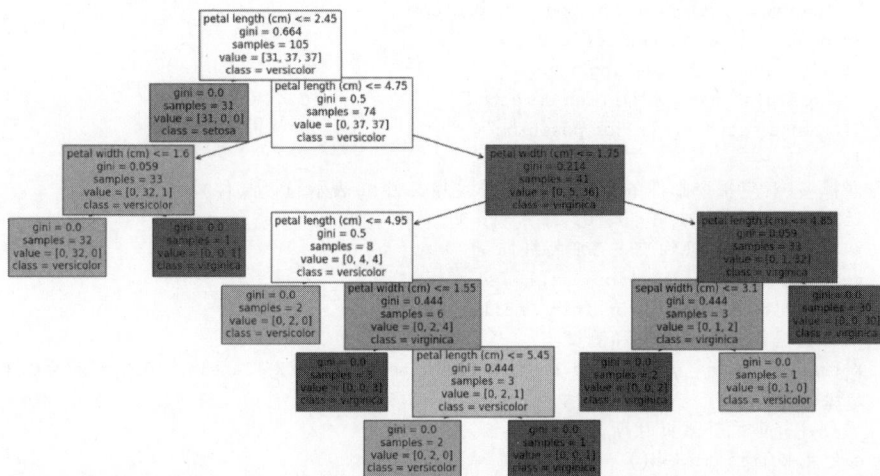

图 2.3　决策树算法结果

4) 朴素贝叶斯算法

朴素贝叶斯算法(Naive Bayes Algorithm)是一种基于贝叶斯定理和特征独立性假设的概率分类算法,其基本思想是基于训练数据中的特征和标签之间的概率关系,通过计算后验概率来进行分类预测。算法主要步骤如下。

(1) 学习先验概率分布。

根据训练数据集,计算每个类别的先验概率 $P(y)$。

(2) 学习条件概率分布。

对于每个类别 y 和每个特征 x,计算条件概率 $P(x|y)$。

(3) 计算后验概率。

对于新的未知样本 x,计算每个类别 y 的后验概率 $P(y|x)$,$P(y|x) = P(x|y)P(y)/P(x)$。

(4) 预测分类结果。

选择具有最高后验概率的类别作为预测结果。

代码示例 2-3 给出一个使用朴素贝叶斯分类算法的详细示例,应用于一个常见场景——垃圾邮件分类,使用 Python 的 Scikit-learn 库来构建和训练朴素贝叶斯分类器。

```
1   #代码示例2-3   朴素贝叶斯算法
2   #导入必要的库
3   import numpy as np
4   from sklearn.feature_extraction.text import TfidfVectorizer
5   from sklearn.model_selection import train_test_split
6   from sklearn.naive_bayes import MultinomialNB
7   from sklearn.metrics import accuracy_score, classification_report, confusion_matrix
8   #示例数据集(假设为简化后的邮件内容)
9   emails = [
10  "free win money now",
11  "hello I wanted to talk with you about business",
12  "click here to get free tickets",
13  "can we meet tomorrow for the project?",
14  "win cash prizes!!!",
15  "I love your presentation about the project",
16  "urgent: you have won a lottery",
17  "let's discuss the meeting agenda",
18  "congratulations you've been selected",
19  "I'm interested in the job position"
20  ]
21  #标签,对应每个邮件的类别(0表示非垃圾邮件,1表示垃圾邮件)
22  labels = [1, 0, 1, 0, 1, 0, 1, 0, 1, 0]
23  #将文本数据转换为 TF-IDF 特征向量
24  vectorizer = TfidfVectorizer()
25  X = vectorizer.fit_transform(emails)
26  #将数据集分为训练集和测试集
27  X_train, X_test, y_train, y_test = train_test_split(X, labels, test_size = 0.3, random_
    state = 42)
28  #创建并训练朴素贝叶斯分类器
29  clf = MultinomialNB()
30  clf.fit(X_train, y_train)
31  #预测测试集
32  y_pred = clf.predict(X_test)
33  #计算准确率
34  accuracy = accuracy_score(y_test, y_pred)
35  print(f'准确率: {accuracy:.2f}')
36  #输出分类报告
37  print('分类报告:')
38  print(classification_report(y_test, y_pred, target_names = ['非垃圾邮件', '垃圾邮件']))
39  #输出混淆矩阵
40  print('混淆矩阵:')
41  print(confusion_matrix(y_test, y_pred))
```

本示例代码打印了模型在测试集上的准确率,但由于数据集较小且简单,准确率偏低,为 0.67;分类报告提供了精确率、召回率、F1 分数等指标,这些指标能够更全面地评估模型在各个类别上的性能,对于不平衡数据集,这些指标比准确率更有参考价值;混淆矩阵直观地显示模型在各类别上的分类情况,有助于理解模型在哪些类别上容易出错,结果具体如图 2.4 所示。

```
准确率: 0.67
分类报告:
                precision    recall  f1-score   support

      非垃圾邮件      1.00       0.50      0.67         2
       垃圾邮件      0.50       1.00      0.67         1

       accuracy                          0.67         3
      macro avg      0.75       0.75      0.67         3
   weighted avg      0.83       0.67      0.67         3
```

图 2.4　朴素贝叶斯算法结果

5）支持向量机算法

支持向量机（Support Vector Machine，SVM）是一种二分类模型，它的目的是通过在特征空间中找到一个最优的超平面，使得不同类别的样本点可以被最好地分开，并且这个超平面距离最近的训练数据点的间隔最大。支持向量机是一种在机器学习领域广泛使用的算法，特别是在分类问题中表现出色。算法的主要流程如下。

（1）数据预处理：包括数据集的划分、特征缩放等。

（2）构建模型：选择合适的核函数和惩罚系数，构建 SVM 模型。

（3）训练模型：使用训练集对模型进行训练，通过最大化间隔来找到最优的超平面。

（4）预测与评估：使用训练好的模型对测试集进行预测，并通过各种评估指标来评价模型的性能。

代码示例 2-4 给出如何使用 SVM 对鸢尾花数据集进行分类，并计算模型的准确率，本例可以根据需要选择合适的核函数和调整其他超参数来优化模型性能。

```
1   #代码示例2-4  支持向量机算法
2   #导入必要的库
3   import numpy as np
4   from sklearn import datasets
5   from sklearn.model_selection import train_test_split
6   from sklearn.preprocessing import StandardScaler
7   from sklearn.svm import SVC
8   from sklearn.metrics import accuracy_score, classification_report, confusion_matrix
9   #加载鸢尾花数据集
10  iris = datasets.load_iris()
11  X = iris.data
12  y = iris.target
13  #将数据集分为训练集和测试集
14  X_train, X_test, y_train, y_test = train_test_split(X, y, test_size = 0.3, random_state = 42)
15  #特征缩放(标准化)
16  scaler = StandardScaler()
17  X_train = scaler.fit_transform(X_train)
18  X_test = scaler.transform(X_test)
19  #创建并训练支持向量机分类器
20  clf = SVC(kernel = 'linear') #使用线性核函数
21  clf.fit(X_train, y_train)
22  #预测测试集
23  y_pred = clf.predict(X_test)
24  #计算准确率
25  accuracy = accuracy_score(y_test, y_pred)
26  print(f'准确率: {accuracy:.2f}')
27  #输出分类报告
```

```
28   print('分类报告:')
29   print(classification_report(y_test, y_pred, target_names = iris.target_names))
```

鸢尾花数据集是一个相对简单且容易分类的数据集,因此使用支持向量机算法通常可以得到较高的准确率,本示例的模型准确率为 0.98,示例使用 classification_report 输出分类报告,包括精确率、召回率、F1 分数等指标,这些指标更全面地评估了模型在各个类别上的性能,结果如图 2.5 所示。

```
准确率: 0.98
分类报告:
              precision    recall  f1-score   support

      setosa       1.00      1.00      1.00        19
  versicolor       1.00      0.92      0.96        13
   virginica       0.93      1.00      0.96        13

    accuracy                           0.98        45
   macro avg       0.98      0.97      0.97        45
weighted avg       0.98      0.98      0.98        45
```

图 2.5　支持向量机算法结果

2.2.2　无监督学习

无监督学习是指在没有明确标签或结果的情况下,让模型从数据中自动发现隐藏的模式、结构和关系。它主要处理的是未标注的数据,即不提供明确的输出结果的数据集。无监督学习的目标是找出数据集中的潜在关系和分布特性,帮助人们更好地理解数据并发现有价值的结果。无监督学习常用的算法主要包括聚类算法和降维算法两大类。

1. 聚类算法

聚类算法是将数据集中相似的数据对象归为一类或一组。在聚类过程中,数据对象在同一组中彼此相似,而在不同组之间则相异,即"物以类聚"。聚类算法可以分为多种类型,包括基于划分的聚类、基于层次的聚类、基于密度的聚类以及基于模型的聚类等。自机器学习诞生以来,研究者针对不同问题提出了多种聚类算法,下面以 K 均值算法为例进行说明。

K 均值(K-Means)算法是一种常用的迭代聚类算法,它能够将数据集划分为 K 个簇,每个簇由一个中心点(质心)代表。通过迭代更新质心和数据点的簇归属来最小化簇内数据点到质心的距离之和,算法主要步骤如下。

1）初始化

选择 K 个初始质心,这些质心可以是数据集中的任意 K 个点,也可以是通过某种方法选定的点。

2）分配数据点到簇

对于数据集中的每个数据点,计算它与 K 个质心之间的距离,将每个数据点分配给距离它最近的质心所在的簇。

3）更新质心

对于每个簇,重新计算其质心,质心是簇内所有数据点的平均值。

4）检查收敛

检查质心的位置是否发生变化,或者变化是否小于某个阈值。如果质心位置不再发生变化(或变化很小),则算法收敛,聚类完成。如果质心位置仍然发生变化,则返回步骤 2),继续迭代。

代码示例 2-5 是一个使用 Python 和 Scikit-learn 库实现 K 均值算法的示例,该示例同样使用了鸢尾花数据集(Iris dataset)的特征数据来进行聚类。

```
1   #代码示例2-5  K均值算法
2   #导入必要的库
3   import numpy as np
4   from sklearn import datasets
5   from sklearn.cluster import KMeans
6   import matplotlib.pyplot as plt
7   #加载鸢尾花数据集
8   iris = datasets.load_iris()
9   X = iris.data
10  #设置K值(簇的数量)
11  K = 3
12  #创建K均值模型
13  kmeans = KMeans(n_clusters = K, random_state = 42)
14  #训练模型
15  kmeans.fit(X)
16  #获取聚类结果
17  y_kmeans = kmeans.predict(X)
18  #打印簇中心
19  print("簇中心:")
20  print(kmeans.cluster_centers_)
21  #可视化聚类结果(仅选择前两个特征进行二维可视化)
22  plt.scatter(X[:, 0], X[:, 1], c = y_kmeans, s = 50, cmap = 'viridis')
23  #绘制簇中心
24  centers = kmeans.cluster_centers_
25  plt.scatter(centers[:, 0], centers[:, 1], c = 'red', s = 200, alpha = 0.75, marker = 'X')
26  plt.title('K - Means Clustering on Iris Dataset (First Two Features)')
27  plt.xlabel('Feature 1 (Sepal Length)')
28  plt.ylabel('Feature 2 (Sepal Width)')
29  plt.show()
```

结果如图 2.6 所示,因为鸢尾花数据集有 3 个类别,本示例创建 K 均值模型并指定簇的数量为 3,示例结果打印出 3 个簇的中心点坐标,这些中心点代表了 K 均值算法认为的每个簇的中心位置。图表显示了鸢尾花数据集前两个特征(花萼长度和花萼宽度)的聚类结果,数据点根据聚类结果着色,簇中心用×标记。通过观察图表,可以大致了解数据点是如何被分配到不同的簇中的。

2. 降维算法

降维算法是数据处理和机器学习领域中的一类重要技术,旨在将高维数据映射到低维空间,以便于数据的后续处理、分析和可视化。该算法是数据预处理中常用的一种技术,可以在减少数据集中的特征数量的同时尽可能保留原始数据的信息。

降维算法主要分为线性降维和非线性降维两大类,其中,线性降维算法包括主成分分析

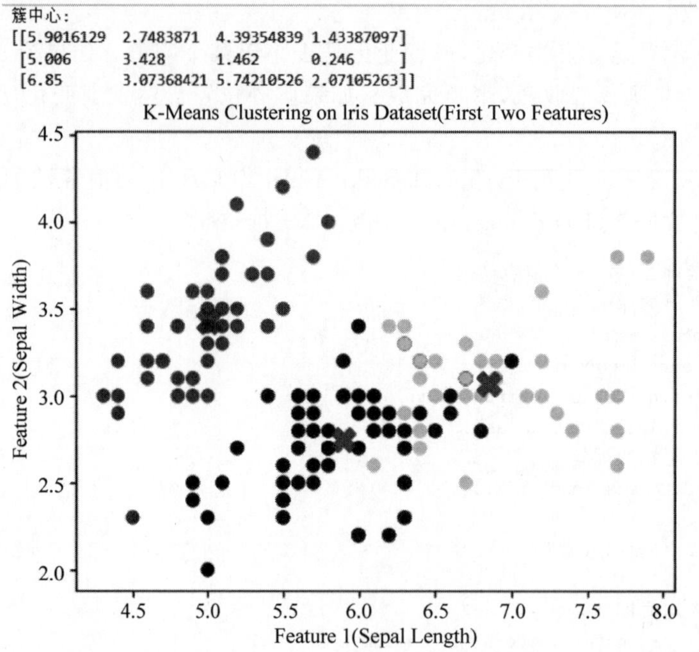

```
簇中心:
[[5.9016129  2.7483871  4.39354839 1.43387097]
 [5.006      3.428      1.462      0.246     ]
 [6.85       3.07368421 5.74210526 2.07105263]]
```

图 2.6 K 均值算法结果

（PCA）、线性判别分析（LDA）、独立成分分析（ICA）等。非线性降维主要包括 t-分布邻域嵌入（t-SNE）、自编码器（Autoencoder）、局部线性嵌入（LLE）等。

代码示例 2-6 以线性降维算法中的主成分分析为例说明，该示例使用 Python 和 Scikit-learn 库实现了降维算法。

```
1   # 代码示例 2-6  主成分分析(PCA)算法
2   # 导入必要的库
3   import numpy as np
4   import matplotlib.pyplot as plt
5   from sklearn.decomposition import PCA
6   # 数据准备
7   np.random.seed(0)                              # 设置随机种子以确保结果可重复
8   n_samples = 100                                # 样本数量
9   n_features = 2                                 # 原始特征数量
10  X = np.random.rand(n_samples, n_features)      # 生成随机数据集
11  # 应用 PCA 进行降维
12  pca = PCA(n_components = 1)                     # 创建一个 PCA 对象,指定要保留 1 个主成分
13  X_reduced = pca.fit_transform(X)               # 对数据进行降维
14  # 结果可视化
15  plt.figure(figsize = (12, 6))
16  # 可视化原始数据
17  plt.subplot(1, 2, 1)
18  plt.scatter(X[:, 0], X[:, 1], c = 'blue', marker = 'o', edgecolor = 'k')
19  plt.title("Original Data (2D)")
20  plt.xlabel("Feature 1")
21  plt.ylabel("Feature 2")
22  # 可视化降维后的数据
23  plt.subplot(1, 2, 2)
24  plt.scatter(X_reduced, np.zeros_like(X_reduced), c = 'red', marker = 'x', edgecolor = 'k')
```

```
25    plt.title("Reduced Data (1D)")
26    plt.xlabel("Principal Component 1")
27    plt.yticks([])                              #隐藏 y 轴刻度,因为降维后只有一维数据
28    plt.tight_layout()
29    plt.show()
```

本示例结果如图 2.7 所示,左侧子图显示了原始数据,是一个二维数据集,包含 100 个样本,每个样本有两个特征。数据点随机分布在二维空间中。右侧子图显示了降维后的数据,是一个一维数据集,数据点沿 x 轴分布,y 轴被隐藏,包含 100 个样本,但每个样本现在只有一个特征(主成分 1)。

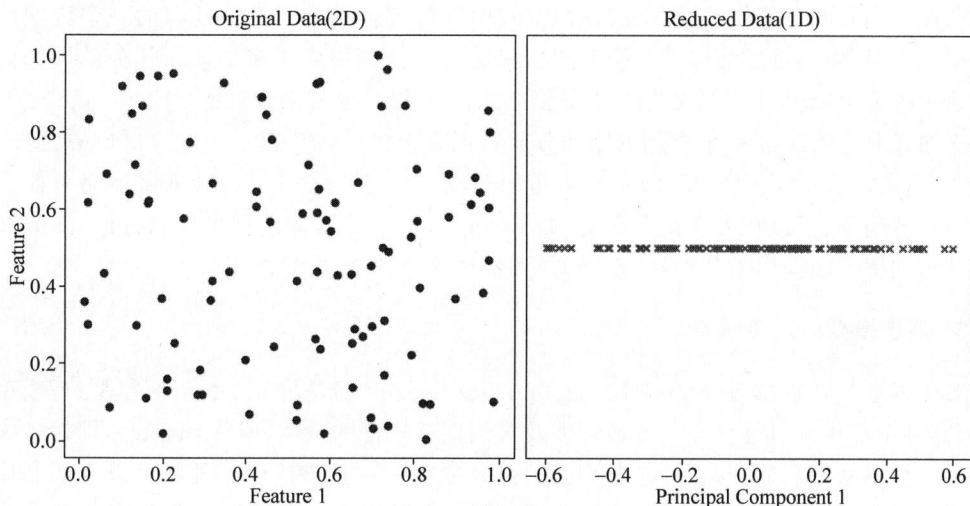

图 2.7　主成分分析算法结果

2.2.3　迁移学习

迁移学习是利用数据、任务或模型之间的相似性,将在旧领域(源领域)学习过的模型应用于新领域(目标领域)的一种学习过程。其基本原理是通过利用源领域中学习到的知识来改善目标领域中的学习性能,这种知识可以是模型参数、特征表示或者其他相关信息。以人类的学习行为做类比,迁移学习就是"举一反三"的能力,例如,学会了 Java 语言,再学 Python 就比较容易。机器也具备"举一反三"的能力,迁移学习可以将一个预训练模型重新用在另一个任务上。常见的学习方式有基于样本的迁移学习、基于特征的迁移学习、基于模型的迁移学习以及基于关系知识的迁移学习。

1. 基于样本的迁移学习

基于样本的迁移学习(Instance-based Transfer Learning)是从源数据中找出适合的样本数据,并将其迁移到目标领域的训练数据集中,供模型进行训练。这种方法的关键在于选择和加权源领域中的样本,使得它们能够有效地辅助目标领域的训练。

TrAdaBoost 算法就是一种典型的基于样本的迁移学习算法。传统的机器学习算法,通常假设训练集和测试集的数据是同一分布。然而,在迁移学习的场景中,这种假设往往不成立。TrAdaBoost 算法通过对每个训练集样本增加权重,利用权重来弱化那些与测试集

不同分布的数据,从而提高模型在测试集上的效果。具体来说,如果模型误分类了一个源域(旧数据)样本,且该样本可能和目标域(新数据)样本存在较大差距,那么就会降低这个源域样本的权重。它利用 Boosting 的技术过滤掉源数据中与目标训练数据最不符的数据,并通过调整样本权重来增强模型对目标域数据的适应性。

2. 基于特征的迁移学习

基于特征的迁移学习(Feature-based Transfer Learning)主要关注源领域和目标领域数据之间的共同特征,并尝试将这些特征表示迁移到目标领域中。这通常需要将两个领域的特征投影到同一个特征空间,然后在该空间中进行特征迁移。特征迁移的一个典型应用是在深度学习中,通过迁移预训练模型的卷积层或全连接层权重来加速新任务的训练。这种方法可以显著减少对目标领域标记数据的需求,并提升模型的性能。

例如,CIFAR-10 是一个常用的图像分类数据集,它包含 60 000 张 32×32 的彩色图像,分为 10 个类别。由于 CIFAR-10 的数据量相对较小,直接训练一个深度神经网络可能会面临过拟合的问题,可以在大规模数据集(如 ImageNet)上预训练模型来提取特征,然后在这些特征上训练一个简单的分类器,以提高 CIFAR-10 图像分类的性能。

3. 基于模型的迁移学习

基于模型的迁移学习(Model-based Transfer Learning)是将整个预训练模型(或模型的一部分)直接应用于目标任务。这通常涉及对预训练模型的微调(Fine-tuning),即保持大部分模型参数不变,只调整与目标任务相关的部分参数。这种方法的好处是可以直接利用预训练模型强大的特征提取能力,同时快速适应新任务的需求。在图像处理、自然语言处理等领域,基于模型的迁移学习已经得到了广泛的应用。

例如,在自然语言处理(NLP)任务中,文本分类是一个重要的应用方向,它涉及将文本数据分为预定义的类别。然而,传统的文本分类方法往往需要大量地标注数据来训练模型,这在实际应用中往往难以满足。因此,可以利用在大规模文本数据上预训练的 BERT 模型来进行迁移学习,以提高文本分类的性能。

4. 基于关系知识的迁移学习

基于关系知识的迁移学习(Relational-knowledge Transfer Learning)主要关注源领域和目标领域之间数据关系的迁移。它试图将在源领域中学习到的数据关系(如社会网络中的关系、图像中的空间关系等)应用到目标领域中。这种方法在处理具有复杂关系结构的数据时非常有用,但目前这种方法的研究和应用相对较少。

迁移学习能够充分利用已有的数据和模型资源,减少目标任务对大量新数据的依赖,加快了模型训练速度,并提高了模型的泛化能力。然而,迁移学习也面临一些挑战,如领域间分布不匹配、标签稀疏和模型适应性等问题。此外,找到合适的预训练模型和微调过程也需要一定的经验和技巧。

2.2.4　强化学习

强化学习(Reinforcement Learning,RL),又称为再励学习、评价学习或增强学习,是机器学习的一种范式和方法论。强化学习主要是指导训练对象每一步如何决策,采用什么样的行动可以完成特定的目的或者使收益最大化。

1. 基本要素

强化学习系统由智能体和环境两部分组成,在学习过程中,智能体与环境一直在交互。智能体在环境中获取某个状态后,它会利用该状态输出一个动作,这个动作也称为决策,然后这个动作会在环境中被执行,环境会根据智能体采取的动作,输出下一个状态以及当前这个动作带来的奖励。强化学习系统结构如图 2.8 所示。

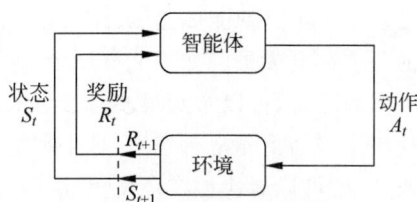

图 2.8　强化学习系统结构

从图 2.8 中可以看到,一个强化学习系统主要包含智能体、环境、状态、动作、奖励等基本要素。除此之外,智能体可以选择确定的或随机的行动策略,并可以利用价值函数判定给定状态应当遵循的行动策略。

2. 算法示例

强化学习常见的算法有 Q-Learning 算法、策略梯度方法、深度强化学习、多智能体强化学习等。其中,Q-Learning 是一种经典的强化学习算法,通过构建 Q 值表来记录每个状态下各个动作的价值,从而选择最优动作。

Q-Learning 走迷宫是一个经典的强化学习案例,展示了智能体如何在复杂环境中通过学习找到最优路径。在这一案例中,智能体处于一个由网格组成的迷宫环境中,每个网格代表一个状态。迷宫中有一个起点和一个终点。智能体从起点出发,需要避开迷宫中可能存在的障碍物或陷阱,通过学习找到到达终点的最优路径。具体实现步骤如下。

1）定义迷宫环境

使用二维数组表示迷宫,其中,0 表示可通行网格,1 表示障碍物或陷阱。

2）初始化 Q 值表

为每个状态-动作对初始化 Q 值,通常可以初始化为 0 或一个小随机数。

3）设置参数

通常包括学习率 α、折扣因子 γ、ε-greedy 策略中的 ε 值等。

4）训练模型

（1）每个训练回合,将智能体置于起点。

（2）对于每个时间步:

① 根据当前 Q 值表和 ε-greedy 策略选择动作。

② 执行动作并观察下一个状态、奖励和是否到达终点。

③ 更新 Q 值表。

（3）如果智能体到达终点,则结束当前回合。

5）测试模型

在训练完成后,可以使用训练好的 Q 值表让智能体在迷宫中寻找最优路径。

3. 典型应用

强化学习在机器人、游戏 AI、无人驾驶汽车、金融交易、医疗保健等各方面都有广泛应用。以下以 DeepMind 研发的走路智能体和 OpenAI 的机械臂为例进行说明。

DeepMind,作为谷歌公司旗下的人工智能研究公司,一直致力于推动人工智能领域的前沿发展。走路智能体是 DeepMind 在探索如何让 AI 模拟人类行为、实现复杂动作控制方面的一项重要成果。如图 2.9 所示,这个智能体往前走一步,就会得到一个奖励。该智能体有不同的形态,可以学到很多有意思的功能。例如,智能体学习如何像人一样在曲折的道路上往前走。结果非常有意思,这个智能体会把手举得非常高,因为举手可以让它的身体保持平衡,它就可以更快地在环境里面往前走,也可以增加环境的难度,加入一些扰动,智能体就会具备更好的鲁棒性。

OpenAI 自 2017 年 5 月开始尝试训练类人机械臂来解决玩魔方问题(见图 2.10)。它们的目标是通过成功训练这样一只类人机械臂来完成复杂的操作任务,为通用型机器人奠定基础。2017 年 7 月,OpenAI 在模拟环境下实现了机械臂玩魔方,目前已经能够单手解魔方,并且在各种干扰条件下(如戴橡胶手套、绑住手指、蒙布、受到假长颈鹿干扰等)仍能成功完成任务。实验表现较为优秀,在最难的情况下(需要旋转 26 次魔方才能完成,并加入最大外部扰动)的成功率为 20%。在旋转 15 次就能完成魔方复原的"平均情况"下,成功率稳定在 60%,该机械臂在软件上使用了强化学习和自动域随机化(ADR)技术。

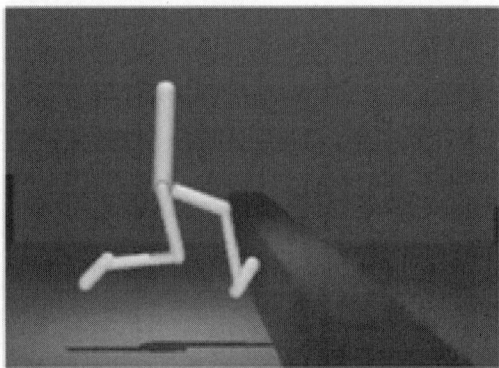

图 2.9　走路智能体

图 2.10　翻魔方机械臂

2.3　分类与回归

分类和回归是机器学习中两种基本的预测问题。这两类问题的区别在于输出的类型,回归问题的输出是连续的数值,分类问题的输出是有限的、离散的类别标签。

分类的本质是根据输入数据的特征将其划分到预定义的类别中,例如,乳腺癌预测、手写数字识别的问题;回归的本质是寻找自变量和因变量之间的关系,以便能够预测新的、未知的数据点的输出值。例如,根据房屋的面积、位置等特征预测其价格。

2.3.1　分类模型

分类模型通过考察已知数据集的特征和对应的分类标号,学习数据特征与分类标号之间的映射关系,其核心目标是将数据的每个个案都尽可能准确地预测到一个目标分类中。在训练阶段,模型会接收大量带有标签的样本数据,并通过算法学习这些数据的特征。在预测阶段,模型会接收新的未标记数据,并根据学习到的特征映射关系,将这些数据预测到相应的分类中。

1. 常见分类类型

1) 二分类

表示分类任务中有两个类别。在二分类中,通常使用一些常见的算法来进行分类,如逻辑回归、支持向量机等。例如,识别一幅图片是不是猫就是一个二分类问题,因为答案只有是或不是两种可能。

2) 多分类

表示分类任务中有多个类别。多分类是假设每个样本都被设置了一个且仅有一个标签。例如,对一堆水果图片进行分类,它们可能是橘子、苹果、梨等,这就是一个多分类问题。在多分类中,可以使用一些常见的算法来进行分类,如决策树、随机森林等。

3) 多标签分类

给每个样本一系列的目标标签,可以想象成一个数据点的各属性不是相互排斥的。多标签分类的方法分为两种,一种是将问题转换为传统的分类问题,另一种是调整现有的算法来适应多标签的分类。例如,一个文本可能被同时认为是宗教、政治、金融或者教育相关话题,这就是一个多标签分类问题,因为一个文本可以同时有多个标签。

2. 主要算法及处理步骤

分类模型的常见算法包括逻辑回归、支持向量机、决策树、随机森林、朴素贝叶斯等,此类模型的优势在于能够处理复杂的非线性关系,并适应不同的数据类型和分布,具体示例可参考 2.2.1 节中的代码示例 2-1 和代码示例 2-2。

分类模型的简化步骤包括准备阶段、特征选择阶段、模型训练阶段、模型评估阶段和应用阶段。

1) 准备阶段

准备阶段需要明确分类目标和收集数据。明确分类目标即确定需要分类的对象或数据,并明确分类的类别。例如,将邮件分为垃圾邮件和非垃圾邮件(二分类),或将手写数字类别分为 0~9 共 10 类(多分类)。收集数据是指获取用于分类的数据集,包括已知分类标签的训练数据和待分类的测试数据,训练数据应包含足够的样本以覆盖所有可能的类别。

2) 特征选择阶段

特征选择阶段需要提取数据特征,并对提取到的特征做预处理。提取特征是指从原始数据中提取对分类有意义的特征,这些特征可以是数值型的(如年龄、成绩等),也可以是类别型的(如性别、专业等)。特征预处理是对提取的特征进行预处理,如数值归一化、缺失值填充、类别型特征编码等,以提高模型的训练效率和准确性。

3) 模型训练阶段

模型训练阶段的主要工作是选择分类器和训练模型。选择分类器是指根据问题的具体需求和数据的特点,选择合适的分类器。例如,对于线性可分的数据,可以选择逻辑回归;对于复杂的数据,可以选择决策树、随机森林等。训练模型是使用训练数据对选定的分类器进行训练,得到分类模型。在训练过程中,分类器会学习特征与分类标签之间的关系,并构建出用于分类的决策规则或函数。

4) 模型评估阶段

模型评估阶段主要进行模型测试和优化。模型测试是使用测试数据对训练好的模型进行评估,得到模型的分类准确率、召回率、F1 分数等指标,这些指标可以反映模型在未知数据上的表现能力。模型优化是根据评估结果,对模型进行调整和优化。例如,调整分类器的参数、增加特征、改进特征选择方法等,以提高模型的分类性能。

5) 应用阶段

应用阶段主要是部署模型以及对模型进行持续监控。部署模型是将训练好的模型部署到实际应用中,用于对新的数据进行分类。持续监控是在实际应用中,持续监控模型的性能,并根据实际情况进行必要的调整和优化。

3. 应用场景

分类模型在多个领域都有广泛的应用,主要包括:垃圾邮件过滤,通过训练模型识别关键词和特征,将新的邮件自动分类为垃圾邮件或正常邮件;客户分类,将客户分为不同的群体,以便更好地了解他们的需求和行为,从而制定个性化的营销策略;图像识别,将图像分为不同的类别或标签,如猫、狗、汽车等;信用评估,将借款人分为不同的类别,以便更好地评估其信用风险,并制定相应的贷款政策;情感分析,将文本数据分为不同的情感类别,如正面、负面或中性,以了解公众对某个事件或产品的态度等。

2.3.2 回归模型

回归模型是研究变量之间的关系的统计方法,用于预测一个或多个自变量(也称为解释变量或特征)与一个因变量(也称为响应变量或目标变量)之间的关系。回归模型的目标是得到一个函数,使得自变量(特征)能够最好地预测因变量(目标值)。

1. 常见回归模型

1) 线性回归

线性回归是最为基础且广泛使用的回归模型。它假设自变量和目标变量之间存在线性关系,并通过最小二乘法等优化算法来找到最优的回归系数。线性回归的公式表示为 $Y = a + bX + \varepsilon$,其中,a 是截距,b 是斜率,ε 是误差项。

2) 多项式回归

多项式回归是线性回归的扩展,允许将自变量的幂次提高,以便捕捉非线性关系。多项式回归可以用来模拟因变量与自变量之间的二次或其他高阶关系。

3) 岭回归

岭回归是一种正则化线性回归方法,通过引入 L2 正则化项来防止过拟合现象。它在线性回归方程中添加了一个惩罚项,以控制模型的复杂性。

4)Lasso 回归

Lasso 回归是另一种线性回归的正则化方法,通过引入 L1 正则化项来实现特征选择和降低模型复杂性。Lasso 回归具有特征选择特性,可以将一些系数驱动为零,有效地执行自动特征选择。

5)决策树回归

一种基于决策树的回归方法,通过递归地分割数据集来进行预测。每个内部节点表示一个特征上的判断,叶节点表示最终的预测结果。决策树回归能够生成可解释性强且有良好泛化能力的模型。

2. 回归模型处理步骤

回归模型处理步骤一般包含数据收集、数据预处理、特征选择、模型构建与训练、模型评估与优化、预测与应用几部分。房价预测问题是回归模型中的经典案例,接下来以回归模型在房价预测中的应用为例来说明回归模型的处理步骤。

房价预测问题即要根据一系列房屋的特征来预测其价格,这些特征可能包括房间面积、楼层高度、房子单价、是否有电梯、周围学校数量以及距地铁站位置等。回归模型假设自变量(如房屋面积、地理位置、房龄、周边设施等)和因变量(房价)之间存在某种函数关系,通过拟合这种关系,可以实现对未来房价的预测,处理步骤如下。

1)数据收集

收集与房价相关的各种数据,包括房屋的基本信息(如面积、户型、房龄等)、地理位置信息(如所在区域、周边设施等)、市场经济条件(如利率、经济增长率等)等。这些数据可以通过公共数据平台、政府发布的房地产交易数据、房地产公司和中介机构提供的市场报告等途径获取。

2)数据预处理

数据预处理包括删除或填补缺失值、删除重复项、标准化数据以消除特征之间量纲差异的影响等。此外,对于分类变量(如地理位置或房屋类型),通常需要进行独热编码(One-Hot Encoding)以便能输入回归模型中。

3)特征选择

特征的选择应基于对房价影响的理论假设及统计分析结果。可通过探索性数据分析,如绘制特征和房价之间的关系图,更好地理解各个特征的重要性,从而保留对房价具有显著影响的特征,减少噪声。

4)模型构建与训练

根据选定的特征和房价数据,构建回归模型。常用的回归模型包括线性回归、多项式回归、岭回归、Lasso 回归等。使用训练集数据对模型进行训练,调整模型的参数,使模型能够找到因变量和自变量之间的最优关系。

5)模型评估与优化

使用测试集数据对训练好的模型进行评估,计算模型在测试集上的预测误差,常用的衡量指标包括均方误差(MSE)、均方根误差(RMSE)和平均绝对误差(MAE)等。根据评估结果对模型进行优化,可以通过调整模型参数、引入正则化方法(如 Lasso 回归和 Ridge 回归)

等手段来提高模型的准确性。

6) 预测与应用

使用训练好的模型对新的房屋数据进行预测,得出预测的房价,并对预测结果进行解释和分析,为房地产开发商、政策制定者和购房者提供指导。

3. 应用场景

回归模型在许多领域都有广泛的应用,如预测分析,根据历史数据预测未来趋势;时间序列分析,分析时间序列数据中的趋势、季节性和周期性变化和探讨变量间的因果关系等;因果关系分析,探究自变量对因变量的影响程度。

以预测分析为例,上海交通大学和阿里巴巴的研究人员提出了 MASTER 模型,该模型是一个结合市场信息的自动特征选择的股票预测模型。MASTER 模型通过结合市场信息来自动选择特征,并模拟股票间的瞬时和跨时相关性,在中国股市的 CSI300 和 CSI800 股票集上取得了优于现有基准方法的性能。

回归模型在经济学中常用于预测宏观经济指标(如 GDP),并分析各种经济因素对经济增长的影响。有研究使用 Stata 15.0 软件基于中国 30 个省、自治区(除西藏)和直辖市 2008—2017 年 10 年的省级面板数据进行实证研究。研究结果表明,互联网经济发展水平(IEDL)的系数均为正数并且均在 1% 置信水平上显著,这表明互联网经济的发展可以显著提高实际人均 GDP 的水平,即互联网经济的发展对经济增长有着明显的正向效应,这一结果得到了多种回归模型的一致估计。

2.4 机器学习库

机器学习库是机器学习领域中至关重要的工具,它们提供了丰富的算法、模型、数据处理和评估工具,使得机器学习任务变得更加高效和便捷。常见的数据处理工具主要有 TensorFlow、Keras、PyTorch、Scikit-learn、NumPy、Pandas 和 Matplotlib 等。

2.4.1 TensorFlow

1. TensorFlow 简介

TensorFlow 是一个由 Google 开发的开源机器学习框架,它被广泛应用于机器学习和深度学习领域,构建神经网络模型。TensorFlow 是张量(Tensor)从图的一端流动(Flow)到另一端的计算过程。

TensorFlow 架构强大,具备灵活性、高性能、易用性、分布式计算支持、社区支持、可扩展性以及广泛应用场景等特点。这些特点和优势使得 TensorFlow 成为机器学习领域中的一个强大而受欢迎的框架(见图 2.11)。TensorFlow 框架结构特点如下。

1) 灵活性

TensorFlow 可以在不同的硬件设备上运行,包括 CPU、GPU 和 TPU。它支持分布式计算,可以在多个设备上并行训练和推理模型。此外,TensorFlow 支持动态图和静态图两种模式,用户可以根据需要选择适合自己的开发模式。

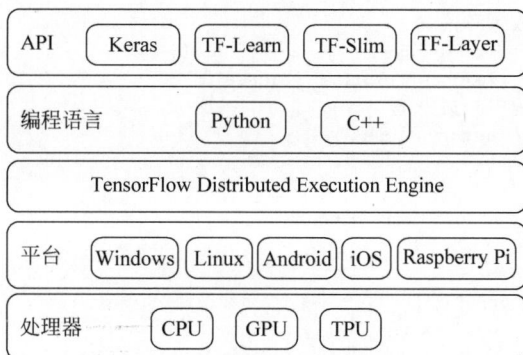

图 2.11　TensorFlow 框架

2）高性能

TensorFlow 使用计算图的方式来定义和优化计算过程,可以自动进行计算图的优化和并行化,从而提高模型的训练和推理速度。它还支持 GPU 和 TPU 加速计算,进一步提升了性能。

3）强大的可扩展性

TensorFlow 具有丰富的 API 和工具,可以方便地构建各种类型的神经网络模型,并且可以在模型中使用自定义的操作和损失函数。此外,TensorFlow 还提供了高级 API,如Keras,使得构建和训练模型变得更加简单。

4）跨平台支持

TensorFlow 可以在多种操作系统上运行,包括 Windows、Linux 和 macOS。同时,它还可以在移动设备和嵌入式系统上运行,为开发者提供了广泛的部署选项。

5）社区支持

TensorFlow 拥有庞大的用户社区和活跃的开发者社区。社区成员可以分享和交流最新的研究成果和应用案例,提供丰富的资源和支持。

2. 示例及应用场景

代码示例 2-7 是一个使用 TensorFlow 实现线性回归的简单示例。如果当前开发环境中没有 TensorFlow,可以使用 pip install tensorflow 命令安装。

```
1   #代码示例 2-7  TensorFlow 实现线性回归模型
2   import tensorflow as tf
3   import numpy as np
4   import matplotlib.pyplot as plt
5   #生成模拟数据
6   np.random.seed(42)
7   X = 2 * np.random.rand(100, 1)
8   y = 4 + 3 * X + np.random.randn(100, 1)
9   #创建一个线性模型
10  model = tf.keras.Sequential([
11  tf.keras.layers.Dense(1, input_shape = (1,))
12  ])
13  #编译模型,定义损失函数和优化器
14  model.compile(optimizer = 'sgd', loss = 'mean_squared_error')
15  #训练模型
16  history = model.fit(X, y, epochs = 50, verbose = 1)
```

```
17    #打印训练后的权重和偏置
18    weights, biases = model.layers[0].get_weights()
19    print(f"Weights: {weights}, Biases: {biases}")
20    #可视化训练过程中的损失值
21    plt.plot(history.history['loss'])
22    plt.xlabel('Epochs')
23    plt.ylabel('Loss')
24    plt.title('Training Loss Over Epochs')
25    plt.show()
26    #预测并可视化结果
27    X_test = np.array([[0], [2]])
28    y_pred = model.predict(X_test)
29    plt.plot(X, y, 'b.')
30    plt.plot(X_test, y_pred, 'r-', linewidth=2)
31    plt.xlabel('X')
32    plt.ylabel('y')
33    plt.title('Linear Regression Result')
34    plt.show()
```

本示例训练结果如图 2.12 所示,随着训练轮次的增加,损失值逐渐减小,表明模型在逐渐拟合数据,最终,损失值趋于稳定,表明模型已经收敛。预测结果如图 2.13 所示,绘制的预测直线穿过了原始数据点的中心,并且大致与数据的线性趋势相符。由于存在随机噪声,预测直线不会完美地穿过每个数据点,但它能够捕捉到数据的主要线性关系。

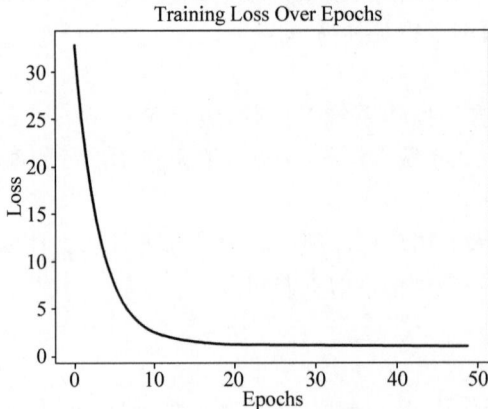

图 2.12   训练损失值

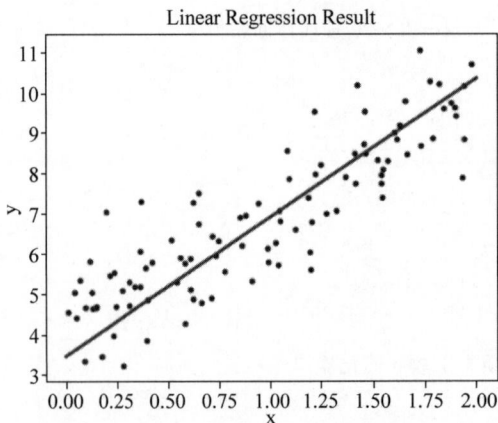

图 2.13   线性回归可视化结果

　　TensorFlow 在机器学习、深度学习、计算机视觉、强化学习等方面都有广泛应用,在机器学习中,TensorFlow 被广泛用于构建和训练各种类型的机器学习模型;在深度学习中,TensorFlow 可以用于构建和训练深度神经网络,如卷积神经网络(CNN)、循环神经网络(RNN)等;在自然语言处理中,TensorFlow 可用于文本分类、机器翻译、语言模型;在计算机视觉中,TensorFlow 可以用于构建图像分类、目标检测、图像分割等计算机视觉任务的模型;在强化学习中,TensorFlow 也可以用于强化学习领域,如构建和训练强化学习算法等。

2.4.2　Keras

1. Keras 简介

　　Keras 是一个由 Python 编写的开源人工神经网络库,也可以作为 TensorFlow、Microsoft-CNTK 和 Theano 的高阶应用程序接口,用于深度学习模型的设计、调试、评估、应用和可视化。Keras 支持现代人工智能领域的主流算法,包括前馈结构和递归结构的神经网络,也可以通过封装参与构建统计学习模型。其神经网络 API 可以在封装后与使用者直接进行交互,实现机器学习任务中的常见操作,包括人工神经网络的构建、编译、学习、评估、测试等。Keras 具有以下特点。

　　1) 简单易用

　　Keras 提供了直观且易于理解的 API,使得开发者可以快速上手,并在短时间内构建出复杂的神经网络模型。其设计哲学是用户友好和模块化,这大大降低了深度学习的门槛。

　　2) 高度模块化

　　Keras 提供了一系列模块化的层和模型,用户可以很容易地组合这些模块来构建自己的深度学习模型。这种模块化设计使得模型的构建和修改变得更加灵活和方便。

　　3) 易于扩展

　　Keras 支持自定义层和操作,用户可以根据自己的需求编写自定义的层和损失函数等,从而扩展 Keras 的功能。这使得 Keras 具有很强的灵活性和可扩展性。

　　4) 支持多后端

　　Keras 支持 TensorFlow、Theano 和 Microsoft-CNTK 等后端,用户可以根据自己的需求选择合适的后端进行模型训练和推理。这种多后端支持使得 Keras 可以在不同的硬件和操作系统上运行,提高了其适用性。

　　5) 丰富的模型库

　　Keras 提供了丰富的预训练模型和自定义模型,开发者可以轻松地找到并使用适合自己的模型。这大大缩短了模型开发的时间,并提高了模型的性能。

2. Keras 下载和安装

　　Keras 支持 Python 2.7 至 3.6 版本,且安装前要求预装 TensorFlow、Theano、Microsoft-CNTK 中的至少一个。可选预装模块包括 h5py(用于将 Keras 模型保存为 HDF 文件)、cuDNN(用于 GPU 计算)、PyDot(用于模型绘图)。Keras 可以通过 PIPy、Anaconda 安装,也可从 GitHub 上下载源代码安装。下面以 Anaconda 下的 Keras 安装为例。

首先，打开 Anaconda prompt 切换到有 TensorFlow 的环境下，执行如下命令。

```
conda activate TensorFlow_py
```

接着，依次执行以下两个命令。

```
conda install mingw libpython
pip install theano
```

最后，执行安装 Keras 的命令，注意版本号要对应 TensorFlow。

```
pip install keras == 2.3.1
```

3. 示例及应用场景

代码示例 2-8 展示了利用 Keras 构建神经网络模型。该示例利用 Keras（TensorFlow 的高级 API）构建、训练、评估和预测一个用于手写数字识别的神经网络模型。

```
1    ♯代码示例 2-8   利用 Keras 构建神经网络模型
2    import tensorflow as tf
3    from tensorflow.keras import layers, models
4    import numpy as np
5    ♯加载 MNIST 数据集
6    mnist = tf.keras.datasets.mnist
7    (x_train, y_train), (x_test, y_test) = mnist.load_data()
8    ♯归一化数据,将像素值从 0～255 缩放到 0～1
9    x_train, x_test = x_train / 255.0, x_test / 255.0
10   ♯构建神经网络模型
11   model = models.Sequential([
12   layers.Flatten(input_shape = (28, 28)),      ♯将 28×28 的图像展平为一维数组
13   layers.Dense(128, activation = 'relu'),       ♯全连接层,128 个神经元,ReLU 激活函数
14   layers.Dropout(0.2),                          ♯Dropout 层,20% 的神经元置零以防止过拟合
15   layers.Dense(10, activation = 'softmax')      ♯输出层,10 个神经元,对应 10 个类别,Softmax
                                                   ♯激活函数
16   ])
17   ♯编译模型
18   model.compile(optimizer = 'adam',
19   loss = 'sparse_categorical_crossentropy',
20   metrics = ['accuracy'])
21   ♯训练模型
22   model.fit(x_train, y_train, epochs = 5)
23   ♯评估模型
24   test_loss, test_acc = model.evaluate(x_test, y_test, verbose = 2)
25   print(f'\nTest accuracy: {test_acc}')
26   ♯进行预测
27   predictions = model.predict(x_test)
28   print(f'\nFirst prediction: {np.argmax(predictions[0])}')
```

本示例利用神经网络模型训练数据学习如何识别手写数字，模型训练了 5 个轮次。由于 MNIST 是一个相对简单的数据集，即使只训练了 5 个轮次，模型也能够达到较高的正确率，各轮次正确率如图 2.14 所示。

```
Epoch 1/5
1875/1875 [==============================] - 4s 2ms/step - loss: 0.2933 - accuracy: 0.9147
Epoch 2/5
1875/1875 [==============================] - 4s 2ms/step - loss: 0.1429 - accuracy: 0.9569
Epoch 3/5
1875/1875 [==============================] - 8s 5ms/step - loss: 0.1068 - accuracy: 0.9673
Epoch 4/5
1875/1875 [==============================] - 9s 5ms/step - loss: 0.0874 - accuracy: 0.9721
Epoch 5/5
1875/1875 [==============================] - 9s 5ms/step - loss: 0.0750 - accuracy: 0.9771
313/313 - 1s - loss: 0.0715 - accuracy: 0.9785 - 1s/epoch - 4ms/step

Test accuracy: 0.9785000085830688
313/313 [==============================] - 1s 3ms/step

First prediction: 7
```

图 2.14　训练过程中的正确率

Keras 可以用于构建各种类型的图像识别模型,如卷积神经网络(CNN)等,应用于人脸识别、物体检测等任务。在自然语言处理中,Keras 可以用于构建自然语言处理模型;在序列数据处理中,Keras 可以用于处理和预测时间序列数据;Keras 还可以用于构建生成对抗网络(GAN),用于生成逼真的图像、音频等;在推荐系统中,Keras 可以用于构建推荐系统模型,如协同过滤模型和深度推荐模型等,应用于电影推荐、商品推荐等任务。

2.4.3　PyTorch

1. PyTorch 简介

PyTorch 最初由 Facebook 开发,其前身是 Torch,一个经典的对多维矩阵数据进行操作的张量库。2016 年,由 Adam Paszke、Sam Gross 和 Soumith Chintala 等人共同开发出 PyTorch 的初始版本。2017 年 1 月,Facebook 的人工智能研究院(FAIR)向世界推出了 PyTorch。PyTorch 在发布后迅速获得了广泛的关注和使用,并逐渐发展成为深度学习领域中最受欢迎的工具之一。2018 年 10 月,Facebook 宣布了 PyTorch 1.0 的发布,标志着 PyTorch 在商业化进程中取得了重要进展。随后,PyTorch 不断更新版本,引入新功能,如 PyTorch 2.0 引入了 torch.compile,可以支持对训练过程的加速,同时引入了 TorchDynamo,主要替换 torch.jit.trace 和 torch.jit.script。另外,在这个版本中编译器性能大幅提升,在分布式运行方面也做了一定的优化。2022 年 9 月,Facebook 的创始人马克·扎克伯格宣布成立 PyTorch 基金会,并将该基金会纳入 Linux 基金会的管理之下,此举加强了 PyTorch 在开源社区中的影响力,并为其未来的持续发展提供了支持。

2. 核心组件及应用

PyTorch 是一个高效、灵活且易于使用的深度学习框架,它提供了丰富的 API 和模块以及强大的自动微分功能,使得研究人员和开发人员能够快速构建和训练复杂的深度学习模型。PyTorch 主要包含以下核心组件。

- Tensor:PyTorch 中的基本数据结构,类似 NumPy 数组,用于存储和操作模型的输入和输出以及模型的参数。

- Autograd：PyTorch 的自动微分引擎，用于自动计算张量的梯度，并在反向传播的过程中更新计算图中张量的值。
- nn. Module：PyTorch 中构建神经网络的基类。通过继承 nn. Module 基类，用户可以定义自己的神经网络层、模型，并使用模块化的方式构建复杂的深度学习模型。
- Optimizer：PyTorch 提供了多种优化器，用于在深度学习模型中更新和调整参数以最小化损失函数。
- DataLoader：一个用于加载数据集的实用工具，能够自动进行数据的批处理、随机打乱数据、并行加载数据等操作。

这些核心组件共同构成了 PyTorch 框架，为研究人员和工程师快速构建和训练深度学习模型提供了极大的便利。在实际应用中，用户可以根据自己的需求，自由组合和扩展这些组件，从而实现多种复杂的深度学习任务。

2.4.4　Scikit-learn

1. Scikit-learn 简介

Scikit-learn（也称 sklearn）是针对 Python 编程语言的免费软件机器学习库。Scikit-learn 项目始于 David Cournapeau 的 Google Summer of Code 项目，其名称源于它是"SciKit"（SciPy 库）的概念。它是 Python 数据科学生态系统中最受欢迎的机器学习库之一，被广泛应用于数据科学、机器学习、人工智能等领域。

Scikit-learn 提供了简洁一致的 API 设计，涵盖了广泛的机器学习算法和工具，包括数据预处理、特征工程、模型选择、评估等，满足了大多数机器学习任务的需求。Scikit-learn 的算法实现经过了优化，能够高效地处理大规模数据集，适合在实际项目中使用。此外，Scikit-learn 还能与其他 Python 科学计算库（如 NumPy、Pandas）无缝集成，方便用户在数据分析和机器学习之间进行切换。Scikit-learn 是一个开源项目，遵循 BSD 许可证，用户可以免费使用和修改，适合学术研究和商业应用。

2. 核心功能

Scikit-learn 包含多种核心组件和功能，用于满足不同机器学习任务的需求。以下结合2.2.1 节中的代码示例 2-1 对部分核心功能予以说明。

1) 数据预处理

数据预处理是机器学习项目中不可或缺的一环。Scikit-learn 提供了诸如数据标准化、归一化、编码（如标签编码、独热编码）等预处理工具，帮助用户快速将原始数据转换为适合机器学习模型训练的格式。

例如，通过 Scikit-learn 的 load_iris()方法加载鸢尾花数据集，并获取特征数据和标签数据，通过 train_test_split()将数据集分为训练集和测试集。

```
1    #代码示例 2-1-1
2    #加载鸢尾花数据集
3    iris = load_iris()
4    #获取数据和目标标签
5    X = iris.data          #特征数据
```

```
6    Y = iris.target          #标签数据
7    #将数据集拆分成训练集和测试集(80%训练,20%测试)
8    X_train, X_test, y_train, y_test = train_test_split(X, y, test_size = 0.2, random_state = 42)
```

2）模型选择

Scikit-learn 内置了大量经典的机器学习算法,如决策树、随机森林、支持向量机(SVM)、逻辑回归等。用户可以根据问题类型和数据特点选择合适的模型进行训练。本例中采用了 KNN 分类器进行训练。

```
1    #代码示例 2-1-2
2    knn = KNeighborsClassifier(n_neighbors = 3)
3    #用训练数据训练 KNN 模型
4    knn.fit(X_train, y_train)
```

3）模型评估

评估模型的性能是机器学习过程中的重要环节。Scikit-learn 提供了如准确率、精确率、召回率、F1 分数等多种评估指标,以及混淆矩阵、ROC 曲线等可视化工具,帮助用户全面了解模型的性能。本例中,使用 accuracy_score( )方法实现了准确率的计算。

```
1    #代码示例 2-1-3
2    y_pred = knn.predict(X_test)
3    #输出预测结果
4    print("预测的类别标签: ", y_pred)
5    #输出真实的类别标签
6    print("真实的类别标签: ", y_test)
7    #计算并输出准确率
8    accuracy = accuracy_score(y_test, y_pred)
```

4）模型部署

经过训练和评估后,模型需要被部署到实际环境中进行使用。Scikit-learn 提供了将模型保存为 pickle 文件或 ONNX 格式的功能,方便用户在其他环境或平台上进行部署。

5）特征工程

Scikit-learn 提供了丰富的特征工程方法,包括特征缩放、特征选择、特征变换等,帮助用户提取和构建有信息量的特征。

6）集成学习与流水线

Scikit-learn 支持集成学习,通过组合多个模型的预测结果来提高整体性能。同时,其 Pipeline 类允许用户将多个预处理步骤和模型训练组合成一个单一的流程,简化了代码编写和模型管理。

7）可视化与解释性

Scikit-learn 还注重模型的可视化和解释性。通过结合 Matplotlib 等可视化库,用户可以方便地绘制模型的决策边界、特征重要性等,帮助理解模型的内部机制。此外,Scikit-learn 还提供了一些解释性工具,如部分依赖图(PDP)和置换重要性等,帮助用户深入理解模型的预测结果和特征贡献。

2.4.5 NumPy

1. NumPy 简介

NumPy 的全称是 Numerical Python,即数值 Python,是 Python 的一个开源数值计算扩展库。NumPy 是 Python 进行科学计算的基础库,提供了高效的多维数组对象以及用于操作这些数组的各种函数。NumPy 的核心使用 C 语言编写,具有高效的性能,特别适用于处理大型多维数组和矩阵运算,以及进行复杂的数学函数计算。NumPy 支持广播机制,允许在不同大小的数组之间进行算术运算,大大地简化了代码,提高了运算效率。NumPy 的 API 设计简洁明了,易于学习和使用;提供了大量的函数和方法,可以方便地处理数组和矩阵运算。此外,NumPy 与 SciPy、Matplotlib 等库紧密集成,形成了一个强大的科学计算环境。

2. 核心功能及应用

NumPy 的核心功能包含多维数组对象 ndarray 和大量数学函数库,支持复杂运算和随机数的生成。以下以代码片段的形式给出各核心功能的使用方法说明。

1) 多维数组对象 ndarray

NumPy 最重要的数据结构是 ndarray(n-dimensional array object),它是一个固定大小的同类型元素集合,可以存储多维数据。ndarray 的每个元素在内存中都有相同大小的存储区域,这使得数组的操作非常高效。

```
1    #代码示例 2-9   创建多维数组
2    import numpy as np
3    #创建一维数组
4    arr_1d = np.array([1, 2, 3, 4, 5])
5    #创建二维数组
6    arr_2d = np.array([[1, 2, 3], [4, 5, 6]])
7    #创建全 0 数组
8    arr_zeros = np.zeros((3, 4))
9    #创建全 1 数组
10   arr_ones = np.ones((2, 3))
11   #创建单位矩阵
12   arr_eye = np.eye(3)
```

2) 数学函数库

NumPy 提供了大量的数学函数,包括基本的算术运算、三角函数、统计函数等。这些函数都可以直接对 ndarray 对象进行操作,无须循环遍历数组元素。

```
1    #代码示例 2-10   NumPy 数学函数库
2    #计算数组的平均值
3    mean_value = np.mean(arr_1d)
4    #计算数组的标准差
5    std_deviation = np.std(arr_1d)
6    #计算数组的最大值
7    max_value = np.max(arr_1d)
```

```
8   #计算数组的最小值
9   min_value = np.min(arr_1d)
```

3）支持复杂运算

NumPy 支持线性代数运算，如矩阵乘法、行列式计算等；提供傅里叶变换函数，用于信号处理和图像处理等领域。

```
1   #代码示例 2-11   NumPy 复杂运算
2   #数组加法
3   arr_sum = arr_1d + 10
4   #数组逐元素相乘
5   arr_product = arr_1d * arr_1d
6   #矩阵乘法
7   arr_dot_product = np.dot(arr_2d, arr_2d.T)
```

4）随机数生成

NumPy 的随机数生成器可以生成均匀分布的随机数、正态分布（高斯分布）的随机数等，这些随机数生成器在模拟实验、统计分析等领域有广泛应用。

```
1   #代码示例 2-12   NumPy 随机数生成
2   #设置随机数种子，以确保每次运行代码时生成的随机数相同
3   np.random.seed(42)
4   #生成一个[0, 1)区间内的随机浮点数
5   random_float = np.random.rand()
6   print("Random float:", random_float)
7   #生成一个形状为(3, 4)的随机浮点数数组，元素值在[0, 1)区间内
8   random_array = np.random.rand(3, 4)
```

NumPy 在数据科学、机器学习、人工智能等领域有广泛应用。例如，数据预处理，使用 NumPy 进行数据的清洗、转换和归一化等操作；特征工程，使用 NumPy 提取和选择有用的特征，构建特征矩阵；模型训练，使用 NumPy 进行矩阵运算和数学函数计算，支持机器学习模型的训练过程；结果评估，使用 NumPy 进行模型预测结果的计算和分析，评估模型的性能等。

NumPy 在数据科学、机器学习、人工智能等领域有广泛应用。例如：

- 使用 NumPy 进行数据的清洗、转换和归一化等操作进行数据预处理。
- 使用 NumPy 提取和选择有用的特征，构建特征矩阵。
- 使用 NumPy 进行矩阵运算和数学函数计算，支持机器学习模型的训练过程。
- 使用 NumPy 进行模型预测结果的计算和分析，评估模型的性能等。

2.4.6 Pandas

1. Pandas 简介

Pandas 是一个强大的 Python 数据分析库，它提供了高效、灵活和易于使用的数据结构和工具，用于处理和分析结构化数据。Pandas 最初由量化金融分析工程师 Wes McKinney 开始开发，用于处理繁杂的财务数据，于 2009 年年底开源，经历了十多年的发展历程，从一个简单的数据处理工具逐渐成长为一个功能强大、应用广泛的数据分析库。

Pandas 基于 NumPy 构建,优化了内存访问模式,提高了数据处理的速度。特别是对于大型数据集,Pandas 的性能表现非常出色。Pandas 的 API 设计简洁明了,易于学习和使用;提供了大量的函数和方法,可以方便地处理和分析数据。Pandas 可以与 Matplotlib 和 Seaborn 等数据可视化库结合使用,轻松地绘制各种图表,以直观地展示数据分析结果。

2. 主要功能

Pandas 的数据结构包含一维数组 Series 和二维表格结构 DataFrame。其中,一维数组结构,类似 Excel 中的一列数据,包含一组数据(值)以及与之关联的索引标签,可以保存任何数据类型,如整数、字符串、浮点数等。二维表格型数据结构 DataFrame,类似 Excel 中的表格,既有行索引也有列索引,可以存储异构类型的数据(即每列的数据类型可以不同)。

Pandas 的主要功能有数据读取与写入、数据查看与探索、数据的索引和切片操作、数据清洗与处理等。Pandas 支持数据的类型转换、重复值处理、异常值检测等功能,支持数据转换与重塑,分组聚合操作,能实现数据合并与连接,可以做数据的时间序列分析等。

代码示例 2-13 是一个简单的 Pandas 数据分析案例,借此对 Pandas 的部分功能进行说明。

```
1   #代码示例 2-13   Pandas 数据分析
2   import pandas as pd
3   import matplotlib.pyplot as plt
4   #创建一个简单的 DataFrame
5   data = {
6       'Category': ['A', 'B', 'C', 'D'],
7       'Values': [10, 24, 8, 15]
8   }
9   df = pd.DataFrame(data)
10  #设置 Category 列为索引(可选)
11  df.set_index('Category', inplace = True)
12  #查看 DataFrame
13  print("DataFrame:")
14  print(df)
15  #生成条形图
16  df['Values'].plot(kind = 'bar')
17  #添加图表标题和标签
18  plt.title('Category Values')
19  plt.xlabel('Category')
20  plt.ylabel('Values')
21  #显示图表
22  plt.show()
```

本示例结果如图 2.15 所示,这是一个包含索引(Category 列)和一列数据(Values 列)的 DataFrame。其中,索引表示类别,数据表示与每个类别相关联的值。条形图显示了 4 个类别(A、B、C、D)及其对应的值(10、24、8、15)。从结果可以清楚地看到类别 B 的值最大,类别 C 的值最小。

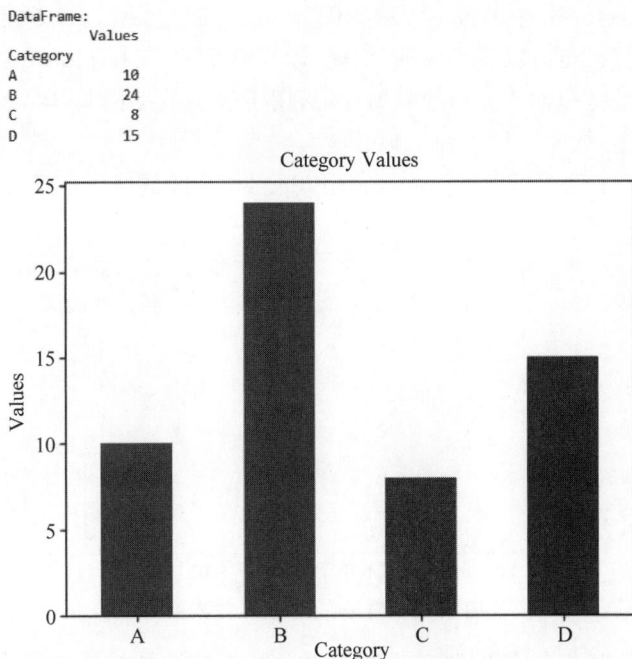

图 2.15 **Pandas 数据分析结果**

2.4.7 Matplotlib

1. Matplotlib 简介

Matplotlib 是 Python 的一个 2D 绘图库,它提供了类似 MATLAB 的绘图框架,能够生成出版质量级别的图形。2002 年,Matplotlib 由 John D. Hunter 开始编写。Hunter 是一位科学家和工程师,在处理科学数据时遇到了可视化方面的挑战,决定开发一个 Python库,即 Matplotlib。2003 年,Matplotlib 发布了第一个版本,已经成为一个功能相对完善的绘图库,主要功能如下。

- 多类型绘图:Matplotlib 支持线图、散点图、条形图、直方图、饼图、热力图、箱形图、误差条图以及 3D 图形等多种绘图类型,满足用户不同的可视化需求。
- 高度定制:用户可以对图表的几乎每个元素进行细致的定制,包括轴的位置、图表的颜色、线条的样式、文本和字体的属性等,确保制作出符合要求的图形。
- 扩展和集成:Matplotlib 能够与多个数据科学和数学计算库集成,如 NumPy 和Pandas,使得处理和可视化数据变得容易。同时,它还能很好地与其他可视化库如Seaborn 配合使用,进一步增强其功能。
- 保存和输出:Matplotlib 能够将图形保存为多种格式,包括 PNG、JPG、SVG、PDF等,方便用户将图形用于各种报告和演示文稿中。

2. 应用示例

Matplotlib 的核心是 pyplot 模块,它提供了类似 MATLAB 的交互式环境,方便用户创建和修改图形。Matplotlib 中的数据绘制在图形（Figure）上，Axes 对象是图形中的绘图区域，包含多条曲线或数据点，以及坐标轴、刻度、标签等元素。Matplotlib 用曲线展示数据的线段或点集。刻度是坐标轴上显示的数据标记，用于表示数据的具体数值。标签是用于标识坐标轴含义的文字，如 x 轴标签和 y 轴标签。

具体可参考代码示例 3-1，以下示例是利用 Matplotlib 做数据展示及展示效果，如图 2.16 所示。

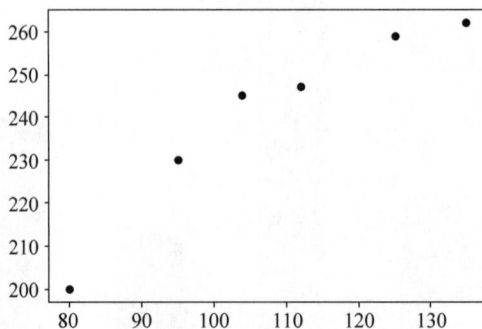

图 2.16　Matplotlib 展示效果图

Matplotlib 广泛应用于科学研究、数据分析、教育和培训以及自动化报告等领域。例如，在科学研究中，Matplotlib 可以用于生成科研论文所需的图表；在数据分析中，它可以用于探索数据集，寻找数据间的关系和模式；在教育和培训中，Matplotlib 可以用于制作教材和演示文稿中的图形；在自动化报告中，Matplotlib 可以用于生成自动更新的图形，用于业务和技术报告。

2.5　项目实践

2.5.1　环境安装

搭建本课程实践环境，需要安装神经网络框架（平台工具）以及要使用的功能模块库等。本书将对 Conda 管理工具、PyTorch 框架、Jupyter 交互环境以及其他相关软件的安装进行说明。

1. Conda 管理工具

Anaconda 是一个开源的 Python 发行版，专为科学计算、数据分析、机器学习等领域设计。Anaconda 预装了大量流行的数据科学和机器学习库，如 NumPy、Pandas、SciPy、Matplotlib、Scikit-learn、Jupyter Notebook 等。这些库涵盖了数据处理、统计分析、可视化、机器学习等多方面，极大地简化了安装和配置过程。

1）Anaconda 安装

从官网下载 Anaconda 安装包，安装完成后选择运行 Anaconda prompt 命令窗口，可利用命令行创建虚拟环境，以及在虚拟环境中安装软件库和配置环境。另外，在 Anaconda Navigator 的运行界面中，包含大部分常用工具的启动入口，如图 2.17 所示。

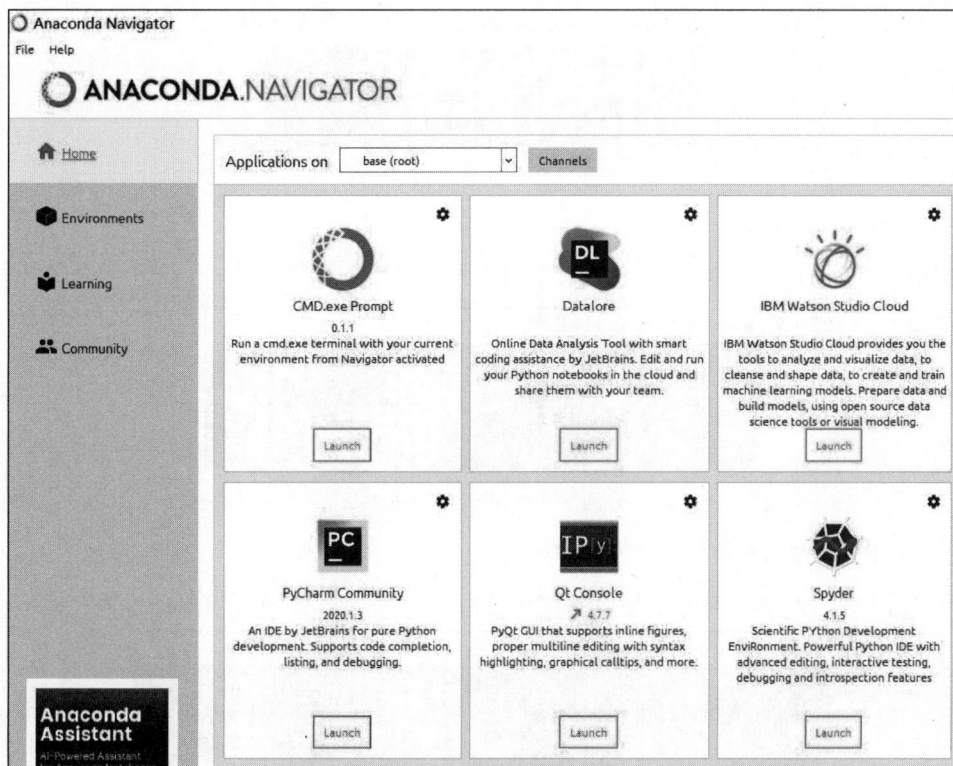

图 2.17　Anaconda 主界面

2）创建虚拟环境

conda create － n py38 python＝3.8

上述命令使用 Conda 包管理工具创建了一个新的虚拟环境,如图 2.18 所示,命令中的参数如下。

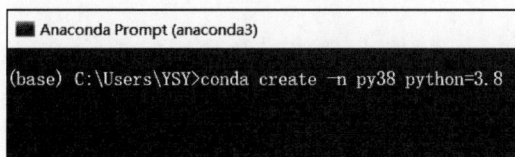

图 2.18　创建虚拟环境

- create：表示创建一个新的环境。
- -n py38：-n 是 --name 的缩写,用于定义虚拟环境的名称；py38 是虚拟环境的名称。
- python＝3.8：指定在新环境中安装的 Python 版本为 3.8。

3）激活当前环境

conda activate py38

上述命令用于激活虚拟环境 py38,并将当前工作环境切换到 py38。激活虚拟环境是使用 Conda 虚拟环境的必要步骤,以确保在正确的环境中安装、配置和运行项目所需的特定库和工具,如图 2.19 所示。

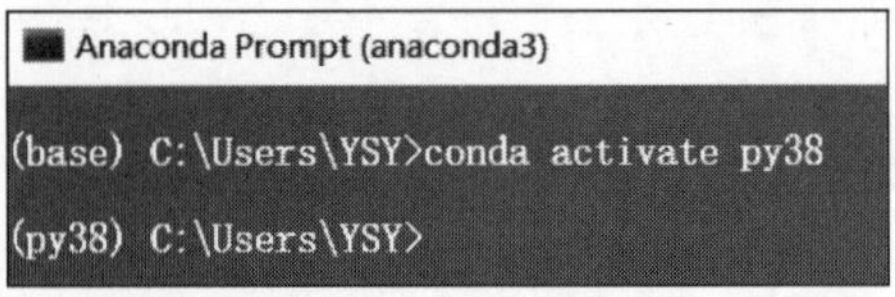

图 2.19   激活虚拟环境

4）查看当前已有的虚拟环境

使用 conda env list 命令,可以查看本机中已经创建的虚拟环境,结果如图 2.20 所示。

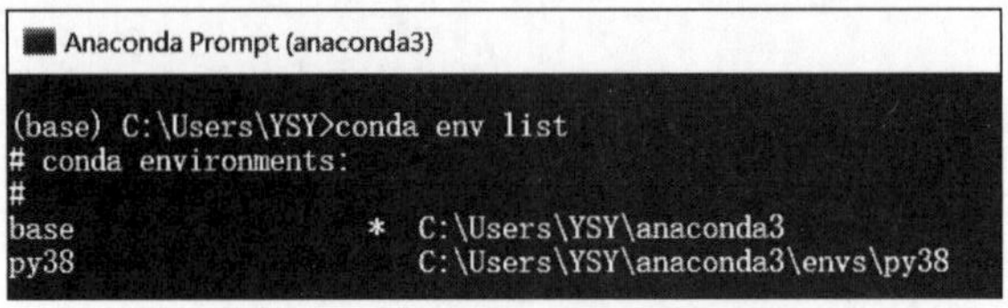

图 2.20   查看虚拟环境

5）查看当前虚拟环境中已安装内容

使用 conda list 命令查看当前虚拟环境已经安装的内容,结果如图 2.21 所示。

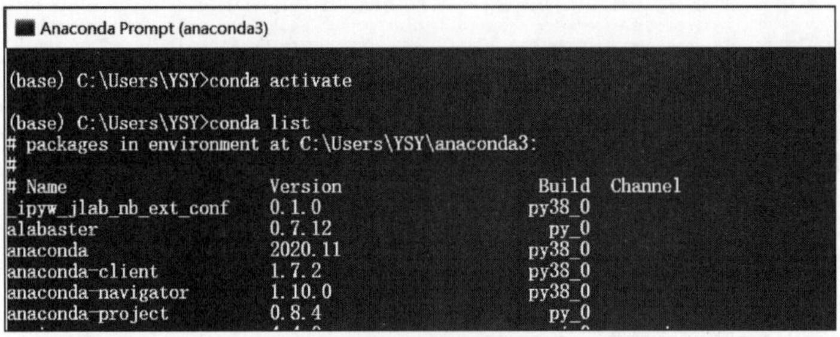

图 2.21   查看已安装软件库

2. PyTorch 框架

PyTorch 框架前文已有介绍,此处不再赘述。PyTorch 安装过程主要如下。访问 PyTorch 的官网 PyTorch.org,按照官网提示选择对应本机操作系统、安装命令、语言及平台的版本进行安装。

需要注意的是,如果计算机支持 CUDA 并且显存大于 2GB,可以安装 CUDA 版本,在神经网络的训练过程中效率会高一点。例如,安装 CUDA 驱动的版本是 CUDA 11,所以选择的也是 11cuda_11.4.0_471.11_win10.exe。根据选择结果,会提示终端要使用的安装命令,如图 2.22 所示。

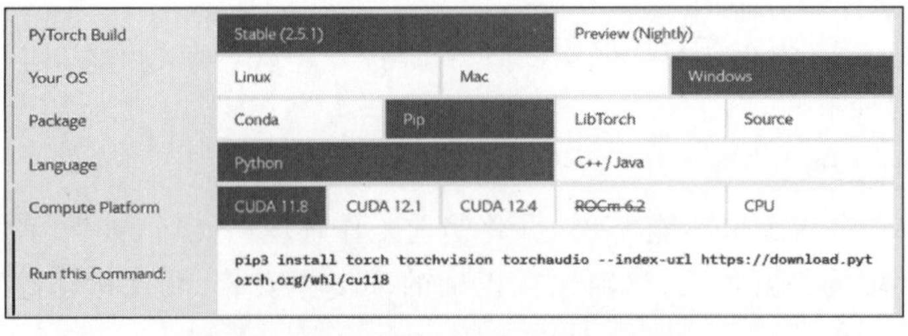

图 2.22   PyTorch 安装命令选择示意图

3. Jupyter Notebook 交互应用

Jupyter Notebook 是基于网页的用于交互计算的应用程序,可被应用于全过程计算、开发、文档编写、运行代码和展示结果。Jupyter Notebook 中所有交互计算、编写说明文档、数学公式、图片以及其他媒体形式的输入和输出,都是以文档的形式体现的。这些文档是保存为后缀名为.ipynb 的 JSON 格式文件,不仅便于版本控制,也方便与他人共享。此外,文档还可以导出为 HTML、LaTeX、PDF 等格式。Jupyter Notebook 主要命令如下。

1) 安装命令

Conda 中 Jupyter Notebook 的安装相关命令主要如下。

```
pip install jupyter
pip install -- upgrade notebook == 6.4.12
```

2) 安装提示功能

```
pip install jupyter_contrib_nbextensions
jupyter contrib nbextension install -- user
pip install -- user jupyter_nbextensions_configurator
jupyter nbextensions_configurator enable -- user
```

3) 启动

在当前源代码文件夹的命令行中启动 Jupyter Notebook。

4. 常用软件库安装

1) open-cv 库的安装

open-cv(Open Source Computer Vision Library)库是一个开源计算机视觉和机器学习软件库,提供了丰富的工具和算法,用于图像处理、视频分析、物体识别、特征提取等计算机视觉任务。安装需要指定适合的版本,例如:

```
pip install opencv - python == 4.5.3.56
```

2) Matplotlib 库安装

Matplotlib 是一个 Python 的 2D 绘图库,它以各种硬拷贝格式和跨平台的交互式环境生成出版质量级别的图形,安装命令如下。

```
pip install matplotlib
```

5. PyCharm 和 VSCode

1) PyCharm 简介

PyCharm 是由 JetBrains 打造的一款 Python 集成开发环境(IDE),旨在帮助用户在使用 Python 语言开发时提高效率。

用户可以通过 JetBrains 官网下载 PyCharm 的安装包。官网提供了专业版和社区版两个版本供用户选择。专业版功能全面,适合专业 Python 开发人员使用,但需要付费。专业版提供了更多的高级功能,如科学工具、Web 开发、Python Web 框架、Python 代码分析、远程开发调试、数据库支持等。社区版免费且开源,功能相对简化,适合新手学习使用。对于刚开始学习 Python 的用户来说,社区版已经足够使用。

PyCharm 主界面如图 2.23 所示。

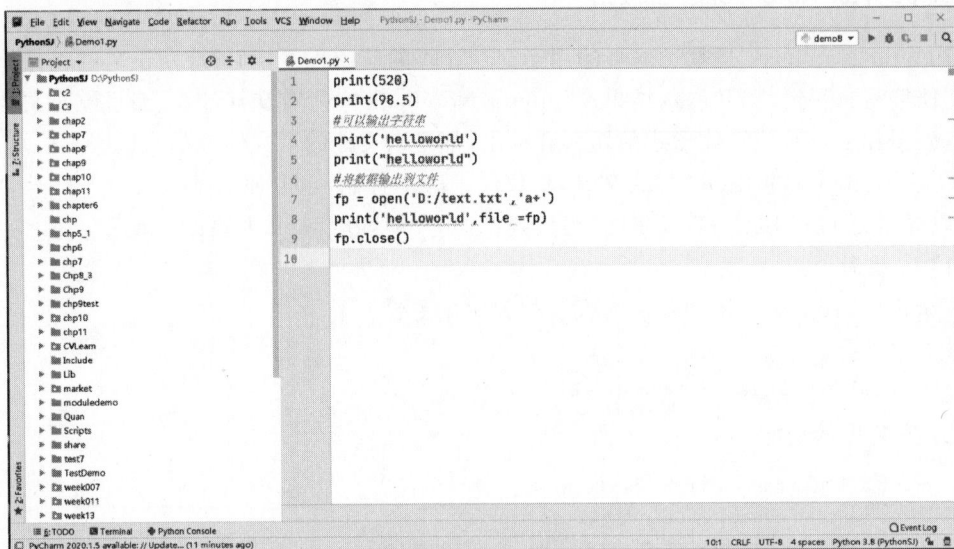

图 2.23　PyCharm 主界面

2) VSCode 简介

Visual Studio Code(简称 VSCode)是一款由 Microsoft 开发的跨平台源代码编辑器,支持 Windows、Linux 和 macOS 操作系统。自 2015 年 4 月 30 日 Microsoft 在 Build 开发者大会上正式宣布以来,VSCode 凭借其强大的功能、丰富的扩展生态和出色的用户体验,迅速成为程序员的首选工具。

用户可以访问 VSCode 的官方网站,根据自己的操作系统(Windows、macOS 或 Linux)选择对应的安装包。VSCode 拥有丰富的扩展库,可以随时在"扩展"面板中搜索并安装所需的扩展,如语言支持、代码格式化工具等。VSCode 主界面如图 2.24 所示。

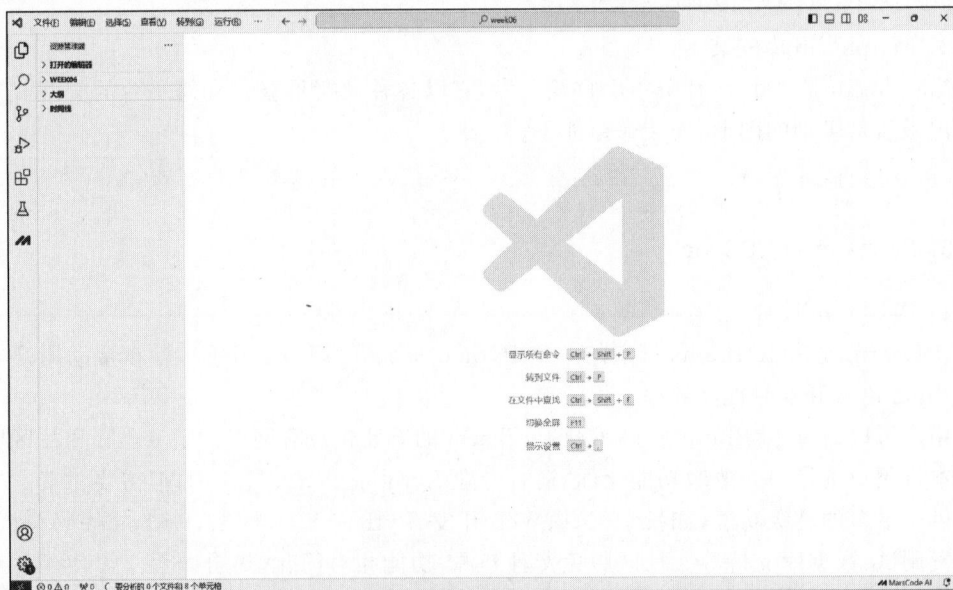

图 2.24　VSCode 主界面

3) PyCharm 和 VSCode 对比分析

(1) 代码编辑与补全。

PyCharm 在代码编辑方面表现出色,特别是对于 Python 语言。它提供了智能代码补全功能,能够深入理解代码的上下文,准确提供所需的建议。在处理复杂的人工智能项目时,PyCharm 的代码补全功能可以大大提高开发效率,减少手动输入的时间和错误。

VSCode 同样提供了代码补全功能,且支持多种编程语言,包括 Python。虽然其补全功能可能不如 PyCharm 那么智能,但也足够应对大多数开发场景。VSCode 还支持通过安装第三方扩展来增强代码补全功能,例如,使用 TabNine、Kite 等 AI 插件来实现更智能的代码补全。

(2) 调试与测试。

PyCharm 拥有强大的调试功能,支持断点调试、条件断点、变量监视等,方便开发者在开发过程中定位和解决问题。同时,PyCharm 还支持单元测试、集成测试等多种测试方式,能够帮助开发者确保代码的质量和稳定性。

VSCode 同样提供了调试功能,支持断点调试、变量监视等。此外,VSCode 还支持通过安装第三方扩展来增强调试功能,例如,使用 Python 调试插件等。在测试方面,VSCode 也支持多种测试框架,如 Jest、Mocha 等,可以结合 AI 技术实现自动化测试,提高测试效率。

(3) 扩展性与插件支持。

PyCharm 的扩展性相对较低,主要依赖自身的插件系统。然而,它仍然提供了一些与人工智能开发相关的插件,如 TensorFlow 插件、Keras 插件等,方便开发者进行深度学习项目的开发和调试。

VSCode 的扩展性较高,拥有一个丰富的扩展市场。开发者可以通过安装各种第三方的扩展来增强其功能,如支持不同的 Python 框架、增加代码高亮、代码片段等。此外,VSCode 还支持多种与人工智能开发相关的插件,如 Jupyter Notebook 插件等,方便开发者进行实验和可视化分析。

(4) 性能与稳定性。

由于 PyCharm 是基于 Java 开发的 IDE,可能会占用较多的系统资源,如内存和 CPU。在处理大型的人工智能项目时,可能会受到内存占用的限制,导致性能下降或崩溃。

VSCode 是一款轻量级的代码编辑器,占用的系统资源较少。它能够在不同的平台上流畅地运行,且较少出现卡顿或崩溃的情况。因此,在处理大型的人工智能项目时,VSCode 可能具有更好的性能和稳定性。

(5) 用户体验。

PyCharm 拥有复杂而强大的用户界面,提供了许多工具栏、菜单、窗口和选项来方便用户进行各种操作。同时,这也需要用户花费一定的时间和精力来熟悉和掌握其功能。

VSCode 具有简洁而灵活的用户界面,只提供了一些基本的工具栏、菜单、窗口和选项来满足用户的需求。这使得 VSCode 的学习曲线较平缓,容易上手和使用。同时,VSCode 还支持多种自定义设置和快捷键配置,方便开发者根据自己的习惯进行个性化设置。

综上所述,PyCharm 和 VSCode 在人工智能开发方面各有优势,这里选取 VSCode 作为主要的代码编辑工具。

2.5.2 PyTorch 基础

PyTorch 是一个广泛使用的深度学习框架,其基础知识和核心概念对于理解和应用该框架至关重要。

1. 张量

PyTorch 中的所有操作都是在张量的基础上进行的,张量可以简单地看作一个多维度的列表(List)。也可以将标量和向量看作张量,标量是零维的张量,向量是一维的张量,矩阵是二维的张量。

如图 2.25 所示,矩阵就是三维张量下的一个二维切面。要找到三维张量下的某个标量,需要三个维度的坐标来定位。

标量(Scalar),只有大小,没有方向的量,如 3。

向量(Vector),有大小和方向的一串数字,如(3,2,1,4)。

矩阵(Matrix),几个向量合并而成。

张量的创建通常有以下两种形式。

* 直接提供数据,以创建张量。
* 从 NumPy 数组转换为张量形式。

张量的属性包括形状、数据类型和存储设备等。PyTorch 中有 100 多种张量运算形式,包括算术、线性代数、矩阵操作(转置、索引、切片)、采样等,这些操作都可以在 GPU 上运行(执行速度比在 CPU 中更快)。下面给出了一些张量使用的例子。

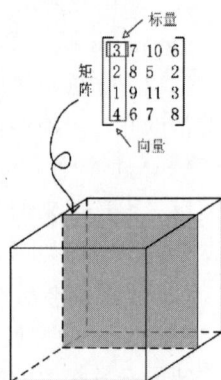

图 2.25 标量、向量与矩阵

1) PyTorch 中的标量与张量

```
1   #代码示例 2-14  创建标量与张量
2   import torch
3   a = torch.tensor(2.2)
4   print(a.dim())
5   print(a.shape)
6   c = torch.tensor([2.3])
7   d = torch.tensor([1.1,2.2])
8   e = torch.tensor([
9   [1.1,1.2,1.3],
10  [2.1,2.2,2.3]
11  ])
12  print(c.dim(),d.dim(),e.dim())
13  print(c.shape,d.shape,e.shape)
```

程序运行结果如图 2.26 所示。

```
0
torch.Size([])
1 1 2
torch.Size([1]) torch.Size([2]) torch.Size([2, 3])
```

图 2.26 标量与张量创建

2）创建随机张量

```
1   #代码示例2-15   创建随机张量
2   a = torch.rand(2,3)
3   b = torch.randn(2,3)
4   print(a)
5   print(b)
```

程序运行结果如图 2.27 所示。

3）创建全 0 或全 1 张量

```
1   #代码示例2-16   创建全0或全1张量
2   a = torch.zeros(2,3)
3   b = torch.ones(2,3)
4   print(a)
5   print(b)
6   print(a.shape)
```

程序运行结果如图 2.28 所示。

```
tensor([[0.9818, 0.7084, 0.4800],
        [0.5213, 0.5130, 0.9726]])
tensor([[ 0.7463,  0.7449, -0.6678],
        [ 0.3892,  1.3094,  0.2664]])
```

图 2.27 随机张量创建

```
tensor([[0., 0., 0.],
        [0., 0., 0.]])
tensor([[1., 1., 1.],
        [1., 1., 1.]])
torch.Size([2, 3])
```

图 2.28 全 0 和全 1 张量创建

4）创建指定值的张量

```
1   #代码示例2-17   创建指定值的张量
2   torch.tensor(list)
3   x = torch.tensor([5.5, 3])
```

5）创建未经初始赋值的张量

```
1   #代码示例2-18   创建未经初始赋值的张量
2   import torch
3   x = torch.empty(1)
4   print(x,x.size())
5   y = torch.empty(3)
6   print(y,y.size())
7   z = torch.empty(2,3)
8   print(z,z.size())
```

程序运行结果如图 2.29 所示。

```
tensor([9.1477e-41]) torch.Size([1])
tensor([ 0.0000, 18.9802,  0.0000]) torch.Size([3])
tensor([[ 0.0000e+00,  0.0000e+00,  2.1019e-44],
        [ 0.0000e+00, -3.5301e+25,  5.6893e-43]]) torch.Size([2, 3])
```

图 2.29 未经初始化赋值的张量创建

6）填充张量

填充张量代码示例如下。

```
1   #代码示例2-19   填充张量
2   import torch
3   x = torch.full((2,3),7)
```

```
4    print(x)
5    x = torch.full([[],7) #x = torch.full(( ),7) #中间空的,生成标量
6    print(x)
7    x = torch.full([1],7) #x = torch.full( (1) ,7) #中间为数字1,生成张量
8    print(x)
```

运行结果如图 2.30 所示。

```
tensor([[7, 7, 7],
        [7, 7, 7]])
tensor(7)
tensor([7])
```

图 2.30   填充张量结果

2. 基本数据类型

PyTorch 是基于 Tensor(张量)来操作的。张量可以有不同维度:1维、2维、3维,甚至 N 维。PyTorch 是非完备的编程语言库,是用于加速神经网络训练的框架,因此并没有 string 这种类型,PyTorch 中的张量如表 2.1 所示。

表 2.1   PyTorch 中的张量类型

数 据 类 型	dtyp 属性	CPU 张量	GPU 张量
32-bit floating point	torch.float32 或 torch.float	torch.FloatTensor	torch.FloatTensor
64-bit floating point	torch.float64 或 torch.double	torch.DoubleTensor	torch.cuda.DoubleTensor
16-bit floating point	torch.float16 或 torch.half	torch.HalfTensor	torch.cuda.HalfTensor
8-bit integer(unsigned)	torch.uint8	torch.ByteTensor	torch.cuda.ByteTensor
8-bit integer (signed)	torch.int8	torch.CharTensor	torch.cuda.CharTensor
16-bit integer(signed)	torch.int16 或 torch.short	torch.ShortTensor	torch.cuda.ShortTonsor
32-bit integer(signed)	torch.int32 或 torch.int	torch.IntTensor	torch.cuda.IntTensor
64-bit integer(signed)	torch.int64 或 torch.long	torch.LongTensor	torch.cuda.LongTensor

3. 切片与形变

1) 张量切片

张量切片(Tensor Slicing)是指从一个多维张量(即高维数组)中提取出其中的一个子张量的操作,类似数组的切片。通过指定切片的起始和结束位置,可以获得原始张量的一部分数据。张量切片常用于处理深度学习中的数据、特征或模型参数,示例如下。

```
1    #代码示例2-20   张量切片
2    x = torch.rand(5,3)
3    print(x)
4    print(x[1, 1])
5    print(x[:, 0])
6    print(x[1, :])
```

程序运行结果如下。

```
tensor( [[0.1338, 0.0903, 0.9426],
         [0.8797, 0.6016, 0.1099],
         [0.1611, 0.8275, 0.9838],
         [0.2713, 0.9580, 0.1504],
         [0.1389, 0.4348, 0.0070]])
tensor(0.6016)
tensor([0.1338, 0.8797, 0.1611, 0.2713, 0.1389])
tensor([0.8797, 0.6016, 0.1099])
```

2) 张量变形

张量是一个多维数组,而张量变形则是改变这个多维数组的形状,同时保持其元素的总

数和内容不变,变形后的张量与初始张量在元素上具有一一对应的关系。张量变形的目的是改变张量的形状,包括张量的维度以及不同维度方向上的长度,以得到想要的形状。

进行张量变形时,必须确保变形前后的张量元素总数相等。例如,一个形状为(4,6)的张量有 4×6＝24 个元素,因此变形后的张量元素个数应保持不变。

在 PyTorch 中,张量变形通常使用.view()方法或.reshape()方法来实现。这两个方法都可以改变张量的形状,但有一些细微的差别。

- .view()方法：在张量变形中需要确保变形后的张量形状与原始张量的元素总数相匹配。可以使用－1 作为某个维度的值,表示该维度的大小将自动计算以满足元素总数的要求。
- .reshape()方法：是.view()方法的一个更通用的版本,允许在变形时改变张量的数据类型,同样需要确保变形后的张量形状与原始张量的元素总数相匹配。

下面给出一个张量变形的例子。

```
1   #代码示例 2-21  张量变形
2   x = torch.randn(12,13,100)
3   y = x.view(2,-1)
4   print(x.size(), y.size())
```

上述代码中:
- 第 1 行 torch.randn()生成一个符合标准正态分布,且形状为(12,13,100)的张量 x。
- 第 2 行使用 view(2,－1)方法将张量 x 变形为形状为(2,M)的新张量,其中的－1 表示让 PyTorch 自动计算这一维的大小,使得总元素数量保持不变。

具体来说,x 的总元素数量＝12×13×100＝15 600,所以,view(2,－1)会将 x 的形状变为(2,7800),因为 2×7800＝15 600。

习题

一、选择题

1. 以下哪些选项是关于机器学习的正确说法？（　　）
   A. 机器学习是一种使计算机能够从数据中学习的技术
   B. 机器学习可以分为有监督学习、无监督学习和强化学习等类型
   C. 机器学习算法可以在没有人类干预的情况下自动优化
   D. 机器学习只适用于处理数值型数据
2. 以下哪些技术可以应用于无人驾驶汽车中？（　　）
   A. 传感器　　　　　B. 机器学习　　　　　C. 计算机视觉　　　D. 拓扑学

二、简答题

1. 什么是有监督学习？有监督学习的主要应用场景有哪些？
2. 什么是分类问题？什么是回归问题？二者常见的算法有哪些？

第 **3** 章

深度学习

CHAPTER **3**

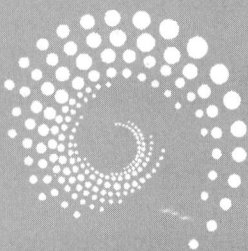

本章学习目标
- 了解神经网络的基本结构和发展历史
- 掌握梯度下降算法的原理及应用
- 利用 PyTorch 框架构建神经网络
- 通过两个项目案例，熟练掌握神经网络在回归与分类任务中的应用

本章将从神经网络的基础知识入手，逐步引导读者使用 PyTorch 构建和优化模型，并通过实际案例巩固所学内容。

⚷ 3.1　神经网络

神经网络（Neural Network，NN）又称人工神经网络（Artificial Neural Network，ANN），是一种通过模拟人脑神经元的输入、处理和输出过程，实现对信息的并行处理和自主学习的计算模型。自 20 世纪 80 年代以来，神经网络作为人工智能的重要分支，已经成为科学研究和工程应用中的关键技术之一。

3.1.1　神经网络简介

神经网络由多个相互连接的节点（或称神经元）组成，执行简单的计算并传递结果给网络中的下一级节点。这种结构使得神经网络具有强大的表征学习能力，可自动提取数据中的特征，并通过调整它们之间的连接权重来学习从输入到输出的映射，以实现对输入数据的分类、预测或其他任务。神经网络的结构如图 3.1 所示。

神经网络在构建之初，神经元之间的连线（权重）均为随机值，如同新生的婴儿，大脑一片空白，此时是不具备任何预测能力的。类比人类的幼年时期需要持续教育，智力水平才能获得发展和提高，这时需要将大量数据（题目）和标记（答案）作为训练内容，不断地"喂给"神经网络，而神经网络经过反复训练，学习到数据和标记之间的映射关系，这个过程称为模型训练，使用的输入数据和标记答案的集合称为"训练集"。通常来说，为检测模型的真实预测能力，需通过另外一组包含输入数据和标记答案的"测试集"来验证模型。模型预测值与标记（答案）之间的误差越小，说明模型越理想。

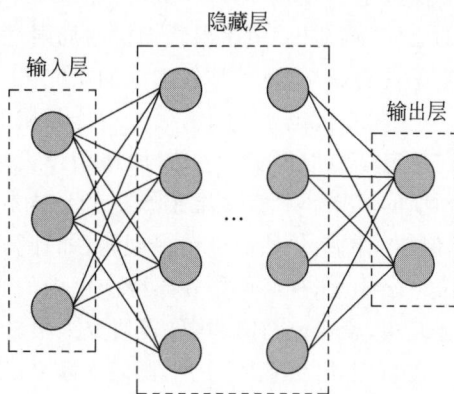

图 3.1　神经网络结构示意图

神经网络模型在训练期间，根据预测结果和标记之间的误差，通过不断调整神经元间的连接权重，尽可能减小二者之间的差距（损失值）。经过多轮训练，直到损失值不再变化或已经趋于 0，此时神经网络完成训练，预测能力获得提高，并最终可准确预测未知问题。

3.1.2　神经网络发展史

自 20 世纪 40 年代神经网络诞生以来，已经历了萌芽时期、创立时期、低谷时期和复兴时期共 4 个阶段，并在模式识别、计算机视觉和自然语言处理等领域得到了广泛应用。

1. 萌芽时期

神经网络的概念萌芽于 20 世纪初，当时心理学家和生物学家开始探索人类大脑的工作机制。德国心理学家威廉·冯特（Wilhelm Wundt）和美国神经科学家怀尔德·彭菲尔德（Wilder Graves Penfield）率先提出了神经元和神经网络的基本概念，并建立了早期的神经元模型，为神经网络的形成奠定了基础。随后，英国数学家阿兰·图灵（Alan Mathison

Turing)提出了图灵机模型,这一理论对后来的人工神经网络模型的发展产生了深远的影响。

2. 创立时期

1943 年,美国心理学家沃伦•麦卡洛克(Warren McCulloch)和数学家沃尔特•皮茨(Walter Pitts)提出了 MP 模型,这是第一个能够完整模拟神经元工作的数学模型,标志着神经网络的正式诞生。之后在 1957 年,弗兰克•罗森布拉特(Frank Rosenblatt)提出了感知机(Perceptron)算法,这是一种二层神经网络模型,可用于解决分类问题。与此同时,误差函数和梯度下降方法也被引入神经网络中,使得神经网络可以通过学习过程进行自我优化。

3. 低谷时期

受限于当时的计算能力和理论发展,1969 年,Marvin Minsky 和 Seymour Papert 在他们的著作《感知机》中指出感知机的局限性,即无法处理非线性问题,该书对人工智能的发展产生了重要影响,有关神经网络的研究第一次陷入长达十几年的低谷期。

进入 20 世纪 80 年代,人工智能领域的研究重点转向了专家系统。这些基于规则的系统在特定领域取得了一些成功,吸引了大量投资和研究资源。而神经网络在此期间未能取得预期的成果。尽管多层感知机和后向传播算法在 20 世纪 80 年代中期被重新发现并推广,但神经网络仍然面临诸多问题,如计算资源的限制和理论上的困境(梯度消失问题)。与专家系统相比,神经网络在实际应用中的表现相对较弱,导致学术界和工业界对神经网络的兴趣减弱,资金支持减少,许多研究人员转向其他领域。

在 20 世纪 90 年代中期,随着专家系统的局限性逐渐显现,人工智能领域再次面临困境。此时,神经网络的研究虽未完全停滞,但进展缓慢。虽然有支持向量机(SVM)等新算法的提出,但深度神经网络的训练仍然面临巨大挑战。训练深层网络所需的计算资源仍然不足,且在模型表现上未能显著超越传统方法。这一时期被认为是深度学习研究的"停滞(低谷)期"。

4. 复兴时期

2006 年,Geoffrey Hinton 团队利用受限玻尔兹曼机(RBM)和深度信念网络(DBN)进行逐层无监督预训练,再通过有监督的微调,解决了深层网络的梯度消失和梯度爆炸等难以训练的难题,为深度学习的崛起奠定了基础。

2012 年,Geoffrey Hinton 团队在 ImageNet 大规模视觉识别挑战赛(ImageNet Large Scale Visual Recognition Challenge,ILSVRC)中使用卷积神经网络(Convolutional Neural Network,CNN)取得了巨大成功。AlexNet 模型以极大的优势超越了传统的计算机视觉方法,错误率降低了近 10 个百分点。这一突破引发了全球范围内对深度学习的热潮,学术界和工业界开始广泛应用神经网络技术。

2012 年以后,深度学习迅速扩展到多个领域,如自然语言处理、语音识别、图像处理、自动驾驶等。科技公司如 Google、Meta 和 Microsoft 等纷纷投入大量资源进行深度学习研究和应用开发。

随着模型架构的不断创新(如 Transformer、GANs 等)和硬件技术的进步(如 GPU 和 TPU 的广泛应用),神经网络在人工智能领域的核心地位得到了进一步巩固,训练和部署大规模神经网络模型成为现实。例如,基于 Transformer 架构的大语言模型,如 GPT-3、GPT-4

等模型具有生成高质量自然语言文本的能力,广泛应用于教育、内容创作、编程辅助等领域。大语言模型的成功,标志着神经网络不仅在技术层面取得了突破,更在实际应用中获得了广泛认可。

3.1.3 神经网络模型

1. 单个神经元

神经网络模型(Neural Network Models,NNM)是模仿人脑神经元连接和工作原理的计算模型。它们由多个互联的节点(神经元)组成,单个神经元的结构如图 3.2 所示。

在图 3.2 中,单个神经元是神经网络中最基本的运算单元。$X = (x_1, x_2, \cdots, x_n)$ 为输入数据,$W = (w_1, w_2, \cdots, w_n)$ 为当前神经元的连接权重,b 为偏置项,f 为激活函数。其中,W 和 b 称为该神经元的模型参数(简称参数),神经网络的学习过程,就是寻求最佳模型参数 W 和 b 的过程。

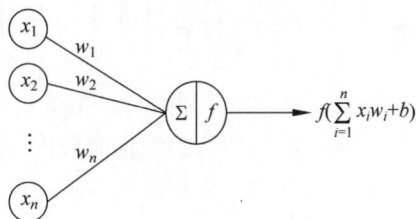

图 3.2 单个神经元结构示意图

激活函数 f 通常使用 Logistic 函数,常见形式包括 S 型函数(sigmoid)或双曲正切函数(tanh)。对于神经元为何需要引入激活函数,将在 3.2.2 节和 4.2.3 节中,结合具体案例详细阐释。

2. 神经网络的结构

神经网络是由多个神经元按照一定的规则(通常是"分层")连接在一起而成的。不同层中神经元的数量通常根据实际需求设定。一般来说,一层神经元的数量表示神经网络的宽度,也是输入数据特征的维度,神经网络的层数表示神经网络的深度。模型的宽度越大,层次越深,含有的神经元个数就越多,网络表达能力越强,可以拟合的函数就越复杂。但是,如果神经网络中的神经元(参数)数量过多,模型会变得非常庞大,将显著提升计算时间和资源消耗。因为复杂的神经网络需要更多的训练时间和计算资源,一旦资源受限则将无法完成训练任务。此外,模型过于庞大时需要更多的训练数据,如果训练数据量不足以支撑对大量的模型参数进行优化,模型可能无法学到有效的特征,反而会受到数据稀疏性带来的负面影响。

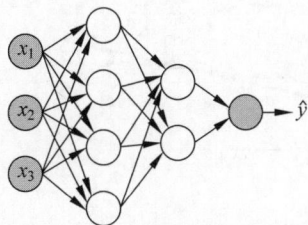

图 3.3 4 层神经网络结构示意图

因此,增加神经元并不是提高模型性能的最佳方式,选择合适的神经网络结构,才能更有效地处理特定类型的数据和顺利地完成训练任务。下面给出一个简单的神经网络的结构,如图 3.3 所示。

在图 3.3 中,给出了一个 4 层的神经网络。其中,最左层为输入层,最右层为输出层,中间的两层通常称为"隐藏层",或简称为"隐层"。输入层中的圆形为输入数据,隐藏层和输出层中的圆形表示神经元,所有指向某个神经元的有向连接线为该模型的权重(模型参数)。除了输入层,任意层都可以将前一层的输出结果视为本层的数据输入。因此,在神经网络中数据计算结果能够逐层向前传递,并最终由输出层给出预测结果 $\hat{y}$,这个过程通常称为"前向传播"。

神经网络模型在训练过程中,得到的预测结果 $\hat{y}$ 与实际值 y 之间总是存在某种差距,称为损失(loss)。如果采用某种方法从 loss 开始,从后一层的结果向前一层进行反推,并逐层修改每个神经元对应的参数值,以使得 loss 值不断变小,这个过程称为"后向传播"。当 loss 值不再变化,或已收敛到一个较小值时,训练结束。通常来说,loss 值越小,预测的结果和真实值越接近,模型越优秀。

下面将通过一个现实生活中的"房价预测"问题,了解神经网络的工作过程,并动手实现一个房价预测模型,进行模型的训练、预测和评估。

🔑 3.2 学习案例1:房价预测

通过房屋面积预测房价。本节重点学习内容如下。
- 通过线性回归模型预测房价。
- 如何获取模型的最佳参数。
- 如何评估模型的性能。

3.2.1 线性回归模型

线性回归(Linear Regression)是一种基于统计学和机器学习的方法,用于建模两个或多个变量之间的关系。其目的是通过拟合一个线性模型来预测一个因变量(目标变量)与一个或多个自变量(特征变量)之间的关系。

在现实生活中,房价受到多种因素的影响,如房屋面积、楼层以及地段等。为了简化问题,本书将仅选取房屋面积作为影响房价的自变量进行分析。将问题聚焦于单一因素,从而更容易进行建模与理解。房屋面积作为影响房价的自变量 x,房价为因变量 y,建立预测模型如式(3-1)所示。

$$\hat{y} = wx + b \tag{3-1}$$

式中:w——模型参数;

b——模型参数(偏置项)。

式(3-1)中,模型预测结果是 $\hat{y}$ 而非 y,这是因为 x 和 y 是观测结果,是客观事实存在,而 $\hat{y}$ 是模型计算得到的预测值,如图 3.4 所示。

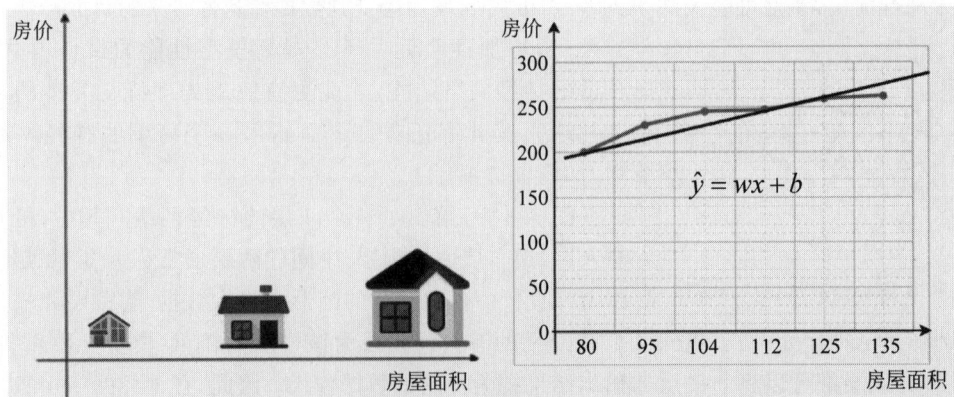

图 3.4 房价预测

通常来说,观测结果 x 和 y 称为"数据(特征)"和"标记",(x, y) 称为样本,多个样本的集合可用于模型的训练和测试,分别称为"训练集"和"测试集"。

根据市场调查,针对某地 2018 年的新房面积和售价情况,随机选取了其中 6 个样本,如表 3.1 所示。

表 3.1 某地 2018 年房屋价格情况

面积/m²	售价/万元	面积/m²	售价/万元
80	200	112	247
95	230	125	259
104	245	135	262

一般情况下,根据已观测数据,欲得到 140m^2 的房屋价格,应该如何做呢?答案显而易见,通常的做法是:

- 首先,根据现有 6 个样本数据,建立房价预测模型 $\hat{y} = wx + b$。
- 然后,输入房屋面积数据 x,得到房屋预测价格 $\hat{y}$。

3.2.2 模型参数确定

对于线性模型 $\hat{y} = wx + b$,要根据 x 得到预测值 $\hat{y}$,需要确定参数 w 和 b 的值。根据现有数学知识,可以通过样本数据 (x, y) 来确定 w 和 b。下面通过 Python 代码来实现并求解。

首先,将样本集合定义为一个 6 行 2 列的数组对象,6 行对应 6 个样本,每行的 2 列分别对应"数据"和"标记",然后将这些样本点在二维空间中描绘出来,观察这些点能否落在一条直线上,代码如下。

```
1   #代码示例 3-1
2   import numpy as np
3   data = np.array([[80, 200],
4                    [95, 230],
5                    [104, 245],
6                    [112, 247],
7                    [125, 259],
8                    [135, 262]]
9   )
10  #绘制图形
11  import matplotlib.pyplot as plt
12  #提取数据特征到 X
13  X = data[:, 0]
14  #提取标记到 Y
15  Y = data[:, 1]
16  #在二维空间中打印坐标点(红色)
17  plt.scatter(X, Y, c = "red")
18  plt.show()
```

程序运行结果如图 3.5 所示。

观察图 3.5,会发现,很难让所有的点都落在同一直线上。这是因为现实中的房价由多种因素决定,单纯只用面积来通过线性回归方程来预测房价,误差会很大。当然,如果能得到如图 3.6 所示的理想预测曲线,模型的预测准确性肯定是最佳的。

视频讲解

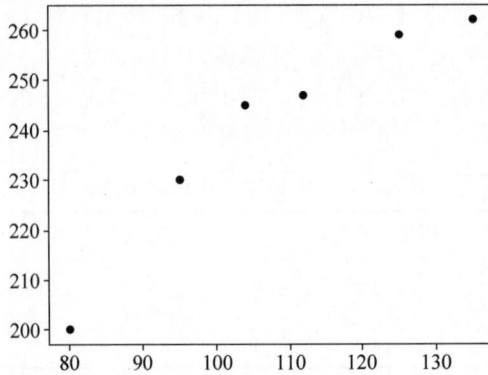

图 3.5　房屋面积与价格

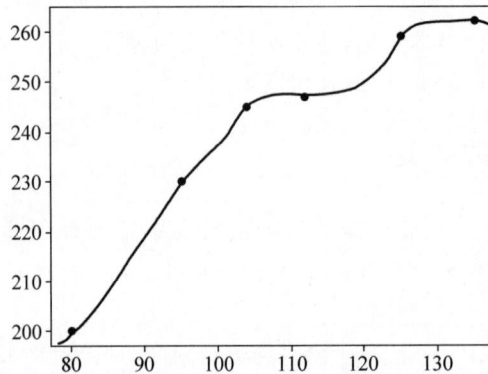

图 3.6　房屋面积与价格的理想预测曲线

如图 3.6 所示的曲线方程非常复杂，很难通过数学公式描述，求解会非常困难。为简化问题，通常采用线性回归方法获得预测方程（模型）的近似解。

一般地，采用二元一次方程组来求解线性回归模型 $y=wx+b$ 中的参数 w 和 b，最为简单和直接。从样本集合中，任取两个样本 $[(x_1,y_1),(x_2,y_2)]$，如 $[[80,200],[95,230]]$，代入线性回归模型 $y=wx+b$ 中，则有

$$x_1=80, \quad y_1=200 \quad \rightarrow \quad 200=80\times w+b$$
$$x_2=95, \quad y_2=230 \quad \rightarrow \quad 230=95\times w+b$$

所以有

$$w=(y_2-y_1)/(x_2-x_1)$$
$$b=y_1-w\times x_1 \quad 或 \quad b=y_2-w\times x_2$$

采用方程组求解，使用任意两个样本就能确定 w 和 b 的值，现有 6 个样本数据：

$$[[80,200],$$
$$[95,230],$$
$$[104,245],$$
$$[112,247],$$
$$[125,259],$$
$$[135,262]]$$

任意两个样本 $[[x_i,y_i],[x_j,y_j]]$ 的组合情况，将会有 $C_6^2=15$ 种可能。下面将利用代

码获得所有可能的组合情况。

```
1    #代码示例 3-2
2    import itertools
3    #首先,获得 15 种不同的样本组合数据,并将所有可能的组合保存在列表 com_lists 中
4    com_lists = list(itertools.combinations(data, 2))
5    #将 15 个不同的样本组合打印出来
6    for list in com_lists:
7        print(list)
```

上述代码将打印出所有可能的样本数据组合(15 组),运行结果如下。

```
(array([ 80, 200]), array([ 95, 230]))
(array([ 80, 200]), array([104, 245]))
(array([ 80, 200]), array([112, 247]))
(array([ 80, 200]), array([125, 259]))
(array([ 80, 200]), array([135, 262]))
(array([ 95, 230]), array([104, 245]))
(array([ 95, 230]), array([112, 247]))
(array([ 95, 230]), array([125, 259]))
(array([ 95, 230]), array([135, 262]))
(array([104, 245]), array([112, 247]))
(array([104, 245]), array([125, 259]))
(array([104, 245]), array([135, 262]))
(array([112, 247]), array([125, 259]))
(array([112, 247]), array([135, 262]))
(array([125, 259]), array([135, 262]))
```

根据上述 15 组样本,分别计算可获得 15 组模型参数 w 和 b。下面将利用代码获得所有可能的模型参数:

```
1    #代码示例 3-3
2    import itertools
3    import numpy as np
4    #定义容器列表 ws 和 bs,分别存放不同组合获得的参数 w 和 b
5    ws = []
6    bs = []
7    #循环读取不同组合数据
8    for comlist in com_lists:
9        x1, y1 = comlist[0]
10       x2, y2 = comlist[1]
11       w = (y2 - y1) / (x2 - x1)
12       b = y1 - w * x1 #or b = y2 - w * x2
13       ws.append(w)
14       bs.append(b)
15       print(f'({w:.2f}, {b:.2f})')
16   #计算所有 w 和 b 的平均值,并打印
17   mw, mb = np.mean(ws), np.mean(bs)
18   print(mw, mb)
```

程序运行结果,15 组模型参数 w 和 b,以及均值如下所示。

```
(2.00, 40.00)
(1.88, 50.00)
(1.47, 82.50)
(1.31, 95.11)
```

```
(1.13, 109.82)
(1.67, 71.67)
(1.00, 135.00)
(0.97, 138.17)
(0.80, 154.00)
(0.25, 219.00)
(0.67, 175.67)
(0.55, 187.97)
(0.92, 143.62)
(0.65, 173.96)
(0.30, 221.50)
1.0370514514185623      133.19792941461947
```

如果将预测模型的参数 w 和 b 分别设置为 15 组参数的平均值,则得到 $w=1.037$,$b=133.198$,那么预测模型为 $\hat{y}=1.037x+133.198$。

若要预测房屋面积为 140m^2 时的房屋价格。令 $x=140$,将其代入公式 $\hat{y}=1.037x+133.198$ 中,可得 $\hat{y}=278.39$。此时,我们其实并不了解该模型预测结果的准确性。换言之,该值与实际值是否存在偏差,存在多大偏差,都是不知道的。

要了解预测模型的准确性,需根据测试样本进行评估。例如,逐一测试样本,将获得的预测值与标记值相减得到 loss 值,所有测试样本的平均 loss 值越小,说明预测模型的准确性越好。为避免求均值时遇到正负 loss 值相抵消的情况,通常采用均方误差来评估模型。

3.2.3 模型评估方法

均方误差(Mean Squared Error,MSE)是反映估计量与被估计量之间差异程度的一种度量。均方误差用于衡量数据偏离真实值的距离,是差值平方和的平均数。定义如式(3-2)所示。

$$\text{MSE}=\frac{1}{N}\sum_{i=1}^{N}(\hat{y}_i-y_i)^2 \tag{3-2}$$

式中:MSE——均方误差;

N——样本数量;

$\hat{y}$——预测值;

y——标记(观测值或理想值)。

评估预测模型前,通常将样本集合 $[(x_1,y_1),(x_2,y_2),\cdots,(x_6,y_6)]$ 分为两部分:数据集合 $X=[x_1,x_2,\cdots,x_6]$ 和标记集合 $Y=[y_1,y_2,\cdots,y_6]$。将 X 输入预测模型,得到对应的预测值集合 $\hat{Y}=[\hat{y}_1,\hat{y}_2,\cdots,\hat{y}_6]$。这样就可以根据式(3-2)来计算 MSE,代码如下。

```
1   #代码示例3-4  计算均方误差
2   import numpy as np
3   #losses列表用于保存所有样本预测后得到的loss值
4   losses = []
5   i = 0
6   for x, y in data:
7       #进行预测
8       predict = mw * x + mb
```

```
9        #计算损失
10       loss = (y - predict) ** 2
11       #打印损失
12       i += 1
13       print(f'第{i}个样本[{x},{y}]预测得到的 loss = {loss:.4f}')
14       losses.append(loss)
15   #打印平均损失
16   print(f'6 个样本预测得到的 loss 均值为：{np.mean(losses):.4f}')print(np.mean(losses))
```

代码运算结果如下。

第 1 个样本[80,200]预测得到的 loss = 261.2117
第 2 个样本[95,230]预测得到的 loss = 2.9509
第 3 个样本[104,245]预测得到的 loss = 15.5924
第 4 个样本[112,247]预测得到的 loss = 5.5117
第 5 个样本[125,259]预测得到的 loss = 14.6640
第 6 个样本[135,262]预测得到的 loss = 125.4372
6 个样本预测得到的 loss 均值为：70.8946

根据上述结果可知，6 个样本预测得到的均方误差（MSE）值为 70.89，误差仍然较大。通常来说希望预测模型的 MSE 越小越好，越小说明预测值越接近标记（理想）值，此时模型的预测准确率会更高。

那么，怎样才能找到最为理想的模型参数 w 和 b 的值，使得 MSE 获得最小值呢？通常会采用一种经典且有效的优化算法——梯度下降法，在训练过程中不断优化（更新）模型的参数 w 和 b，以实现 MSE 的最小化，进而得到最佳的模型拟合效果。

3.2.4　梯度下降算法

梯度下降算法是一种优化函数的迭代方法，通过沿着目标函数（如 MSE）的负梯度方向更新参数，从而逐步逼近目标函数的最小值。

算法的核心思想是：在每次迭代中，根据当前参数的位置计算目标函数的梯度，然后根据梯度的方向和步长调整参数值。通过不断迭代，目标函数的值将逐渐减小，最终达到局部最优解（最低点），如图 3.7 所示。

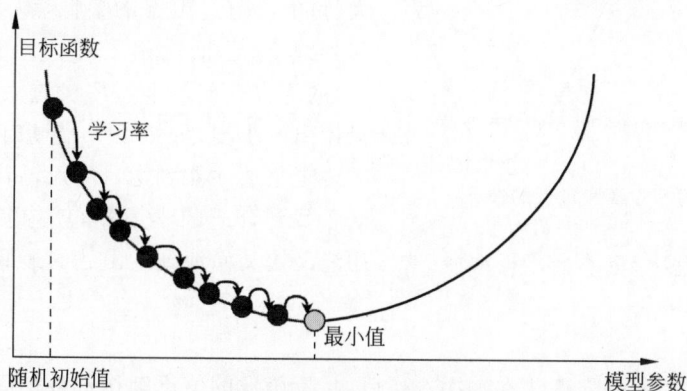

图 3.7　梯度下降算法

梯度下降法广泛应用于机器学习和深度学习中，用于优化模型的参数，从而最小化目标函数。通过不断迭代更新参数，梯度下降法帮助模型逐步接近最优状态（获得最优化参数），从而提升模型的预测准确率。

1. 相关概念

1) 目标函数

目标函数(Objective Function)是模型优化过程中需要最小化或最大化的函数。在机器学习中,通常是损失函数(Loss Function),如均方误差(MSE)或交叉熵损失(Cross-Entropy Loss)等。梯度下降法通过迭代优化使目标函数的值逐渐减小,从而提高模型的性能(预测准确率)。

2) 梯度

对于单变量目标函数 $f(x)$,梯度就是导数 $\mathrm{d}f(x)/\mathrm{d}x$,它表示目标函数 $f(x)$ 在 x 处的变化率。如果导数为正,表示函数在该处随着 x 的增大而增大;如果为负,表示函数随着 x 的增大而减小。

对于多变量目标函数 $f(x_1, x_2, \cdots, x_n)$,梯度是一个向量,由函数对每个变量的偏导数组成,定义如式(3-3)所示。

$$\nabla f(x_1, x_2, \cdots, x_n) = \left(\frac{\partial f}{\partial x_1}, \frac{\partial f}{\partial x_2}, \cdots, \frac{\partial f}{\partial x_n} \right) \tag{3-3}$$

梯度向量指示了目标函数 $f(x)$ 在当前位置上升最快的方向,同时其大小表示在该方向上的上升速率。因此,梯度下降法选择沿着梯度的反方向来优化参数,达到逐步减小目标函数值的目标。理想状态下,参数的优化过程持续到梯度接近零,此时目标函数达到最小值或接近最小值,算法收敛。模型参数的优化过程结束。

3) 学习率

学习率(Learning Rate)是控制每次梯度更新步幅大小的超参数。它决定了在每次迭代中,模型的参数应该沿着梯度方向移动的距离。

想象一下,"梯度下降过程"可以类比为在一条山路上寻找下山的最佳路径,学习率决定了下山(梯度下降)的速度,即每一步迈多大。

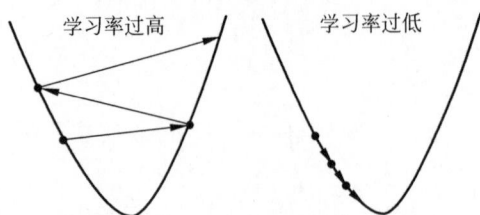

图 3.8　学习率过高和过低的情况

如果学习率设置太高,那么下山的步伐太大,可能会跨过山谷的最低点,一直在山坡上来回奔跑,永远抵达不了那个地势最低(梯度为零)的地方。如果学习率设置太小,就好比每次只迈出一小步,虽然不会错过山谷的最低点,但需要走很久才能到达目的地,如图 3.8 所示。

找到合适的学习率,就像找到合适的下山步伐,既不会跑过头,也不会走得太慢,这样才能又快又稳地到达山谷的最低点,同时也获得了模型的最佳参数。

4) 收敛性

收敛性是指梯度下降算法在多次迭代后,目标函数的值逐渐接近最小值并趋于稳定,在一个很小的范围内波动的过程。需要注意的是,算法的收敛性受学习率、目标函数的定义以及模型初始参数的选择等多种因素影响。

2. 公式推导

以均方误差(MSE)损失函数为例,利用梯度下降算法来迭代更新预测模型 $\hat{y}=wx+b$ 中的参数 w 和 b。

1) 损失函数定义

为统一表示不同类型的损失函数,通常用 J 来指代损失函数,无论是均方误差(MSE)、交叉熵损失(Cross-Entropy Loss)或是其他类型的损失函数。

一般地,预测模型可能像式(3-1)所示,用一个简单函数来表示,也可能是更为复杂的函数形式(模型中包含多个参数)。为统一描述这些模型中的参数,通常用向量 $\boldsymbol{\theta}$ 来表示。那么对于 $\hat{y}=wx+b$,则有 $\boldsymbol{\theta}=(\theta_1,\theta_2)$,其中,$\theta_1=w,\theta_2=b$。

因此,损失函数可以统一用 $J(\boldsymbol{\theta})$ 表示。如果 $\hat{y}=wx+b$ 表示为 $\hat{y}=f_{\boldsymbol{\theta}}(x)$,则 MSE 的定义修改为如式(3-4)所示。

$$J(\boldsymbol{\theta})=\frac{1}{N}\sum_{i=1}^{N}(f_{\boldsymbol{\theta}}(x_i)-y_i)^2 \tag{3-4}$$

式中:$J(\boldsymbol{\theta})$——均方误差损失函数;

　　N——样本数量;

　　$f_{\boldsymbol{\theta}}(x)$——预测模型,其中,$f_{\boldsymbol{\theta}}(x)=\theta_1 x+\theta_2$,并有 $\theta_1=w,\theta_2=b$;

　　x_i——第 i 个样本;

　　y_i——第 i 个标记。

2) 梯度下降算法

梯度下降算法的目标是确定最优的 $\boldsymbol{\theta}$ 值,以得到最小的代价(损失)$J(\boldsymbol{\theta})$,记为 $J_{\min}(\boldsymbol{\theta})$。按此思路,通过循环迭代的方式,沿着梯度的反方向调整参数,逐步减小 $J(\boldsymbol{\theta})$,直到 $J(\boldsymbol{\theta})=J_{\min}(\boldsymbol{\theta})$。定义如式(3-5)所示。

$$\boldsymbol{\theta}:=\boldsymbol{\theta}-\alpha\frac{\mathrm{d}}{\mathrm{d}\boldsymbol{\theta}}J(\boldsymbol{\theta}) \tag{3-5}$$

式中:$\boldsymbol{\theta}$——预测模型参数向量;

　　α——学习率,模型参数更新的步长,其值通常较小。

3) 房价预测模型参数求解

首先,根据房价预测模型确定损失函数,房价预测模型为 $f_{\boldsymbol{\theta}}(x)=wx+b$,则损失函数定义如式(3-6)所示。

$$\mathrm{MSE}=\sum_{i=1}^{N}(wx_i+b-y_i)^2 \tag{3-6}$$

然后,根据损失函数 MSE,计算房价预测模型参数 w 和 b 的梯度 $\frac{\nabla\mathrm{MSE}}{\nabla w}$ 和 $\frac{\nabla\mathrm{MSE}}{\nabla b}$ 的定义如式(3-7)和式(3-8)所示。

$$\frac{\nabla\mathrm{MSE}}{\nabla w}=2\times\sum_{i=1}^{N}(wx_i+b-y_i)\cdot x_i \tag{3-7}$$

$$\frac{\nabla\mathrm{MSE}}{\nabla b}=2\times\sum_{i=1}^{N}(wx_i+b-y_i) \tag{3-8}$$

最后，根据房价预测模型参数的梯度值，结合学习率 α，分别更新 w 和 b 的值，如式(3-9)和式(3-10)所示。

$$w := w - \alpha \cdot \frac{\nabla \text{MSE}}{\nabla w} \tag{3-9}$$

$$b := b - \alpha \cdot \frac{\nabla \text{MSE}}{\nabla b} \tag{3-10}$$

3. 算法实现

利用 Python 实现梯度下降算法，代码如下。

```
1   #代码示例 3-5  实现梯度下降算法
2   #预测模型: f(x) = wx + b,用于预测房屋的真实价格
3   import numpy as np
4   data = np.array([ [80, 200],
5                     [95, 230],
6                     [104, 245],
7                     [112, 247],
8                     [125, 259],
9                     [135, 262]]
10                  )
11  N = len(data)
12  #求解 f(x) = wx + b,其中,(x,y)来自 data,y 为标记数据
13  #目标: y 与 f(x)之间的差距尽量小
14  #初始化参数
15  w, b, lr = 1, 1, 0.00001
16  #梯度下降的函数
17  def gradientdecent(w, b, data, lr):
18      #loss 为均方误差,wpd 为 w 的偏导数,bpd 为 b 的偏导数
19      loss, wpd, bpd = 0, 0, 0
20      for xi, yi in data:
21          loss += (w * xi + b - yi) ** 2          #计算 MSE
22          bpd += (w * xi + b - yi) * 2            #计算 loss/b 偏导数
23          wpd += (w * xi + b - yi) * 2 * xi       #计算 loss/m 偏导数
24      #更新 w 和 b
25      loss = loss / N
26      wpd = wpd / N
27      bpd = bpd / N
28      w = w - wpd * lr
29      b = b - bpd * lr
30      return loss, w, b
31  #训练过程
32  epochs = 5000000
33  for epoch in range(epochs):
34      mse, w, b = gradientdecent(w, b, data, lr)
35      if epoch % 2000000 == 0:
36          print(f"loss = {mse:.4f},m = {w:.4f},b = {b:.4f}")
```

程序运行结果如下。

```
loss = 178.3555,w = 1.7144,b = 52.5560
loss = 87.8729,w = 1.4481,b = 82.2635
loss = 57.8181,w = 1.2947,b = 99.3849
```

```
loss = 47.8351,w = 1.2062,b = 109.2525
loss = 44.5191,w = 1.1553,b = 114.9396
```

根据上述结果可知,目前得到的最优参数为 $w=1.1553, b=114.9396$。此时,损失函数值最小值 loss$=44.5191$。

读者可以自行修改上述代码中的 w、b 和 lr 的初值,以及训练轮数 epoches 值,验证是否能使得 loss 值更小,以获得更优的模型参数值。

3.2.5　PyTorch 中的梯度下降

在实际应用中,神经网络模型通常由多层构成,每层包含多个神经元,因此模型的参数量往往非常庞大。在这种情况下,手动编写代码来计算梯度变得极其复杂且不可行。为了解决这一问题,PyTorch 框架提供了自动求导功能。通过这一功能,PyTorch 可以自动计算模型参数的梯度,并根据梯度更新参数,从而大大简化了训练过程。

1. 相关概念

为了让 PyTorch 框架自动计算梯度并更新模型的参数 θ,需要将 θ 定义为 PyTorch 的张量类型,并将其 requires_grad 属性设置为 True。这样,PyTorch 会自动为这些张量生成相应的梯度计算函数,并保存梯度计算的结果。在使用 PyTorch 框架进行模型参数更新之前,还需要进一步深入理解两个相关概念:"前向传播"和"后向传播"。

1) 前向传播

在实际应用中,仅包含一个神经元的单层神经网络通常无法有效解决现实问题。与之相对,多层神经网络能够通过多层计算进行信息处理,从而提高模型的表达能力。在进行预测时,输入数据经过神经网络的逐层传递与计算,最终生成预测结果。这个过程称为"前向传播"。

前向传播过程包括以下 4 部分。
- 输入层:将输入数据 x 传递给神经网络模型的第一个隐藏层。
- 隐藏层:每个隐藏层的神经元对输入进行加权求和,并将结果传递到下一层;那么当前隐藏层 l(不包括数据层)的输出如式(3-11)所示。

$$z^{(l)} = w^{(l)} a^{(l-1)} + b^{(l)} \tag{3-11}$$

式中: $z^{(l)}$——当前第 l 层(不包括数据层)的加权和;

$\qquad w^{(l)}$——第 l 层的参数值(权重);

$\qquad a^{(l-1)}$——上一层的输出;

$\qquad b^{(l)}$——偏置项。
- 输出层:隐藏层的输出经过计算得到最终的预测结果 $\hat{y}$。
- 损失函数计算:将预测结果 $\hat{y}$ 与标记值 y 进行比较,计算损失 $J(\boldsymbol{\theta})$。

2) 后向传播

"后向传播"与"前向传播"完全相反,后向传播主要用于优化模型的参数。在后向传播过程中,根据 $J(\boldsymbol{\theta})$,从网络的最后一层开始,首先计算该层每个参数的梯度,然后优化相应的模型参数;并随后通过链式法则逐层从后向前,计算前一层的梯度并优化该层模型参数,直到所有模型参数都得到更新。将整个过程分为三部分,详述如下。

- 计算模型参数的梯度：从输出层开始，计算损失函数 $J(\theta)$ 对各层参数的偏导数，即梯度。
- 后向传播：通过链式法则，逐层向前传播误差，并计算每层模型参数(以 w 为例)的梯度。例如，当前层 l 的梯度计算如式(3-12)所示。

$$\frac{\partial J}{\partial w^{(l)}} = \delta^{(l)} \cdot a^{(l-1)} \tag{3-12}$$

式中：$\delta^{(l)}$——当前第 l 层的误差项；

$a^{(l-1)}$——上一层的输出。

- 更新参数：使用计算出的梯度更新每层的参数(以 w 为例)，式(3-13)所示。

$$w^{(l)} := w^{(l)} - \alpha \frac{\partial J}{\partial w^{(l)}} \tag{3-13}$$

式中：$w^{(l)}$——第 l 层的参数(权重)；

α——学习率(控制更新步长)。

2. 自动计算梯度

为了确定哪些模型参数需要计算梯度并自动更新，PyTorch 框架将模型参数封装为张量形式，并提供了 requires_grad 属性。当将模型参数张量 θ 的 requires_grad 属性设置为 True 时，在前向传播过程中，PyTorch 会在该张量的整个前向传播过程中生成计算梯度的函数，并预留存储空间以保存梯度。

下面通过一个简单的例子，对 4 个模型参数张量 w_1、w_2、b_1 和 b_2，在定义张量对象时分别采用显式设置"requires_grad＝True""requires_grad＝False"和采用默认设置，以观察 PyTorch 自动计算梯度的工作过程。代码示例如下。

```
1   #代码示例 3-6
2   import torch
3   #对 4 个张量自动赋值，并显式设置张量 w1 和 w2
4   w1 = torch.randn(1, requires_grad = True)      #设置为 True
5   w2 = torch.randn(1, requires_grad = False)     #设置为 False
6   #采用默认(隐式)设置张量 b1 和 b2
7   b1 = torch.randn(1)
8   b2 = torch.randn(1)
9   #打印 4 个张量
10  print(f'w1 ---->{w1}')
11  print(f'w2 ---->{w2}')
12  print(f'b1 ---->{b1}')
13  print(f'b2 ---->{b2}')
14  #打印 4 个张量的梯度计算函数
15  print(w1.grad_fn, w1.grad)
16  print(w2.grad_fn, w2.grad)
17  print(b1.grad_fn, b1.grad)
18  print(b2.grad_fn, b2.grad)
```

程序运行结果如图 3.9 所示。

根据图 3.9 中的代码输出结果可知，PyTorch 会将张量的 requires_grad 属性默认设置为 False，因此，要为张量生成梯度计算函数，必须显式将该张量的 requires_grad 属性赋值为 True。图 3.9 中的最后 4 行用于打印 w_1、w_2、b_1 和 b_2 的梯度函数和梯度值，结果全部为

None。这说明 4 个张量 w_1、w_2、b_1 和 b_2 定义结束后，PyTorch 未赋予其梯度计算函数和梯度值。

```
w1---->tensor([0.7859], requires_grad=True)
w2---->tensor([-1.6938])
b1---->tensor([-0.4415])
b2---->tensor([-2.9920])
None None
None None
None None
None None
```

图 3.9　输出结果

下面定义"前向传播"函数 forward，并调用该函数。然后观察这 4 个张量 w_1、w_2、b_1 和 b_2 是否会发生变化，即 PyTorch 是否会为其赋予相应的梯度计算函数和梯度值。代码如下。

```
1   #代码示例 3-7  针对参数 w₁、b₁、w₂ 和 b₂ 分别构造前向传播函数
2   def forward1(x):
3       global w1, b1
4       return w1 * x + b1
5   def forward2(x):
6       global w2, b2
7       return w2 * x + b2
8   #对于数据 x=2, 标记 y=5,预测模型 f(x)=wx+b,则有 w=2,b=1
9   x = 2
10  y = 5
11  #前向传播,构建了计算图
12  predict1 = forward1(x)
13  predict2 = forward2(x)
14  #打印参数 w₁、b₁、w₂ 和 b₂ 的梯度计算函数和梯度值
15  print(w1.grad_fn, w1.grad)
16  print(w2.grad_fn, w2.grad)
17  print(b1.grad_fn, b1.grad)
18  print(b2.grad_fn, b2.grad)
```

```
None None
None None
None None
None None
```

图 3.10　输出结果

程序运行结果如图 3.10 所示。

根据图 3.10 中的输出结果可知,前向传播过程发生后,PyTorch 并未为 4 个张量赋予梯度计算函数和梯度值。这是因为 PyTorch 采用的是动态计算图(Dynamic Computational Graph)技术,在前向传播过程中,PyTorch 只记录下各个操作的顺序和依赖关系,梯度计算函数只能在模型预测完成后,显式调用后向传播函数 backward()时才能建立。

当调用后向传播函数 backward()时,PyTorch 会基于前向传播时构建的计算图,开始反向追踪计算,自动计算每个张量的梯度。在这个阶段,PyTorch 会为每个 requires_grad=True 的模型参数建立对应的梯度计算函数,并计算这些梯度。验证代码如下。

```
1   #代码示例 3-8
2   #1.前向传播,构建了计算图
3   predict1 = forward1(x)
4   predict2 = forward2(x)
5   #2.构造损失(代价)函数
6   loss1 = (y - predict1)**2
7   loss2 = (y - predict2)**2
8   #3.查看梯度计算函数
9   print(f'loss1.grad_fn--->{loss1.grad_fn}')
10  print(f'loss2.grad_fn--->{loss2.grad_fn}')
11  print(f'w1.grad_fn--->{w1.grad_fn}')
```

```
12   print(f'w2.grad_fn--->{w2.grad_fn}')
13   print(f'b1.grad_fn--->{b1.grad_fn}')
14   print(f'b2.grad_fn--->{b2.grad_fn}')
15   #4.后向传播
16   loss1.backward()
17   #请思考,下面的代码在运行过程中,为何会出现异常?
18   loss2.backward()
19   #打印4个模型参数的梯度计算函数
20   print(w1.grad)
21   print(w2.grad)
22   print(b1.grad)
23   print(b2.grad)
```

程序运行结果如图 3.11 所示。

```
...   loss1.grad_fn---><PowBackward0 object at 0x00000265DB4DE340>
      loss2.grad_fn--->None
      w1.grad_fn--->None
      w2.grad_fn--->None
      b1.grad_fn--->None
      b2.grad_fn--->None

...   --------------------------------------------------------------
      RuntimeError                          Traceback (most recent call last)
      Cell In [11], line 18
          16 loss1.backward()
          17 #请思考, 下面的代码在运行过程中, 为何会出现异常?
      ---> 18 loss2.backward()
          19 #打印4个模型参数的梯度计算函数
          20 print(w1.grad)
```

图 3.11　输出结果

对图 3.11 中的运行结果进行分析可知,代码示例 3-8 中的第 6、7 行执行了 loss1 和 loss2 的计算过程,此时前向传播过程结束。

- loss1 包含梯度计算函数,打印结果是: loss1.grad_fn---><PowBackward0 object at 0x0000020FBD5CB070>。
- 由于计算 loss2 的前向传播过程中不存在属性"requires_grad"为 True 的张量,因此 loss2 无须计算梯度,自然不会有梯度计算函数,所以 loss2 的梯度计算函数打印结果为 loss2.grad_fn--->None。

另外,模型的 4 个参数 w_1、w_2、b_1 和 b_2 仍然没有梯度值,打印结果为

```
w1.grad_fn---> None
w2.grad_fn---> None
b1.grad_fn---> None
b2.grad_fn---> None
```

根据上述实验结果可知,只有"后向传播"过程执行后,属性"requires_grad"为 True 的张量 w_1 才会得到梯度值,而 b_1、w_2 和 b_2 仍然不会得到梯度值。

在图 3.11 中,"RuntimeError"清楚地表明第 18 行代码发生运行时错误。这是由于 loss2 没有梯度计算函数,因此执行后向传播过程出现了错误。那么将第 18 行代码注释掉,然后再次运行,则程序运行结果如图 3.12 所示。

如图 3.12 所示,loss1 调用 backward()后,模型参数 w_1 的梯度值为 tensor([-28.6057]),由于其他三个模型参数 w_2、b_1 和 b_2 没有显式设置其"requires_grad"属性值为 True,因此这三个模型参数不具有梯度计算函数,也未获得梯度值。

```
loss1.grad_fn--->⟨PowBackward0 object at 0x00000265DADC3A30⟩
loss2.grad_fn--->None
w1.grad_fn--->None
w2.grad_fn--->None
b1.grad_fn--->None
b2.grad_fn--->None
tensor([-28.6057])
None
None
None
```

图 3.12 输出结果

验证 PyTorch 自动计算得到的梯度值与手工计算得到梯度值是否相等,代码如下。

```
1   #代码示例 3-9
2   #初始化模型参数
3   w1 = torch.randn(1, requires_grad = True)
4   b1 = torch.randn(1, requires_grad = False)
5   def forward1(x):
6       global w1, b1
7       return w1 * x + b1
8   predict1 = forward1(x)
9   loss1 = (y - predict1) ** 2
10  loss1.backward()
11  #手工计算模型参数 w1 的偏导值 mpd1,并与 w1.grad 比较
12  wpd = (w1 * x + b1 - y) * 2 * x        #计算 loss/m 偏导数
13  print(wpd == w1.grad)
```

上述代码运行的输出结果为 True,表明 PyTorch 自动计算的梯度值与手动计算的梯度值完全一致。借助 PyTorch 框架对模型参数梯度的自动管理,不仅有效简化了手动计算梯度的复杂过程,还使得在大规模多层神经网络中实现梯度的自动计算成为可能。这种特性显著提升了开发效率,同时降低了出错概率,为深度学习模型的快速构建与优化提供了强有力支持。

3. 多层网络的梯度计算

为了简化问题描述,我们给出一个只包含两个神经元的多层网络。两个神经元对应的前向传播函数分别为 forward1 和 forward2,如图 3.13 所示。

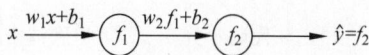

图 3.13 一个简单的多层神经网络

在图 3.13 中,前向传播过程(forward)分为两步,分别是

$$f_1 = \text{forward1}(x) = w_1 x + b_1$$
$$f_2 = \text{forward2}(f_1) = w_2 f_1 + b_2$$

在函数 forward2(z)中,其输入数据 z 为 forward1(x)的输出结果 f_1。多层神经网络的梯度计算代码如下。

```
1   #代码示例 3-10
2   #初始化模型参数
3   w1 = torch.randn(1, requires_grad = True)
4   b1 = torch.randn(1, requires_grad = True)
5   w2 = torch.randn(1, requires_grad = True)
6   b2 = torch.randn(1, requires_grad = True)
7   #定义前向传播函数
```

```
8    def forward1(x):
9        global w1, b1
10       return w1 * x + b1
11   def forward2(z):
12       global w2, b2
13       return w2 * z + b2
14   #1.前向传播,构建计算图
15   f1 = forward1(x)
16   f2 = forward2(f1)
17   #2.构造损失(代价)函数
18   loss = (y - f2) ** 2
19   #3.查看梯度计算函数
20   print(f'loss.grad_fn--->{loss.grad_fn}')
21   #4.后向传播
22   loss.backward()
23   print(w1.grad)
24   print(w2.grad)
25   print(b1.grad)
26   print(b2.grad)
```

程序运行结果如图 3.14 所示。

```
···  loss.grad_fn---><PowBackward0 object at 0x0000020FBD5A36D0>
     tensor([-33.6368])
     tensor([44.0505])
     tensor([-16.8184])
     tensor([-16.4741])
```

图 3.14   程序运行结果

在图 3.14 中,张量 loss 获得梯度计算函数,w_1、b_1、w_2 和 b_2 得到其梯度值,分别为 $-33.6368,44.0505,-16.8184$ 和 -16.4741。

4. 梯度清空

在 PyTorch 中,求解张量的梯度的方法是 torch.autograd.backward,若多次运行该函数,会将计算得到的梯度累加起来,代码如下。

```
1    #代码示例 3-11   梯度清空
2    #定义张量 w,其 requires_grad = True
3    w = torch.ones(4, requires_grad = True)
4    x = 2
5    #将 x 作为输入,两个前向传播过程 y 和 z
6    y = (w * x + 1).sum() #sum()的原因是:只能对标量调用 backward()
7    z = (w * x).sum()
8    print(w)
9    print(y)
10   print(z)
```

程序运行结果如图 3.15 所示。

```
···  tensor([1., 1., 1., 1.], requires_grad=True)
     tensor(12., grad_fn=<SumBackward0>)
     tensor(8., grad_fn=<SumBackward0>)
```

图 3.15   程序运行结果

此时,尝试分别调用张量 y 和 z 的 backward()方法,由于 y 和 z 并非损失函数,所以此时的后向传播是没有任何意义的,我们只是观察由 y 得到的 w 的梯度值 w.grad,以及由 z 得到的 w 的梯度值 w.grad,代码如下。

```
1   #代码示例 3-12　调用 y 和 z 的后向传播(自动计算梯度)
2   y.backward()
3   print("dy/dw 导数:", w.grad)
4   z.backward()
5   print("dz/dw 导数:", w.grad)
```

程序运行结果如图 3.16 所示。

根据图 3.16 中的结果,可知如果对张量 y 和 z 分别求 w 的梯度,关于 w 的梯度计算值会累加到 w.grad 中。因此,计算张量 w 的梯度之后,需要进行梯度清空,避免下次计算梯度累加,代码如下。

```
1    #代码示例 3-13
2    #首先定义张量 x,其 requires_grad = True
3    w = torch.ones(4, requires_grad = True)
4    x = torch.tensor(2.0)
5    #将 x 作为输入,两个前向传播过程,结果赋值给 y 和 z
6    y = (w * x + 1).sum() #sum()的原因是: 只能对标量调用 backward()
7    z = (w * x).sum()
8    y.backward()
9    print("dy/dw 导数:", w.grad)
10   #梯度清空
11   w.grad.zero_()
12   z.backward()
13   print("dz/dw 导数:", w.grad)
```

程序运行结果如图 3.17 所示。

```
… dy/dw导数: tensor([2., 2., 2., 2.])
   dz/dw导数: tensor([4., 4., 4., 4.])
```

图 3.16　程序运行结果 1

```
… dy/dw导数: tensor([2., 2., 2., 2.])
   dz/dw导数: tensor([2., 2., 2., 2.])
```

图 3.17　程序运行结果 2

根据图 3.17 中的程序运行结果可知,执行梯度清空操作可以有效避免梯度的累积现象。这一点在预测模型的训练过程中尤为重要,由于训练需要通过大量样本进行循环迭代计算,如果未及时清空梯度,可能导致梯度累积影响模型的优化过程。因此,在每次迭代中,确保梯度被正确清空是深度学习训练中的关键步骤之一。

3.2.6　模型训练中的优化问题

根据前面章节学习的知识,从某种视角来看,神经网络可以视为一个非常复杂且有大量参数的复合函数(函数链条)。利用 PyTorch 框架,可以有效管理预测模型中的参数,在前向传播过程中,会将每个 requires_grad 属性为 True 的模型参数的操作顺序和依赖关系依次记录,并在后向传播过程中,逐一计算参数的梯度,并更新该参数。模型训练过程实际上就是不断迭代更新模型参数的过程。在后向传播阶段,梯度下降算法被用来计算每个模型参数的梯度方向,并沿着反方向逐步调整参数,目标是使损失函数的值达到最小,这意味着模型在训练过程中,会不断地朝着最优模型参数的方向前进。梯度下降过程如图 3.18 所示。

视频讲解

通常来说,可以将梯度下降算法类比为一个人下山的过程。假设一个人被困在山上,需要尽快下山到达谷底。然而,由于大雾弥漫,视野受到限制,无法看清楚下山的路径。只能依靠身边的地形来摸索前进的方向。由于下山的起点是随机的,加上只能沿着局部可见的坡度向下移动,因此很容易被困在一个山坳里,误以为自己已经到达了最低点,而实际上还没有走到真正的山谷底部。

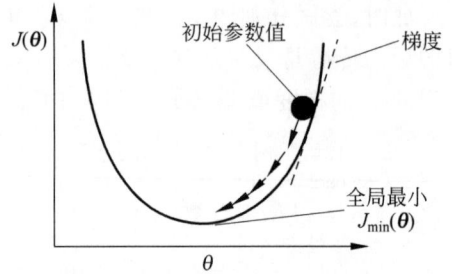

图 3.18　梯度下降过程

这种情况通常被称为"陷入局部最优",即虽然找到了一条看似不错的路径,但并未达到全局最优的目标,如图 3.19 所示。

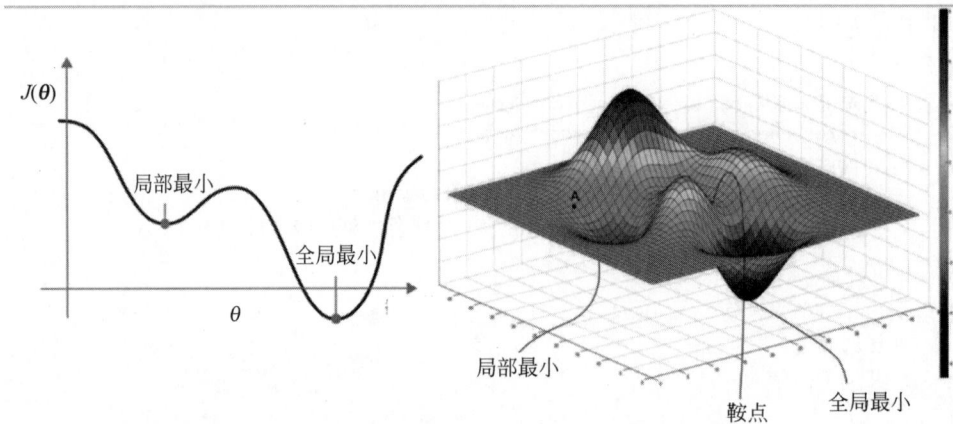

图 3.19　梯度下降过程中的局部最小和全局最小点

如图 3.19 所示,由于模型参数 θ 的初始值通常为随机数,所以如果起始点落入二维图中的"局部最小"区域,或三维图中的"鞍点"周边或"局部最小"区域,使用梯度下降算法,可能会始终无法摆脱困境,而陷入局部最优之中。

为了避免在训练过程中陷入局部最优的窘境,研究者们提出了一些有效的策略或方法来优化模型训练过程,统称为"优化方法"。

在 PyTorch 中,目前提供了多种优化器,它们能够帮助我们在模型训练中避免陷入局部最优,找到更优的参数,从而提升训练的效率,以及模型的性能。

1. 常见的 PyTorch 优化器

在 PyTorch 中,优化器(Optimizer)的主要作用是通过不断调整模型参数来最小化损失函数,从而提高模型的性能。优化器可以被看作一种管理工具,专门负责根据预定的优化策略更新模型参数权重,以实现自动和高效的模型训练过程。

PyTorch 提供了多种优化器,每种优化器都具有不同的参数更新策略,以适应不同类型的模型和任务需求。常见的优化器有以下几种。

1) 随机梯度下降

SDG(Stochastic Gradient Descent)是最简单且广泛使用的一种优化器。它在每次迭代中根据当前的梯度信息更新参数。定义如式(3-14)所示。

$$\boldsymbol{\theta} = \boldsymbol{\theta} - \alpha \cdot \nabla_{\boldsymbol{\theta}} J(\boldsymbol{\theta}) \tag{3-14}$$

式中：$\boldsymbol{\theta}$——模型参数；

　α——学习率；

　$J(\boldsymbol{\theta})$——损失函数。

2）动量法

在 SGD 的基础上引入了"动量"，使参数更新时不仅考虑当前梯度，还考虑之前的梯度积累。定义如式(3-15)所示。

$$\boldsymbol{\theta} = \boldsymbol{\theta} - \alpha \cdot v_t, \quad v_t = \gamma \cdot v_{t-1} + \nabla_{\boldsymbol{\theta}} J(\boldsymbol{\theta}) \tag{3-15}$$

式中：v_t——当前的动量项；

　γ——动量因子。

3）均方根传播

RMSProp(Root Mean Square Propagation)对每个参数使用不同的学习率，它根据过去的梯度信息动态调整学习率，适合处理非平稳的目标函数。定义如式(3-16)所示。

$$\boldsymbol{\theta} = \boldsymbol{\theta} - \alpha \cdot \frac{\nabla_{\boldsymbol{\theta}} J(\boldsymbol{\theta})}{\sqrt{E[g^2]} + \grave{o}} \tag{3-16}$$

式中：$E[g^2]$——梯度平方的滑动平均值；

　$\grave{o}$——防止分母为零的数值较小常数，通常取值为 10^{-8}。

4）自适应矩估计

Adam 是一种自适应学习率的优化算法，结合了动量法和 RMSProp 的优点，能够适应不同特征的学习速率。定义如式(3-17)所示。

$$\theta_t = \theta_{t-1} - \alpha \cdot \frac{\hat{m}_t}{\sqrt{\hat{v}_t} + \grave{o}} \tag{3-17}$$

式中：$\hat{m}_t$——一阶矩的估计值；

　$\hat{v}_t$——二阶矩的估计值。

2．损失函数

在机器学习中，损失函数和优化器是模型训练过程中的两个关键组件，它们在模型训练过程中扮演着关键角色。损失函数用于衡量模型预测值与真实值之间的差异，是模型优化的目标；优化器则负责根据损失函数提供的梯度信息调整模型参数，从而逐步逼近最优解。

优化器的设计和选择往往受到损失函数的影响。不同的损失函数具有不同的梯度特性，如梯度大小、梯度分布的不均衡性等。这些特性直接影响优化器在更新参数时的效率和稳定性。因此，在实际应用中，为了获得理想的训练效果，需根据具体任务合理选择损失函数和优化器的组合，以充分发挥二者的协同作用。以下是一些常见的损失函数和优化器的组合建议。

1）均方误差

MSE 是一种常用的回归任务损失函数，特别适用于目标变量为连续值的情况。其核心思想是通过计算预测值与真实值之间的平方差来衡量模型的预测误差，并将所有误差取平均值。在 PyTorch 框架中，均方误差通过 torch. nn. MSELoss()实现。

常用的优化器包括：

- SGD 常用于简单的回归问题。
- Adam 能够自适应调整学习率,通常收敛会更快,常用于复杂的回归任务中。

2) 交叉熵损失

交叉熵损失适用于分类任务,包括多元交叉熵(Categorical Cross-Entropy,CE)损失和二元交叉熵(Binary Cross-Entropy,BCE)损失,分别对应多分类(激活函数 Softmax)和二分类(激活函数 Sigmoid)。

在 PyTorch 框架中,多分类损失函数定义为 torch. nn. CrossEntropyLoss(),二分类损失函数定义为 torch. nn. BCELoss()。

常用的优化器包括：

- Adam 优化器通常在多分类任务中表现稳定且收敛速度快。
- Momentum 帮助加速 SGD 的收敛,因此适用于一些大型数据集的情况。
- RMSprop 对具有不同梯度尺度的分类任务表现良好。

3) 绝对误差

绝对误差(MAE)适用于回归任务,尤其是当数据中有许多异常值的情况。这是因为 MSE 将误差平方处理,对较大的误差惩罚更重,因此异常值可能对模型训练产生较大影响,导致模型过度拟合这些异常值,降低了整体性能。而 MAE 只计算误差的绝对值,能够更好地抵御异常值的影响,使模型更关注数据的整体趋势,提升模型的鲁棒性。在 PyTorch 框架中的定义形式为 torch. nn. L1Loss()。

常用的优化器包括：

- 对于绝对误差损失函数,Adam 的自适应学习率调节可以带来较好的效果。
- SGD 在一定程度上也能提供很好的适应性,但可能需要更精细的学习率调整。

4) KL 散度

KLD(Kullback-Leibler Divergence)是一种常用的损失函数,通常用于生成模型中的分布匹配任务,例如,变分自编码器(Variational Autoencoder,VAE)中用来度量两种概率分布之间的差异。在 PyTorch 框架中的定义形式为 torch. nn. KLDivLoss()。

常用的优化器包括：

- Adam 能够稳定训练过程并加速收敛。
- RMSprop 通常在分布匹配任务中也表现良好。

5) 自定义损失函数

通常来说,标准损失函数(如均方误差、交叉熵损失等)能够满足大部分机器学习任务的需求。然而,对于某些特殊的任务或模型,标准损失函数可能无法满足其特定需求。在这种情况下,需要自定义损失函数。

常用的优化器包括：

- Adam 通常是一个通用且有效的选择,适用于多种自定义损失函数。
- Momentum 也常用于特定的自定义损失函数,但可能需要对 SGD 进行调优。

综合来说,Adam、SGD 和 RMSprop 是较常使用的优化器,其中,Adam 具有自适应学习率和动量特性,是一个通用且有效的优化器,适用于大多数损失函数和任务;SGD 特别适用于需要细粒度控制学习率的任务,并且在大规模数据集上表现稳定;RMSprop 对处理不同梯度尺度的任务表现良好,适合于一些特定的损失函数。

选择合适的损失函数和优化器组合需要根据具体的任务和数据来确定。实验和调优是找到最佳组合的重要步骤。

3. 模型训练与优化

通过学习 PyTorch 框架中定义的损失函数和优化器,可以对 3.2.4 节中的房价预测算法进行重新设计与编码。具体来说,利用合适的损失函数与优化器,可以更高效地优化模型的训练过程,提高预测性能。以下是重新设计的代码示例。

```
1    #代码示例 3-14   利用 f(x) = wx + b 预测房屋的真实价格(一)
2    import numpy as np
3    import torch
4    import torch.nn as nn
5    #样本数据
6    data = np.array([
7            [80, 200],
8            [95, 230],
9            [104, 245],
10           [112, 247],
11           [125, 259],
12           [135, 262]]
13   )
14   #初始化参数
15   Xs = torch.tensor(data[:, 0], dtype = torch.float32)
16   Ys = torch.tensor(data[:, 1], dtype = torch.float32)
17   w = torch.randn(1, dtype = torch.float32, requires_grad = True)
18   b = torch.randn(1, dtype = torch.float32, requires_grad = True)
19   #定义前向传播函数
20   def forward(x):
21       return w * x + b
22   #定义损失函数和优化器
23   lossFun = nn.MSELoss()
24   learning_rate = 0.00001
25   epoches = 5000000
26   optimizer = torch.optim.SGD([w, b], lr = learning_rate)
27   #开始模型训练
28   for epoch in range(epoches):
29       #1.前向传播
30       y_pre = forward(Xs)
31       #2.计算损失
32       loss = lossFun (Ys, y_pre)
33       #3.后向传播(计算梯度)
34       loss.backward()
35       #4. 优化器进行更新权重
36       optimizer.step()
37       #5.优化器来清空梯度
38       optimizer.zero_grad()
39       if epoch % 1000000 == 0:
40           print(f"epoch:{epoch}, w = {w.item():.8f},b = {b.item():.8f},loss = {l:.8f}")
```

最终运行结果,得到的最优参数为 $w = 1.147\,982$,$b = 115.753\,219\,6$,此时,损失函数值最小值 loss $= 44.190\,418\,24$。

基于本节的学习内容,读者可以尝试在模型训练过程中应用不同的优化策略。例如,调整模型参数的初始值、修改超参数(如学习率或批量大小),或更换优化器(如使用 Adam 或 RMSProp 等)。通过对代码的调整和实验,探索是否能够获得性能更优的预测模型,使损失值进一步降低,并加深对训练过程和优化方法的理解。

4．PyTorch 中的组件

PyTorch 提供了许多功能强大的组件,包括全连接层、卷积神经网络和循环神经网络等。这些组件具有高度灵活性,能够帮助研究人员和工程师轻松构建从简单到复杂的神经网络模型,从而满足多样化的任务需求。

得益于其灵活的设计和强大的功能,PyTorch 广泛应用于计算机视觉、自然语言处理等领域,成为深度学习研究与实际应用中的重要工具。无论是快速原型开发还是复杂模型的部署,PyTorch 都能够提供高效的支持。

本节将介绍 PyTorch 中最基础和重要的组件之一——全连接层(又称线性层)。在 PyTorch 中,全连接层由 torch. nn. Linear()定义,用于实现简单的线性变换,如式(3-18)所示。

$$f(\boldsymbol{x}) = \boldsymbol{x}\boldsymbol{W}^{\mathrm{T}} + \boldsymbol{b} \tag{3-18}$$

式中：$\boldsymbol{W}$——二维权重矩阵；

　　　$\boldsymbol{b}$——偏置向量；

　　　$\boldsymbol{x}$——输入数据。

注意,在式(3-18)中,$\boldsymbol{W}$ 是二维的权重矩阵,两个维度的长度分别对应输入数据 $\boldsymbol{x}$ 的维度 r 和输出结果 $f(\boldsymbol{x})$ 的维度 c,如图 3.20 所示。

使用 torch. nn. Linear(in_features,out_features)来创建线性层时,其构造函数包含以下两个关键参数。

	c列		
$w_{1,1}$	$w_{1,2}$	$\cdots$	$w_{1,c}$
$w_{2,1}$	$w_{2,2}$	$\cdots$	$w_{2,c}$
$\cdots$	$\cdots$	$\cdots$	$\cdots$
$w_{r,1}$	$w_{r,2}$	$\cdots$	$w_{r,c}$

图 3.20　$\boldsymbol{W}$ 权重矩阵

- in_features：输入数据的维度,即输入张量包含数据(特征)的个数。
- out_features：输出特征的维度,即线性变换后输出张量包含数据(特征)的个数。

由此可知：

- 输入数据 $\boldsymbol{x}$ 的维度：$(\cdots,\text{in\_feature})$。
- 参数矩阵 $\boldsymbol{W}$ 的维度：$(\text{in\_feature},\text{out\_feature})$。
- 输出结果 $f(\boldsymbol{x})$ 的维度：$(\cdots,\text{out\_feature})$。

例如,torch. nn. Linear(10,5)表示输入数据 $\boldsymbol{x}$ 包含 10 个特征,经过线性变换后输出结果 $f(\boldsymbol{x})$ 包含 5 个特征,且模型参数 $\boldsymbol{W}$ 的矩阵形状为(10,5)。

下面将使用 PyTorch 提供的全连接层组件 torch. nn. Linear()对房价预测的实现代码进行改写。通过 torch. nn. Linear(),可以直接实现输入与输出之间的线性映射,进一步简化代码结构并提高代码可读性,使得模型的定义更加清晰和模块化。代码如下。

```
1    # 代码示例 3 - 15　利用 f(x) = wx + b,预测房屋的真实价格(二)
2    import numpy as np
3    import torch
4    import torch. nn as nn
5    # 样本数据
6    data = np. array([[80, 200], [95, 230], [104, 245], [112, 247], [125, 259], [135, 262]])
7    # 初始化参数
8    Xs = torch. tensor(data[:, 0], dtype = torch. float32). view( - 1, 1)
```

```
9      Ys = torch.tensor(data[:, 1], dtype = torch.float32).view(-1, 1)
10     #定义全连接层对象
11     linear = torch.nn.Linear(1, 1)              #输入维度是一维的面积,输出维度是一维的房价
12     #定义前向传播函数
13     def forward(x):
14         return linear(x)
15     #定义损失函数和优化器
16     lossFunc = nn.MSELoss()
17     learning_rate = 0.00001
18     epoches = 5000000
19     optimizer = torch.optim.SGD(linear.parameters(), lr = learning_rate)
20     #开始模型训练
21     for epoch in range(epoches):
22         #1.前向传播
23         y_pre = forward(Xs)
24         #2.计算损失
25         loss = lossFunc (Ys, y_pre)
26         #3.后向传播(计算梯度)
27         loss.backward()
28         #4.优化器进行更新权重
29         optimizer.step()
30         #5.优化器来清空梯度
31         optimizer.zero_grad()
32         if epoch % 20000 == 0:
33             #从 linear 对象中获取当前的权重和偏置
34             w, b = linear.weight.item(), linear.bias.item()
35             print(f"epoch:{epoch}, w = {w:.8f}, b = {b:.8f}, loss = {loss:.8f}")
```

上述代码中,第 8、9 行通过 view(-1, 1)操作进行维度对齐,将 Xs 和 Ys 转换为二维张量,形状为(n_samples,1),确保输入和输出数据的维度符合 PyTorch 的要求。

对于.view(-1, 1)中的两个参数:

- -1 表示将自动推断张量在第一个维度上的大小,以匹配原始数据的总长度。
- 1 表示第二个维度固定为 1,即每个样本对应一个目标值。

代码第 19 行中的 linear. parameters()是一个可迭代对象,包含模型中所有可训练的参数。通过将模型 linear 的参数传递给优化器,优化器可以在训练过程中自动管理这些参数,以简化编程过程。

由于线性函数被 torch. nn. Linear()对象替代,为了方便打印模型权重 w 和偏置 b,在第 34 行代码中,通过 linear. weight 和 linear. bias 获取当前的权重 w 和偏置 b,并在第 35 行打印其内容。这样有助于对模型的参数变化进行追踪和理解,确保权重和偏置的正确性。

最后,本书将为读者介绍一个 PyTorch 中的重要组件"torch. nn. Module",是 PyTorch 中所有神经网络模块的基类。无论是构建简单的线性层,还是设计复杂的卷积神经网络,都可以通过继承 torch. nn. Module 来实现。

通过继承 torch. nn. Module 类,用户可以轻松定义、组织和管理复杂的神经网络模型。其模块化的设计大大提高了代码的可读性和可维护性,同时简化了参数管理和前向传播的实现。无论是用于分类、回归,还是其他深度学习任务,torch. nn. Module 都提供了强有力的支持。

在后续章节中,将详细介绍核心组件 torch. nn. Module,并在之后的学习中使用它。

3.2.7 神经网络类

在使用 PyTorch 建立自定义神经网络类时，通常需要继承 nn. Module 类。在自定义类中，需要重写两个主要方法：构造函数(__init__)和前向传播函数(forward)。具体代码如下。

```
1  #代码示例 3-16  神经网络类的定义
2  class Model(nn.Module):
3      #初始化方法用于模型参数传递和模型中的组件定义
4      def __init__(self):
5      #前向传播,用于构建动态计算图
6      def forward(self, x):
```

在自定义神经网络类中，构造函数主要用于定义网络的各个层及其参数，为前向传播过程做准备；而前向传播函数则负责实现输入数据在网络中的传递和计算，完成模型的推理过程。

1. 定义神经网络类

为了更好地理解神经网络的构建过程，接下来以房价预测为例，定义一个简单的神经网络类实现。在这个例子中，将使用 PyTorch 来构建一个基础的神经网络模型，并通过继承 nn. Module 类来定义神经网络的结构。具体实现代码如下。

```
1   #代码示例 3-17  构建自定义神经网络类,并创建模型对象
2   import torch
3   #自定义神经网络类,继承 torch. nn. Module
4   class MyModel(torch.nn.Module):
5       #构造函数,其中,in_features 和 out_features 分别指定输入数据和输出数据的维度
6       def __init__(self, in_features, out_features):
7           super(MyModel, self).__init__()
8           #构建线性层
9           self.linear = torch.nn.Linear(in_features, out_features)
10      #向前传播,构建计算图
11      def forward(self, x):
12          out = self.linear(x)
13          return out
14  #输入数据维度
15  input_len = 1
16  #输出数据维度
17  output_len = 1
18  #创建自定义神经网络类 MyModel 的对象 model
19  model = MyModel(input_len, output_len)
20  #打印该模型对象的主要结构
21  print(model)
22  #打印所有命名对象
23  for name, param in model.named_parameters():
24      print(f"Name: {name}, Shape: {param.shape}, Values: {param.data}")
```

在上述代码中：

- 第 3~13 行自定义了神经网络类 MyModel，并在构造函数中定义了一个实例属性 (线性层)self. linear，该线性(全连接)层通过 torch. nn. Linear(in_features, out_ features)创建。其中,in_features 和 out_features 分别指定输入数据和输出数据的维度。

- 建立模型对象 model 后,第 21 行用于打印该模型对象的主要结构,目前只包含一个 torch.nn.Linear 对象(包括该对象的输入、输出维度等信息)。
- 第 23 行中,模型 model 的 named_parameters()方法将返回所有命名对象,并依次取出每个命名对象的名称和对象属性。
- 第 24 行,将依次打印模型中参数的名称、形状(shape)和参数值,如图 3.21 所示。

```
MyModel(
  (linear): Linear(in_features=1, out_features=1, bias=True)
)
Name: linear.weight, Shape: torch.Size([1, 1]), Values: tensor([[-0.7367]])
Name: linear.bias, Shape: torch.Size([1]), Values: tensor([0.9223])
```

图 3.21 模型结构和命名参数对象列表

2. 生成模拟数据

在实际应用中,模型的训练通常需要大量的样本数据。为了便于实验并快速获取更多样本数据,本节将介绍如何使用机器学习库 Scikit-learn(简称 sklearn)中的工具生成线性回归模拟数据。

下面将利用 datasets.make_regression 方法生成一组包含 100 个样本的线性回归数据,并通过 Matplotlib 对生成的数据进行可视化。以下代码展示了具体实现过程。

```
1   #代码示例 3-18  利 sklearn 库生成模拟数据
2   import numpy as np
3   from sklearn import datasets
4   import matplotlib.pyplot as plt
5   #随机生成 100 个带噪声的线性回归样本点
6   X, Y = datasets.make_regression(n_samples = 100, n_features = 1, noise = 20, random_state = 12)
7   plt.plot(X, Y, "ro")      #红色圆点
8   plt.show()
```

上述代码的第 6 行,调用 sklearn 库中的 datasets 类的 make_regression 方法生成 100 个样本,其中参数:

- noise=20,表示在目标值(因变量)中加入正态分布噪声(大小为 20,取值范围为 0～100)。
- random_state=12,用于设置随机种子值为 12,从而确保生成的随机数据在每次运行时保持一致。这种设置使实验结果具有可重复性,即使随机性本质上是伪随机的。

由于生成样本时引入了噪声,因此生成的数据点将围绕回归线分布,而不是完美地落在回归线上,运行结果如图 3.22 所示。

通常来说,当 noise 的值较低时,利用 make_regression 方法生成样本数据将更接近线性分布,数据点会集中在回归线附近,此时线性回归模型更容易拟合;当 noise 的值较高时,生成的数据将包含更多的随机波动,数据点将分布得更为散乱,回归线的拟合难度增加,这种情况更能反映实际数据中的噪声特征。

下面尝试将 noise 值设置为 0,以验证这些点是否能够完美地落在回归线上,代码如下。

```
1    #代码示例 3-19   随机生成 100 个无噪声线性回归样本点
2    X0, Y0 = datasets.make_regression(n_samples = 100, n_features = 1, noise = 0, random_
     state = 12)
3    plt.plot(X0, Y0, "ro")        #红色圆点
4    plt.show()
```

程序运行结果如图 3.23 所示。

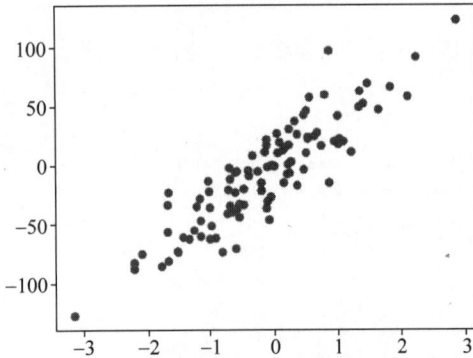

图 3.22   sklearn 生成 100 个带噪声
的线性回归样本点

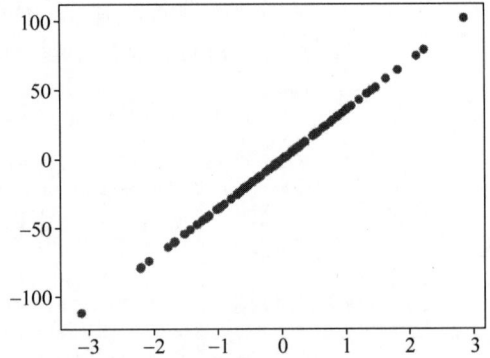

图 3.23   sklearn 生成 100 个无噪声的
线性回归样本点

在使用 sklearn 库生成线性回归模拟数据时,需要注意生成的数据类型与 PyTorch 默认的数据类型存在差异。为了将这些数据应用于 PyTorch 的训练过程,必须进行相应的数据类型转换。以下是修改后的代码示例。

```
1    #代码示例 3-20
2    import torch
3    #将 NumPy 的数据类型转成 tensor
4    Xs = torch.from_numpy(X.astype(np.float32))
5    Ys = torch.from_numpy(Y.astype(np.float32)).view(-1, 1)
6    #查看 Xs 和 Ys 将 NumPy 的数据类型转成 tensor
7    print(f'X.shape:{X.shape}')
8    print(f'Y.shape:{Y.shape}')
9    print(f'Xs.shape:{Xs.shape}')
10   print(f'Ys.shape:{Ys.shape}')
```

在上述代码中:

• 第 4、5 行代码将 NumPy 格式的数据转换为 PyTorch 的张量类型(torch.Tensor)。

• 第 5 行代码在将 NumPy 格式的数据转换为 PyTorch 的张量类型后,进行了维度对齐操作,Ys 获得与 Xs 完全相同的二维张量形状,以确保输入和输出数据的维度符合要求。

最终运行结果如图 3.24 所示。

对于房价预测模型,房屋特征数据通常会包含多个维度,例如,"面积""地段""楼层"等。但是,为了简化问题和便于理解,当前模型的输入

```
···  X.shape:(100, 1)
     Y.shape:(100,)
     Xs.shape:torch.Size([100, 1])
     Ys.shape:torch.Size([100, 1])
```

图 3.24   线性回归模拟数据的维度

数据仅包含一个数据特征——"面积"。通过这种简化处理,可以专注于单一特征"面积"对目标值"房价"的影响,使学习者更直观地理解模型的基本原理和运行机制。因此,100 个面积数据构成输入数据集 X,其 shape 为(100,1),而输出的房价预测值默认只有一个维度"价

格",因而这里对应的 100 个价格数据构成标记数据集 Y,其 shape 为(100,)。

由于 X 和 Y 的 shape 不一致,需要进行维度对齐。因此,在使用 PyTorch 封装 X 和 Y 为张量后,代码第 5 行利用.view(-1,1)将 Y 的维度从一维提升到二维(100,1),否则在计算损失时,会因为维度问题而提示错误。

3. 模型训练与预测

在使用自定义的神经网络类 MyModel 创建预测模型 model 后,需继续创建损失函数对象 lossFun 和优化器对象 optimizer。接着,利用生成的 100 个模拟线性回归数据样本 (Xs,Ys)对模型进行训练。以下是完整的代码实现。

```
1   #代码示例 3-21
2   import torch
3   #1.搭建自己的神经网络,并创建模型对象
4   class MyModel(torch.nn.Module):
5       #初始化函数,根据参数,定义神经网络的组件
6       def __init__(self, in_features, out_features):
7           super(MyModel, self).__init__()
8           self.linear = torch.nn.Linear(in_features, out_features)
9       #前向传播,构建计算图
10      def forward(self, x):
11          out = self.linear(x)
12          return out
13  input_len = 1
14  output_len = 1
15  model = MyModel(input_len, output_len)
16  #2.定义损失(代价)函数 loss
17  lossFun = torch.nn.MSELoss()
18  #3.定义优化器 optimizer,利用其管理模型参数
19  optimizer = torch.optim.SGD(model.parameters(),lr = 0.1)
20  #4.模型训练
21  epoches = 100
22  for epoch in range(epoches):
23      #4.1 通过 model(Xs) 调用 forward,前向传播,构建计算图
24      pred = model(Xs)
25      #4.2 利用 loss(Ys, pred)计算模型的损失
26      loss = lossFun(Ys,pred)
27      #4.3 利用 loss.backward() 进行后向传播,计算模型的梯度
28      loss.backward()
29      #4.4 利用 optimizer.step() 更新权重
30      optimizer.step()
31      #4.5 利用 optimizer.zero_grad() 清空梯度
32      optimizer.zero_grad()
33      #打印结果
34      if epoch % 10 == 0:
35          w,b = model.parameters()
36          print(f"loss = {loss.item():.8f},w = {w.item():.4f},b = {b.item()}")
```

程序运行结果如图 3.25 所示。

在代码示例 3-21 中,所设置的超参数 epoches=100,lr=0.1,显然不够合理。此外,由于样本数据中存在 20%的噪声,这也导致了最终的损失值(loss)较高。读者可以根据所学

```
…   loss=2098.71704102,w=8.3272,b = -1.5836896896362305
    loss=411.81124878,w=35.8880,b = -2.5938704013824463
    loss=399.67202759,w=38.2142,b = -1.7533917427062988
    loss=399.52005005,w=38.4426,b = -1.5776232481002808
    loss=399.51748657,w=38.4682,b = -1.5498062372207642
    loss=399.51745605,w=38.4714,b = -1.545767068862915
    loss=399.51742554,w=38.4718,b = -1.5452003479003906
    loss=399.51742554,w=38.4718,b = -1.5451213121414185
    loss=399.51742554,w=38.4718,b = -1.5451111793518066
    loss=399.51742554,w=38.4718,b = -1.5451104640960693
```

图 3.25　程序运行结果 1

知识,调整超参数设置,以优化训练过程并降低损失值。

当训练完成后,可以利用模型的预测结果绘制回归直线,以直观展示线性回归模型的拟合效果,代码如下。

```
1  # 代码示例 3-22  使用模型进行预测
2  with torch.no_grad():
3      predicted = model(Xs).numpy()
4  # 打印样本点和预测曲线,进行比较
5  plt.plot(X, Y, "ro")              # 红色样本点
6  plt.plot(X, predicted,"b")        # 蓝色样本点连成一条直线
7  plt.show()
```

上述代码中的第 2 行 with torch.no_grad(),使用上下文管理器 with 禁用梯度计算。该功能在模型预测阶段非常实用且重要,这是因为在模型预测过程中无须进行"后向传播",自然就不需要计算梯度。禁用梯度计算可以有效提高计算效率和减少内存消耗。运行结果如图 3.26 所示。

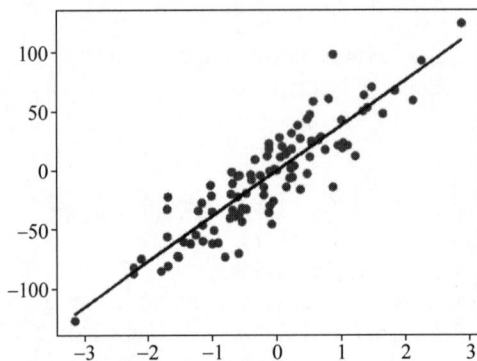

图 3.26　程序运行结果 2

3.3　学习案例 2:乳腺癌预测

在机器学习中,回归和分类是两种常见的任务类型。通常情况下,回归的目标是通过输入数据预测一个连续值,如房价、温度或股票价格等。而分类的目标则是将输入数据分配到预定义的类别中,例如,判断邮件是否为垃圾邮件,或识别图片中的物体类别。本节将通过一个基于多特征数据的二分类案例,详细讲解二分类模型的实现过程。本节重点学习的内容包括:

- 如何处理外部数据文件。
- 数据集划分与标准化。
- 构建基于多特征的二分类神经网络。

3.3.1　数据处理

1. 读取数据文件

在机器学习和数据分析领域,公共数据集或专业领域的数据文件通常以 .csv 文件格式进行存储(逗号分隔值文件)。对于 .csv 文件,通常使用 pandas 库来进行读取和处理。下面给出一个读取 .csv 文件的代码示例。

```
1  #代码示例 3-23
2  import pandas as pd
3  #预测乳腺癌样本数据文件为 CSV 格式,使用 pandas 对数据集合进行加载
4  df = pd.read_csv("./data/breast_cancer.csv")
5  #打印读取的数据对象 df
6  print(df)
```

上述代码运行后,pandas 对象 df 中将包含该 .csv 文件的全部内容,部分打印结果如图 3.27 和图 3.28 所示。

```
        ...   mean radius  mean texture  mean perimeter  mean area  mean smoothness  \
        0        17.99        10.38         122.80        1001.0        0.11840
        1        20.57        17.77         132.90        1326.0        0.08474
        2        19.69        21.25         130.00        1203.0        0.10960
        3        11.42        20.38          77.58         386.1        0.14250
        4        20.29        14.34         135.10        1297.0        0.10030
        ..         ...          ...            ...          ...            ...
        564      21.56        22.39         142.00        1479.0        0.11100
        565      20.13        28.25         131.20        1261.0        0.09780
        566      16.60        28.08         108.30         858.1        0.08455
        567      20.60        29.33         140.10        1265.0        0.11780
        568       7.76        24.54          47.92         181.0        0.05263
```

图 3.27　乳腺癌部分特征数据

```
     |   worst concave points  worst symmetry  worst fractal dimension  target
     0            0.2654          0.4601              0.11890              0
     1            0.1860          0.2750              0.08902              0
     2            0.2430          0.3613              0.08758              0
     3            0.2575          0.6638              0.17300              0
     4            0.1625          0.2364              0.07678              0
     ..             ...             ...                 ...               ...
     564          0.2216          0.2060              0.07115              0
     565          0.1628          0.2572              0.06637              0
     566          0.1418          0.2218              0.07820              0
     567          0.2650          0.4087              0.12400              0
     568          0.0000          0.2871              0.07039              1

     [569 rows x 31 columns]
```

图 3.28　乳腺癌部分特征数据和标记数据

从图 3.27 和图 3.28 可知,该数据集合中共有 569 条数据,每条数据有 30 个和乳腺癌相关的病变特征,最后一列 target 是这 30 个病变特征的患者是否患有乳腺癌的诊断结果,target 列值为 0 表示健康,值为 1 表示患乳腺癌。

此外,还可以通过打印该 df 对象的 shape,以及 df 所包含的列对象 columns 和行对象 index,观察其结果,以便后续进行数据处理,如图 3.29 所示。

```
print(df.shape)
print(df.columns)
print(df.index)
✓ 0.0s

(569, 31)
Index(['mean radius', 'mean texture', 'mean perimeter', 'mean area',
       'mean smoothness', 'mean compactness', 'mean concavity',
       'mean concave points', 'mean symmetry', 'mean fractal dimension',
       'radius error', 'texture error', 'perimeter error', 'area error',
       'smoothness error', 'compactness error', 'concavity error',
       'concave points error', 'symmetry error', 'fractal dimension error',
       'worst radius', 'worst texture', 'worst perimeter', 'worst area',
       'worst smoothness', 'worst compactness', 'worst concavity',
       'worst concave points', 'worst symmetry', 'worst fractal dimension',
       'target'],
      dtype='object')
RangeIndex(start=0, stop=569, step=1)
```

图 3.29 数据集对象 df 的属性

如图 3.29 所示,观察 df 对象的属性:

- 其形状 df.shape 为 569 行,31 列。
- 列对象 df.columns 包含 31 列,其中最后一列为 target。
- 行索引 df.index 的范围为 0～569(不包括 569),步长为 1。

通过了解其结构,可利用 pandas 的切片功能,将表中的特征数据和标记分开,分别获得数据特征集合 X 和标记集合 Y,代码如下。

```
1  #代码示例 3-24
2  #df 每行数据有 30 个乳腺病理特征,最后一列表示是否患有乳腺癌
3  #X 赋值特征数据
4  X = df[df.columns[0:-1]].values
5  #Y 赋值标记数据
6  Y = df[df.columns[-1]].values
7  print(X.shape, Y.shape)
```

上述代码的运行结果为(569,30)(569,)。说明:X 为二维 NumPy 数组,Y 为一维 NumPy 数组。在后续处理过程中,需要注意二者数据维度的不同。

2. 构建数据集

在前述章节中,在评估房价预测模型时,使用了全部的 8 个样本数据,因此训练数据与测试数据完全相同,这种做法其实存在很严重的问题。设想一下,如果考试题目与平时的学习内容完全一致,那么很难准确评估学生的真实学习效果。为了有效检验学生的真实水平,教师会设计与平时练习完全不同的考试内容。只要确保这些测试题不会在平时的练习过程中出现,就能保证测试题能够准确反映学生的实际学习水平。

这一原则在预测模型的评估中同样适用。为确保预测模型评估的有效性,在机器学习任务中,通常会将数据集划分为"训练集"和"测试集"两部分,这样可以使测试数据与训练数据相互独立,从而更真实地反映模型的泛化能力。

通常,可利用 sklearn 库中的 train_test_split 方法,将原数据按比例随机分为训练集和

测试集。代码如下。

```
1   #代码示例 3-25   将数据集按比例随机分为训练集和测试集
2   from sklearn.model_selection import train_test_split
3   #按照 0.8 和 0.2 的比例随机划分数据集合
4   X_train, X_test, Y_train, Y_test = train_test_split(X, Y, test_size = 0.2, random_state =
    1234)
5   print(f'X_train.shape = {X_train.shape}')
6   print(f'Y_train.shape = {Y_train.shape}')
7   print(f'X_test.shape = {X_test.shape}')
8   print(f'Y_test.shape = {Y_test.shape}')
```

在机器学习中,数据集的划分比例取决于具体任务和数据量。"训练集"和"测试集"的划分比例通常采用 70%：30% 或 80%：20%,前者适用于数据量较大的情况,后者适用于对模型泛化能力要求较高的情况。

在代码示例 3-25 中的第 4 行,train_test_split 方法的 test_size 参数值设置为 0.2,将会选取 20% 的数据作为测试集。最终结果分别打印出训练集和测试集的特征数据 X 和标记 Y 的 shape,如图 3.30 所示。

```
X_train.shape=(455, 30)
Y_train.shape=(455,)
X_test.shape=(114, 30)
Y_test.shape=(114,)
```

图 3.30　训练集和测试集的 shape 值

根据图 3.30 可知,共有 569 个数据样本,其中,训练集数据 455 条、测试集数据 114 条。划分比例采用 80%：20%。

3. 数据预处理

在机器学习中,为加速模型的训练过程,通常需要对原始数据进行"标准化"处理。标准化的目的是将数据转换为均值为 0、标准差为 1 的标准正态分布。原始数据标准化处理后,数据中的各个特征值会被缩放到一个统一的尺度,确保不同特征对模型训练的影响程度一致。这在使用像梯度下降这样的优化算法时尤为重要,因为标准化后的数据能够使得梯度计算更加平稳,从而加快模型的收敛速度。

接下来,将通过一个例子来演示如何使用 sklearn.preprocessing 中的 StandardScaler 类对数据进行标准化处理。具体代码如下。

```
1   #代码示例 3-26   对数据集进行标准化
2   from sklearn.preprocessing import StandardScaler
3   #创建标准化对象
4   sc = StandardScaler()
5   #对特征进行标准化
6   X_train_sta = sc.fit_transform(X_train)
7   X_test_sta = sc.fit_transform(X_test)
8   print(X_train[0, :5])
9   print(X_train_sta[0, :5])
```

在上述代码中的第 6、7 行,使用了 sc.fit_transform() 方法对输入数据进行标准化处理。该方法由标准化对象 sc(StandardScaler 的实例对象)完成,主要包含以下两个步骤。

- 计算数据的统计量：用 fit() 方法计算输入数据的统计量,包括均值和标准差。这些统计量将用于后续的标准化过程。
- 数据转换：由 transform() 方法使用之前计算得到的均值和标准差,按式(3-19)对数据进行标准化处理。

$$z=\frac{X-\mu}{\sigma} \tag{3-19}$$

式中：X——原始数据；

μ——数据特征的均值；

σ——数据特征的标准差。

为观察标准化后的效果，第 8、9 行分别打印了训练集在标准化前(X_train)和标准化后(X_train_sta)的第 0 行的前 5 个值，结果如表 3.2 所示。

表 3.2 数据样本中第 0 行前 5 个值在标准化前和标准化后的比较

训练集	第 0 列	第 1 列	第 2 列	第 3 列	第 4 列	…
X_train	1.288e+01	1.822e+01	8.445e+01	4.931e+02	1.218e−01	…
X_train_sta	−0.361 808 27	−0.265 210 11	−0.317 157 02	−0.467 138 41	1.803 826 09	…

在模型训练前，需要将输入数据 X 和标记 Y 封装到张量对象 Xs 和 Ys 中。此外，由于 Xs 和 Ys 的维度不同，为避免后续处理出现问题，还须对训练集中的标记 Ys_train 和测试集中的标记 Ys_test 进行维度对齐处理。代码如下。

```
1   #代码示例 3-27  将数据封装到 PyTorch 张量中
2   import torch
3   import numpy as np
4   #将 NumPy 数据封装到张量对象中
5   Xs_train = torch.from_numpy(X_train_sta.astype(np.float32))
6   Ys_train = torch.from_numpy(Y_train.astype(np.float32))
7   Xs_test = torch.from_numpy(X_test_sta.astype(np.float32))
8   Ys_test = torch.from_numpy(Y_test.astype(np.float32))
9   #将标记集合 Ys_train 和 Ys_test 转成二维
10  Ys_train = Ys_train.view(-1, 1)
11  Ys_test = Ys_test.view(-1, 1)
12  print(f'Xs_train.shape = {Xs_train.shape}')
13  print(f'Ys_train.shape = {Ys_train.shape}')
14  print(f'Xs_test.shape = {Xs_test.shape}')
15  print(f'Ys_test.shape = {Ys_test.shape}')
```

上述代码中，第 10、11 行中的.view(−1, 1)执行了维度变换，将 Ys 的维度对齐到 Xs，将一维的 Ys_train 和 Ys_test 转成二维的张量类型。最后，分别打印 Xs 和 Ys 的训练集和测试集，结果如图 3.31 所示。

```
Xs_train.shape=torch.Size([455, 30])
Ys_train.shape=torch.Size([455, 1])
Xs_test.shape=torch.Size([114, 30])
Ys_test.shape=torch.Size([114, 1])
```

图 3.31 预处理后的训练集和测试集的 shape 值

根据图 3.31 中 Ys_train 和 Ys_test 的 Shape 值，对比图 3.30，可知其已经从一维张量转换为二维张量。

3.3.2 神经网络类定义

视频讲解

采用线性模型 $f(x)=wx+b$ 来预测乳腺癌，通常会有两种预测结果：患病或健康(用 1 表示患病，0 表示健康)，则该预测模型属于二分类模型。

1．二分类模型

二分类模型是一种用于解决二元分类问题的机器学习模型,其目标是将输入样本划分为两个互斥的类别,如"正例"和"反例"或"是"和"否",该模型广泛应用于垃圾邮件检测、疾病诊断、情感分析和信用风险评估等任务。

每个样本 x(特征向量)具有 30 个特征维,$f(x)=1$ 为"患病",$f(x)=0$ 为"健康",那么应该有 $f(x) \in [0,1]$。但实际上,线性模型 $f(x)$ 的输出值范围通常为 $(-\infty, +\infty)$,那么怎样才能使 $f(x)$ 输出值落在 $[0,1]$ 区间呢?

2．激活函数

Sigmoid 函数是一种常用的激活函数,特别适用于二分类任务。其作用是将输入的任意实数值映射到 $[0,1]$ 区间,从而将模型输出转换为概率形式,便于解释为属于某一类别的可能性。具体而言,Sigmoid 函数的数学定义如式(3-20)所示。

$$\sigma(z) = \frac{1}{1 + e^{-z}} \tag{3-20}$$

式中：z——输入值;

$\quad$ e——自然常数。

Sigmoid 函数的输出图像如图 3.32 所示。

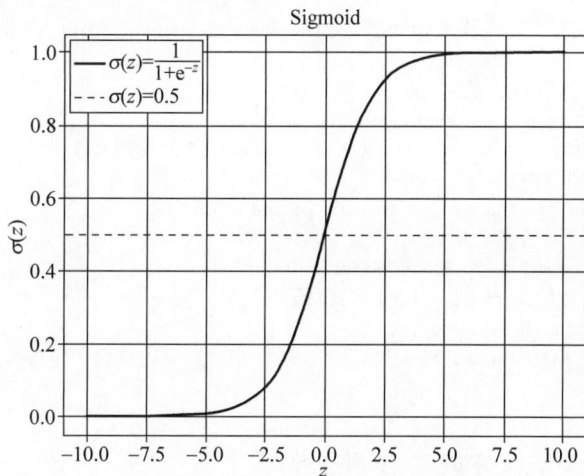

图 3.32　Sigmoid 函数的输出图像

注意,式(3-20)的输出总是一个 0～1 的实数。因此,通过 Sigmoid 函数输出的值可以理解为"属于某个类别的概率"。

通常情况下,Sigmoid 函数输出结果会与预设的阈值(如 0.5)进行比较,以完成分类决策。当输出值大于阈值时,模型预测该样本属于类别 1;反之,预测该样本属于类别 0。该过程可以使用式(3-21)表示如下。

$$\hat{y} = \begin{cases} 1, & \sigma(z) > 0.5 \\ 0, & \sigma(z) \leqslant 0.5 \end{cases} \tag{3-21}$$

3. 损失函数

在二分类预测模型中,常用的损失函数是二元交叉熵损失(Binary Cross-Entropy Loss,BCE),该函数用于度量模型预测的概率分布与真实标记之间的差异,其具体形式如下。

$$\text{Loss}(y, \hat{y}) = -\frac{1}{N} \sum_{i=1}^{N} \left[y_i \log(\hat{y}_i) + (1 - y_i) \log(1 - \hat{y}_i) \right] \tag{3-22}$$

式中：y_i——第 i 个标记值(真实的观测输出值)；

$\hat{y}_i$——第 i 个模型的预测值。

BCE 在分类问题中能够处理连续的概率输出,从而避免极端的梯度消失问题。此外,由于使用了对数函数,损失函数能对那些极度偏离真实值的预测施加更大的惩罚,从而引导模型快速学习。

在 PyTorch 中,BCE 通常可通过 torch.nn.BCELoss 或 torch.nn.BCEWithLogitsLoss 来实现。其中,BCEWithLogitsLoss 将 Sigmoid 激活函数与二元交叉熵损失结合在一起,为模型训练提供了一种更加高效的方式。

4. 定义神经网络类

乳腺癌预测神经网络类定义如下。

```
1    #代码示例 3-28  自定义乳腺癌预测模型 Breast Cancer Prediction Model,简称为 BCPM
2    class BCPM(torch.nn.Module):
3        #定义构造(初始化)函数
4        def __init__(self, in_features):
5            super(BCPM, self).__init__()        #调用父类的构造函数
6            #1.构建线性层
7            self.linear = torch.nn.Linear(in_features, 1)
8            #2.构建激活函数层
9            self.sigmoid = torch.nn.Sigmoid()
10        #重写了父类的 forward 函数,前向传播
11        def forward(self, x):
12            pred = self.linear(x)
13            out = self.sigmoid(pred)
14            return out
```

神经网络类 BCPM 定义完成后,还须进行：

• 确定损失函数和学习率。

• 创建神经网络类的模型对象。

• 构建优化器对象,并为优化器指定模型参数和学习率。

代码如下。

```
1    #代码示例 3-29
2    #损失函数公式定义
3    lossFun = torch.nn.BCELoss()
4    #学习率,迭代次数
5    learning_rate = 0.1
6    num_epochs = 100
7    #获取样本量和特征数,创建模型
```

```
8    n_samples, n_features = X.shape
9    model = BCPM(n_features)
10   #创建优化器
11   optimizer = torch.optim.SGD(model.parameters(), lr = learning_rate)
12   #打印模型、打印模型参数
13   print(model)
14   i = 0
15   for name, param in model.named_parameters():
16       i += 1
17       print(f"第{i}个参数：")
18       print(f"Name: {name}, \nShape: {param.shape}, \nValues: {param.data}")
```

上述代码中，创建乳腺癌预测模型 model 后，第 13 行打印 model 的模型结构，第 17、18 行打印 model 的参数情况，结果如图 3.33 所示。

```
BCPM(
  (linear): Linear(in_features=30, out_features=1, bias=True)
  (sigmoid): Sigmoid()
)
第1个参数：
Name: linear.weight,
Shape: torch.Size([1, 30]),
Values: tensor([[ 0.1074,  0.0854,  0.0839,  0.0936,  0.1224,  0.1664,  0.1825,  0.0812,
          0.0931,  0.1522, -0.0081, -0.1243,  0.1811, -0.0664,  0.1301, -0.0117,
          0.0620,  0.0914,  0.0651, -0.1162, -0.1087,  0.1810,  0.1582,  0.0808,
          0.0810, -0.1596,  0.0174,  0.0404, -0.0037, -0.0838]])
第2个参数：
Name: linear.bias,
Shape: torch.Size([1]),
Values: tensor([-0.0277])
```

图 3.33　BCPM 类对象的结构和模型参数情况

3.3.3　模型训练与预测

在定义损失函数和优化器后，预测模型的训练过程通常包括以下步骤。
- 前向传播：将输入数据传入模型，通过前向传播计算得到预测结果。
- 损失计算：利用预测结果和真实值（标记）计算损失。
- 反向传播：通过反向传播算法，计算模型参数的梯度。
- 参数更新：根据梯度值，由优化器对模型参数进行优化。
- 梯度清零：清除优化器中的梯度信息，以避免累积影响后续计算。
- 循环迭代：重复上述操作，直到达到设定的训练次数，或者当损失值低于预设阈值时终止训练。

模型训练过程如下。

```
1    #代码示例 3-30　模型训练
2    #当 loss 小于该阈值 threshold_value 时，停止训练
3    threshold_value = 0.00001
4    #迭代训练
5    for epoch in range(num_epochs):
6        #1.通过模型的前向传播，调用 forward()方法，得到预测结果
7        ys_pred = model(Xs_train)
8        #2.根据预测结果和真实标记值计算损失(标量值)
9        ls = lossFun(ys_pred, Ys_train)
10       #3.通过后向传播，获取模型参数的梯度
```

```
11    ls.backward()
12    #4.根据计算获得的梯度,更新模型参数的权重
13    optimizer.step()
14    #5.进行梯度的清空
15    optimizer.zero_grad()
16    #打印训练中的loss变化情况
17    if epoch % 5 == 0:
18        print(f"epoch:{epoch},loss = {ls.item():.4f}")
19    #6.循环上面的操作,直到预定训练次数,或者损失小于阈值threshold_value为止
20    if ls.item() <= threshold_value:
21        break
22  print("模型训练完成! loss = {0}".format(ls))
```

上述代码执行结果如图 3.34 所示。

```
…   epoch:0,loss=1.0203
    epoch:5,loss=0.3734
    epoch:10,loss=0.2646
    epoch:15,loss=0.2153
    epoch:20,loss=0.1859
    epoch:25,loss=0.1660
    epoch:30,loss=0.1516
    epoch:35,loss=0.1407
    epoch:40,loss=0.1320
    epoch:45,loss=0.1250
    epoch:50,loss=0.1192
    epoch:55,loss=0.1142
    epoch:60,loss=0.1100
    epoch:65,loss=0.1062
    epoch:70,loss=0.1030
    epoch:75,loss=0.1000
    epoch:80,loss=0.0974
    epoch:85,loss=0.0950
    epoch:90,loss=0.0929
    epoch:95,loss=0.0909
    模型训练完成! loss=0.08940503746271133
```

图 3.34　BCPM 预测模型的训练过程

如图 3.34 所示,训练开始后,损失函数值(loss)呈现持续下降的趋势,直至迭代结束,最终 loss=0.0894。如果希望获得的 loss 足够小,一定要低于设定阈值(threshold_value),那么训练过程可能需要消耗更多的时间和计算资源,这可能是得不偿失的。通常来说,在满足模型预测性能要求(正确率超过预期)的前提下,并非必须追求最低的损失值。在实际应用中,应综合考虑训练中要消耗的计算资源以及需求满足程度,以平衡模型性能与训练效率。

下面使用测试集(完全区别于训练数据的另外的数据集)来预测诊断结果,并计算模型预测的准确率。代码如下。

```
1   #代码示例3-31  预测过程中无须后向传播,因此无须计算梯度
2   with torch.no_grad():
3       ys_pred = model(Xs_test)
4       #计算出来的结果是0~1的数,将数据进行四舍五入,得到0或1
5       ys_pred_cls = ys_pred.round()
6       #统计结果
7       acc = ys_pred_cls.eq(Ys_test).sum().numpy() / float(Ys_test.shape[0])
8       print(f"准确率:{acc.item():.4f}")
```

上述代码中的第 2 行,with torch.no_grad()是 PyTorch 中常用的一段上下文管理器代

码,它的作用是临时关闭自动求导机制。这意味着,在 with torch. no_grad()语句块中的所有计算,都不会构建计算图,自然也不会计算和存储梯度。这不仅可以节省内存和加快计算速度,还能避免在训练过程中不小心进行了不必要的梯度计算,导致错误的参数更新。

最终,程序输出的正确率为 0.9479,虽然正确率超过 90%,说明当前模型可以很好地进行乳腺癌的诊断。但模型的正确率仍然有提高空间,读者可以根据已经学习的知识,对上述代码进行优化,以获得更高的模型正确率。

习题

一、选择题

1. 正确定义神经网络模型参数 p 的选项为(　　)。
   A. p = torch. randn(3, 5, requoires_grad=True)
   B. p = torch. randn(3, 5, requires_grad=False)
   C. p = torch. randn(3, 5)
2. 神经网络是由(　　)个神经元按照一定的规则连接在一起形成的。
   A. 1 　　　　　　　B. 2 　　　　　　　C. 多
3. 二分类问题对应的交叉熵函数,在 PyTorch 中的实现为(　　)。
   A. torch. nn. CrossEntropyLoss() 　　　B. torch. nn. BCELoss()
   C. torch. nn. MSELoss() 　　　　　　　D. torch. nn. KLDivLoss()

二、简答题

1. 简述 PyTorch 中有哪些常用的优化器。
2. 在定义损失函数和优化器后,对预测模型的训练包括哪些步骤?

三、编程练习题

1. 针对代码示例 3-30,修改预测模型训练过程中的超参数(调整训练次数、学习率、阈值 threshold_value 等),重新训练模型并测试,以得到更高的模型正确率。
2. 修改代码示例 3-24 的代码,随机选取 30 个特征中的 20 个特征作为训练数据,分析数据特征数减少的情况下,模型预测的准确性是降低还是升高? 请根据实验结果进行分析,并讨论训练数据特征数量对模型训练和预测的影响。

第**4**章

计算机视觉

CHAPTER **4**

本章学习目标

- 了解计算机视觉的发展历史
- 了解计算机图像的表示与处理
- 了解深度学习在计算机视觉中的应用
- 熟悉和掌握卷积神经网络的使用

本章将从计算机视觉的基础知识入手,逐步引导读者使用 PyTorch 构建卷积神经网络模型,并通过实际案例巩固所学内容。

4.1 计算机视觉概述

人类及大多数动物主要依赖视觉感知外部世界,通过视觉细胞获取信息,并在神经系统的处理下形成对周围环境的认知。在日常生活和工作中,大部分任务都离不开视觉的支持。有研究表明,超过 80% 的外界信息是通过视觉感知获得的。然而,在计算机视觉技术诞生之前,图像和视频对于计算机而言仅仅是数据文件,机器只能识别这些文件的格式、大小等基本属性,却无法理解其中的内容。

经过计算机科学家们近半个世纪的不懈探索,开创了计算机视觉这一重要研究领域,让计算机具备了从图像和视频等视觉输入数据中提取有价值信息的能力,并基于这些信息给出决策或建议。如果说人工智能赋予了计算机思考的能力,那么计算机视觉则给予了人工智能发现、观察和理解视觉数据的底层基础。

4.1.1 计算机视觉简介

计算机视觉(见图 4.1)是一门研究如何让计算机模拟人类视觉系统,从图像或视频中提取有用信息并进行理解的学科,并广泛应用于自动驾驶、医疗影像、工业检测、智能监控等领域。计算机视觉的技术路径包括传统图像处理方法(如边缘检测、图像分割与特征提取)和基于深度学习的卷积神经网络(Convolutional Neural Network,CNN)等算法。当前,CNN 在图像分类、目标检测、物体识别等方面展现了卓越的性能,大大提高了视觉系统的精度和效率。

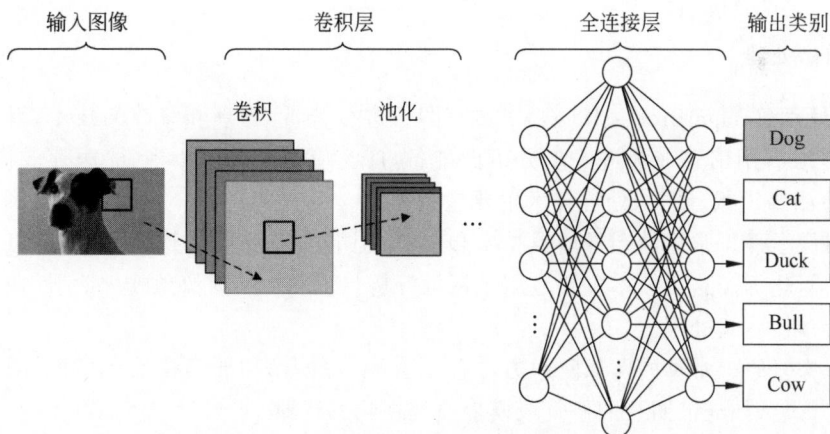

图 4.1 计算机视觉

以下内容将介绍计算机视觉领域中的部分核心概念,这些概念不仅是理解计算机视觉基本原理的关键,也是深入学习相关技术的基础。通过对这些概念的掌握,读者可以更好地理解计算机如何从图像或视频中提取有用信息,并应用于复杂的实际场景。

接下来的内容将从图像的基本表示方式到高级特征提取方法逐步展开,为构建完整的计算机视觉知识体系奠定坚实基础。

1. 像素

像素（Pixel）是组成数字图像的最基本单位，代表图像中某一点的颜色和亮度。彩色数字图像中，每个像素由多个通道（如 RGB 通道）组成，RGB 三元组分别表示红、绿、蓝三种颜色的强度。在 RGB 模式下，任何颜色都可以通过不同强度的红、绿、蓝三种光混合而成。每种颜色的强度范围为 0~255（共 256 级），其中，0 表示没有该颜色成分，255 表示该颜色成分最强。

一个分辨率为 1920×1080 的数字图像，包含 1080 行和 1920 列像素点，那么像素总数为 1920×1080＝2 073 600 个。如果该图采用 24 位 RGB 颜色表示，则每个像素点存储了三个 8 位值（分别对应红、绿、蓝），总共占用 3B（24b＝3B）的空间，那么该文件大小为 2 073 600×3＝6 220 800B≈6MB。

2. 特征

特征（Feature）通常表示从数字图像中提取的关键信息，用于描述图像的某些重要属性或内容。常见的图像特征包括：

- 颜色特征，为图像中各个像素的颜色分布，通常用来帮助识别物体，或提供物体的分类依据。
- 纹理特征，为图像表面的重复模式或结构，在图像分类、目标识别和场景理解等应用中具有非常重要的作用。
- 边缘特征，为图像中亮度变化显著之处，通常用于轮廓提取，在对象检测、图像分割和特征匹配等任务中起到关键作用。

3. 图像处理

图像处理（Image Processing）是对数字图像进行分析、处理和修改的技术，旨在提升图像质量、提取有用信息或为进一步分析做准备，广泛应用于计算机视觉、医疗成像、卫星遥感、工业检测等领域。图像处理技术主要包括：

- 图像增强。常见的图像增强技术包括亮度调整、对比度调整、图像锐化以及直方图均衡化等。这类技术主要应用于视觉分析与识别中的图像预处理阶段，改善图像质量以便后续处理。
- 图像复原。常见的图像复原方法包括去噪、去模糊和插值技术，常用于图像中的缺陷修复，如老旧照片的修复或模糊监控视频的还原。
- 图像分割。其目标是将图像分为多个区域或对象，以便于对不同目标进行分析与识别。分割方法包括阈值分割、边缘检测和分水岭算法等，广泛应用于目标检测和医学图像分析等任务。

4. 特征提取

特征提取（Feature Extraction）是计算机视觉中的核心步骤，其目标是从原始图像中提取能够代表图像关键信息的特征，在减少数据维度的同时保留对目标任务最有用的信息。提取到的特征可以是低级特征（如边缘、角点、纹理等），也可以是高级特征（如形状、语义信息等)。

在传统图像处理方法中,特征提取通常通过算法设计完成,例如,使用 SIFT(尺度不变特征变换)、HOG(方向梯度直方图)等技术,这些方法注重提取具有几何或统计意义的特征,用于匹配、分类或检测任务。

在深度学习方法中,特征提取由神经网络自动完成,尤其是卷积神经网络(CNN),它会通过卷积层和池化层逐步提取从低级到高级的多层次特征。这种方法避免了人工设计特征的复杂性,同时具有更强的适应性和表达能力,在图像分类、目标检测等任务中表现尤为出色。

总之,特征提取是将原始图像数据转换为易于理解和处理的特征表示的过程,是计算机视觉任务取得良好性能的关键环节。

5. 图像分类

图像分类(Image Classification)是计算机视觉领域的核心任务之一,其目的是根据图像内容将其归类到预定义的类别中。整个过程涉及图像预处理、特征提取和分类模型训练等环节。传统方法通常依赖人工设计特征(如边缘、纹理或形状特征)并结合分类器(如支持向量机 SVM)完成分类。然而,随着深度学习的发展,特别是 CNN 的引入,图像分类取得了显著的进步。特别是在大规模数据集上,CNN 及其衍生模型展现出极强的泛化能力,显著提升了图像分类的准确率和鲁棒性,经典的图像分类器主要有以下几个。

- AlexNet 作为深度学习兴起的标志性模型,在 2012 年 ImageNet 竞赛中取得了突破性成果,首次展示了深层神经网络在图像分类任务中的强大能力。
- VGGNet 通过使用较小的卷积核(如 3×3)和深层网络结构,显著提高了分类精度,同时为后续网络设计提供了简洁直观的模板。
- GoogLeNet(Inception),引入了 Inception 模块,通过多尺度卷积提取丰富特征,同时降低了模型计算复杂度,成为深度学习模型轻量化的先驱。
- ResNet 提出了残差学习机制,有效解决了深层网络中的梯度消失问题,使得网络可以达到数百层深度,同时显著提高了分类性能。
- EfficientNet 通过复合缩放策略优化模型结构,在减少参数量的同时实现了卓越的性能,成为现代高效分类模型的代表。

这些经典分类器不仅推动了计算机视觉领域的研究进展,还广泛应用于人脸识别、医疗影像诊断、自动驾驶和智能监控等场景,显著加速了人工智能技术的普及与落地。

6. 目标检测

目标检测(Object Detection)是计算机视觉中的重要任务之一,其目标是在图像或视频中识别并定位特定的物体。与图像分类不同,目标检测不仅需要判断图像中有哪些类别的物体,还需要通过边界框(Bounding Box)精确标注每个物体的位置。目前,目标检测应用于自动驾驶、视频监控、医疗影像分析等场景。常见的传统目标检测方法有 Haar 特征+Adaboost 分类器,以及 HOG+支持向量机等。基于深度学习的目标检测方法有以下几种。

- R-CNN(Regions with CNN features)通过生成区域建议(Region Proposals)并利用 CNN 对这些区域进行分类检测。

- Fast R-CNN 通过在整个图像上运行 CNN,然后应用 RoI(Region of Interest)池化来加速处理速度。
- Faster R-CNN 在 Fast R-CNN 的基础上,加入了区域提议网络(RPN),使得检测过程更加高效。
- YOLO(You Only Look Once)通过将整个图像分成网格,并同时预测每个网格中的边界框和类别,从而实现实时目标检测。
- SSD(Single Shot Multibox Detector)类似 YOLO 方法,通过在不同尺度的特征图上进行检测,从而提高检测精度。
- EfficientDet 的核心思想是通过复合缩放(Compound Scaling)来平衡网络的深度、宽度和分辨率,从而在保持高效性的同时提高模型性能。

7. 图像分割

图像分割(Image Segmentation)是计算机视觉中的一种常见应用,其目标在于将图像分解成多个有意义的区域或对象。每个区域通常对应图像中的一个特定对象或背景部分,从而使得后续的处理和分析更加精确和高效。目前,图像分割技术主要应用于医学图像分析、自动驾驶、视频分析、无人机视觉和卫星图像处理等领域。图像分割的主要方法包括传统方法和基于深度学习的方法,详述如下。

1) 传统方法
- 阈值分割:基于像素强度的阈值将图像分为前景和背景,适用于简单场景(如 Otsu 算法)。
- 区域生长:从种子点开始,根据像素相似性合并邻域,逐步扩展形成分割区域。
- 分水岭算法:基于图像梯度的地形模拟方法,分割精细但易受噪声影响。
- 图切割:通过图论建模将分割问题转换为最小割问题,适用于复杂场景。

2) 基于深度学习的方法
- FCN(Fully Convolutional Network):提出将全连接层替换为卷积层,使网络能够接受任意大小的图像并生成像素级分割结果,是深度学习语义分割的开创性模型。
- U-Net:在医学图像分割中表现优异,采用编码器-解码器结构,结合跳跃连接(Skip Connection)实现细节和全局信息的融合。
- DeepLab 系列:通过空洞卷积(Dilated Convolution)扩大感受野,并结合条件随机场(CRF)后处理,显著提高了分割精度。
- Mask R-CNN:将目标检测与实例分割结合,在每个目标的边界框内生成分割掩膜,实现高精度的实例分割。

8. 图像标注

图像标注(Image Annotation)是指为图像中的对象或区域赋予详细的标签或描述。这一过程在机器学习模型的训练与评估中起着至关重要的作用,因为模型需要依赖这些标注数据来学习和理解图像的具体内容。常见的标注类型包括以下几种。

- 分类标注:分类标注为整个图像或区域分配一个标签,如"猫"或"狗",用于图像分类任务。

- 边界框标注：边界框标注通过矩形框标记对象的位置和大小，常用于目标检测，如标记"行人"或"车辆"。
- 分割标注：分割标注为每个像素分配标签，精确划分不同区域，适用于图像分割任务，如标记医学图像中的器官或病变。
- 实例分割标注：实例分割标注会进一步区分同类对象的不同实例，如在图像中标记多个"人"或"车"。
- 关键点标注：关键点标注标记特定点，如人体关节或面部特征点，常用于姿态估计任务。
- 多边形标注：多边形标注使用多边形精确标记不规则形状的区域，适合复杂对象的分割。

图像标注的常用工具包括：

- LabelImg；
- Labelbox；
- VGG Image Annotator（VIA）；
- COCO Annotator；
- RectLabel；
- Supervisely；
- Scale AI；
- Amazon SageMaker Ground Truth。

4.1.2 计算机视觉发展史

计算机视觉是一门研究如何让计算机具备理解和分析视觉信息能力的科学，其核心目标是模拟和超越人类视觉系统的感知与认知功能。这一领域的发展可以追溯到 20 世纪中叶，经过多年的技术革新和理论突破，已成为人工智能的重要分支，并在多个领域得到广泛应用。计算机视觉的发展历程大致可以分为以下三个阶段。

1. 早期探索阶段

计算机视觉的早期研究(20 世纪 50—70 年代)主要集中于基本的图像处理和简单的视觉任务，如边缘检测、形状识别和对象的基本分割。由于当时算力的限制，进展较为缓慢，但也为后续的发展奠定了重要基础。此阶段诞生了一些经典的图像处理算法，如 Canny 边缘检测和霍夫变换(Hough Transform)等，为后续更加复杂算法的出现奠定了基础。

2. 基础形成阶段

随着计算能力的提升和算法理论的进步，计算机视觉研究在 20 世纪 80—90 年代进入了基础形成阶段。在这一阶段，研究重点从早期的实验探索转向系统化理论的发展和技术方法的完善。传统图像处理技术和机器学习方法成为核心研究工具，广泛应用于图像处理、立体视觉、运动分析和对象识别等问题的研究中。

机器学习方法也在这一阶段取得了重要进展。1995 年，Vladimir Vapnik 等人提出了支持向量机(Support Vector Machine，SVM)，一种基于核函数的有监督学习模型。SVM

通过引入核技术,将非线性可分问题映射到高维空间,转换为线性可分问题,从而有效处理复杂数据。由于其理论基础严谨、泛化能力强,SVM被广泛应用于图像分类等任务中,为计算机视觉的实际应用奠定了技术基础。

这一时期的研究成果不仅扩展了计算机视觉的理论边界,还为后来的深度学习技术奠定了重要的数学和算法基础。

3. 深度学习兴起阶段

2010年以来,深度学习的兴起,彻底改变了计算机视觉技术的发展路径。与传统方法依赖人工设计特征的方式不同,深度学习通过构建多层神经网络,能够直接从原始数据中自动学习特征表示,大幅减少了人工干预和对领域知识的依赖。这种方法不仅降低了人工成本,还能够捕捉到更加复杂和深层的特征模式,从而显著提升了视觉任务的性能和应用范围。

深度学习的强大性能得益于大规模数据集、计算能力的提升以及网络结构的优化,其端到端训练框架也显著简化了视觉任务的开发流程。这一技术范式的转变不仅推动了计算机视觉研究的前沿探索,还加速了其在工业生产、医疗诊断和社会生活中的广泛应用,成为人工智能领域的重要里程碑。

4.1.3　计算机视觉应用与挑战

随着技术的不断进步,计算机视觉已经在多个领域得到广泛应用,其主要应用包括:
- 自动驾驶。计算机视觉技术可用于识别道路、交通信号、行人和其他车辆,帮助自动驾驶汽车做出安全可靠的决策。
- 医疗影像。在医学领域,计算机视觉技术可以帮助医生分析X光、CT和MRI影像,从而辅助诊断如癌症、心血管疾病等。
- 人脸识别。应用计算机视觉技术进行人脸识别,主要用于验证身份,在安防、支付和虚拟社交等场景中广泛应用。
- 工业监控。在工业生产过程中,计算机视觉技术常用于产品质量检查、缺陷检测和自动化生产线中的过程监控。
- 智能零售。当前,计算机视觉技术广泛应用于顾客行为分析、货架监控以及无人超市等场景,有效提升了消费者的购物体验,并优化了零售管理流程。
- 智慧农业。利用计算机视觉技术,农业机器人可以识别作物的成熟度、检测病虫害、预测产量,以及依靠数字孪生进行精准农业生产管理。

尽管计算机视觉在多个领域取得了显著进展,但仍面临着如数据标注不足、特征提取困难、实时性要求高以及伦理和隐私问题等挑战。这些问题不仅影响模型的性能和泛化能力,也限制了技术在实际应用中的广泛推广。
- 标注数据缺乏。计算机视觉模型依赖大量的标注数据进行训练,但目前有标注的图像和视频的数据较少,而且主要依赖人工标注,成本高,而且缺乏统一的标准,导致机器的学习能力受限,模型的泛化能力受到影响。
- 特征不完整。现实中,图像或视频中的某些对象常被部分遮挡或从不同角度拍摄,很难提供最完整的特征,这对物体识别和检测造成了巨大挑战。

- 实时性要求。许多计算机视觉应用(如自动驾驶和无人机导航)需要实时处理图像数据,确保低延迟和高准确率对硬件性能和算法的优化提出了更高的要求。
- 道德和隐私。当前,人脸识别技术的广泛应用和无处不在的监控系统,带来的道德和隐私问题成为计算机视觉应用中的重要伦理问题。在处理个人数据时,如何保护隐私并确保技术的合规性是计算机视觉面临的重大挑战。

4.2　学习案例 3：手写数字识别

MNIST(Modified National Institute of Standards and Technology)是一个经典的手写数字数据集,本节通过 MNIST 手写数字识别案例的学习,向读者介绍数字图像识别的基本概念和方法。本节重点学习内容如下。
- 数字图像的表示与处理。
- 二分类和多分类模型。
- 激活函数、损失函数与优化器。
- 构建多层神经网络。

4.2.1　计算机图像的表示

MNIST 是机器学习领域中最常用的基准测试数据集之一,许多经典的机器学习算法和深度学习模型(如卷积神经网络)都使用 MNIST 数据集进行训练和验证。MNIST 数据集包含 60 000 个训练样本和 10 000 个测试样本,每个样本是一个 $28\text{px}\times28\text{px}$ 的灰度图像,代表 0~9 的手写数字。其中,某个手写数字(如 8)的数字图像和对应的灰度值矩阵如图 4.2 所示。

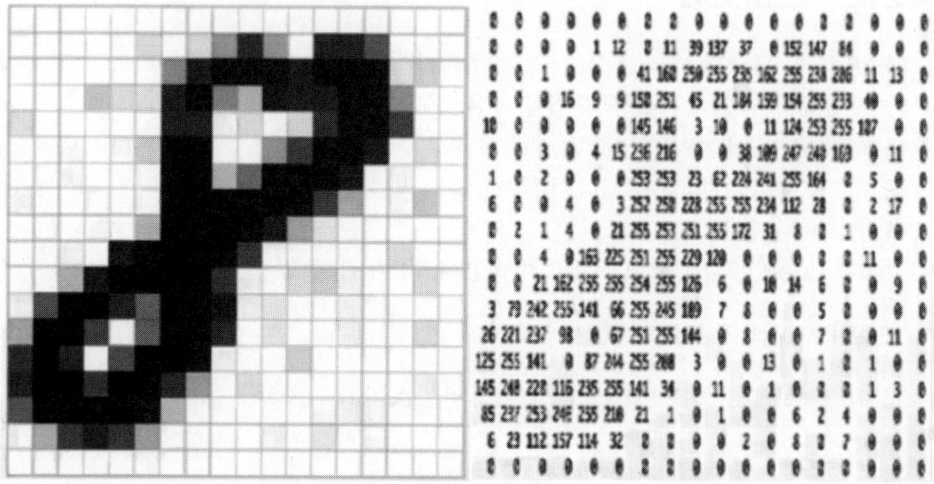

图 4.2　手写数字图像(左)与对应的灰度值矩阵(右)

如图 4.2 所示,计算机图像通常通过像素网格来表示。每个像素具有一个颜色值,颜色值可以是灰度(单通道)或 RGB(三通道)。灰度图像用一个值表示每个像素的亮度,而 RGB

图像用三个值(红、绿、蓝)表示不同颜色。仍以手写数字 8 为例,其 RGB 的数字图像和对应的颜色值矩阵如图 4.3 所示。

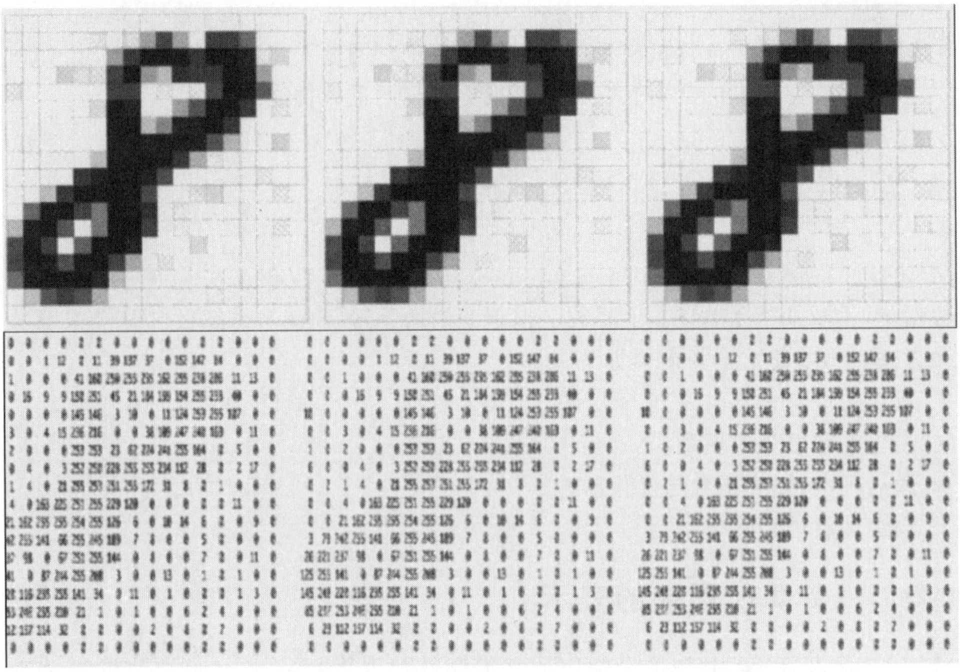

图 4.3　手写数字 RGB 图像(上)与对应的颜色值矩阵(下)

图 4.3 中,图像以矩阵形式存储,其中每个元素对应一个像素的颜色强度值。这种表示方式使计算机能够对图像进行有效地处理和分析。

4.2.2　数据处理

数据处理是计算机视觉任务中的关键步骤,涉及对图像原始数据的预处理、转换和特征提取,以便模型能够有效学习和理解图像内容。通过数据预处理操作,可以提高图像质量、减少数据维度、突出关键特征,从而为后续的分类、检测或分割任务提供更好的基础。此外,图像数据处理还可以帮助解决实际应用中的多样化挑战,例如,处理不同光照条件、角度变化以及噪声干扰等情况。

在 PyTorch 中,可以通过以下几步快速获取 MNIST 数据集。

1. 安装 PyTorch 及其依赖库

首先需要确保已经安装了 PyTorch 及其相关库 torchvision。如果还未安装,可以通过如下命令安装。

```
pip install torch torchvision
```

2. 图像预处理

由于 PyTorch 提供了 torchvision.datasets 模块,可以直接获取 MNIST 数据集,并自动下载到本地。示例代码如下。

```
1   #代码示例 4-1(待补全)
2   import torch
3   from torchvision import datasets
4   #下载并加载训练集
5   train_dataset = datasets.MNIST(root = './data', train = True, download = True, transform =
    transform)
6   #下载并加载测试集
7   test_dataset = datasets.MNIST(root = './data', train = False, download = True, transform =
    transform)
```

代码第 5 行和第 7 行,分别加载了训练集 train_dataset 和测试集 test_dataset。其中:
- root 指定了本地下载路径。
- train 设置为 True 表明是训练集数据,反之为测试集数据。
- download 设置为 True 表明每次执行该代码时会检查本地数据,如果已经完全下载则忽略,否则重新下载。
- transform=transform 用于指定数据集在加载时如何进行预处理。

需要注意的是,transform=transform 中等号前面的 transform 为 datasets.MNIST 方法的参数,后面的 transform 通常是图像转换管道(例如,转换图像格式和归一化)对象,该对象通常由 transforms.Compose()等函数生成,其定义如下。

```
1   #代码示例 4-1
2   import torch
3   from torchvision import datasets, transforms
4   #定义数据的转换方式
5   transform = transforms.Compose([
6       #将数据封装为张量,并进行归一化操作,将数据缩放到[0, 1]的范围
7       transforms.ToTensor(),
8   ])
9   #下载并加载训练集
10  train_dataset = datasets.MNIST(root = './data', train = True, download = True, transform =
    transform)
11  #下载并加载测试集
12  test_dataset = datasets.MNIST(root = './data', train = False, download = True, transform =
    transform)
```

上述代码中,第 5 行 transforms.Compose 的目标是将图像转换操作按顺序组合成一个数据处理流程。在本例中,该流程中只包含一个 transforms.ToTensor()操作(第 7 行),该操作包含以下两个步骤。

首先,将图像数据封装到 Tensor(张量)中。

然后,通过归一化操作将像素值从[0, 255]范围转换到[0, 1]范围。

数据集下载成功后,可通过 print(train_dataset)来查看训练集的情况,打印结果如下。

```
Dataset MNIST
    Number of datapoints: 60000
    Root location: ./data
    Split: Train
    StandardTransform
Transform: Compose(
               ToTensor()
           )
```

3. 数据集批处理

由于深度学习模型通常需要处理大量数据，直接将整个数据集一次性输入模型会导致计算资源不足或计算时间过长。为了解决这一问题，通常将数据集分割成若干小批次进行处理，可以更高效地使用内存，并加速训练过程。其主要优势在于：

- 模型更快收敛。数据集被分割成若干批次，每次迭代只处理一小部分数据。这样模型能够更频繁地更新参数，从而更快地收敛。
- 梯度计算平稳。每次更新参数时，只计算部分数据，而非整个数据集的梯度，将使梯度的计算更加稳定。
- 提升泛化能力。通过随机打乱数据后再进行批处理，可有效提高模型的泛化能力，避免过拟合特定数据序列。

基于上述原因，数据集批处理代码如下。

```
1   # 代码示例 4-2  使用 DataLoader 加载数据集
2   train_loader = torch.utils.data.DataLoader(train_dataset, batch_size = 64, shuffle = True)
3   test_loader = torch.utils.data.DataLoader(test_dataset, batch_size = 64, shuffle = False)
```

代码第 2 行生成了一个 DataLoader 数据加载器 train_loader，所提供的各项参数如下。

- 批数据来自训练集 train_dataset。
- batch_size 说明批数据的大小为 64，表示每次训练处理 64 个图像。
- shuffle=True 表明将会把训练集中的全部数据打乱顺序后再进行分批操作。

代码第 3 行中，创建测试集的数据加载器 test_loader 时，参数 shuffle=False 表明无须在数据分批前进行乱序操作。这是因为测试集的主要目的是评估模型的性能，而非用于优化模型的训练过程。在模型测试阶段，测试数据的顺序不会影响评估结果。因此，乱序操作仅应用于训练集，以提高模型的泛化能力，而测试集则不需要进行此操作。

生成数据加载器对象后，可通过简单步骤读取数据加载器中的图像数据并显示，代码如下。

```
1   # 代码示例 4-3  读取数据加载器中的图像数据，并显示
2   import matplotlib.pyplot as plt
3   # 从 train_loader 读取一个 batch 的数据
4   dataiter = iter(train_loader)
5   images, labels = next(dataiter)
6   # 获取 batch 中的第一张图像
7   image = images[0]
8   # 将张量转换为灰度图像格式，由于图像是归一化后的，因此须取消归一化
9   image = image[0]            # 从单通道中取出灰度图，image 的 shape 为(1,28,28)
10  image = image / 2 + 0.5     # 反归一化
11  np_image = image.numpy()
12  # 画出灰度图像
13  plt.imshow(np_image, cmap = "gray")
14  plt.title(f"Label: {labels[0]}")
15  plt.show()
```

在上述代码中，由于 train_loader 是一个可迭代对象，只能通过循环遍历来获取数据，无法直接手动提取批次数据。因此：

- 第 4 行使用 iter(train_loader)将其封装到迭代器对象 dataiter 中。
- 第 5 行通过 next(dataiter)从迭代器 dataiter 中提取一个批次的数据。
- 第 7 行从提取的批次数据中,将第一张图片的特征数据赋值给变量 image。
- 第 10 行进行反归一化处理。这是因为图像数据封装为张量时,已经过归一化处理,因此取消归一化后才能正常打印图片。

最终打印出手写数字图像 image 的结果,效果如图 4.4 所示。

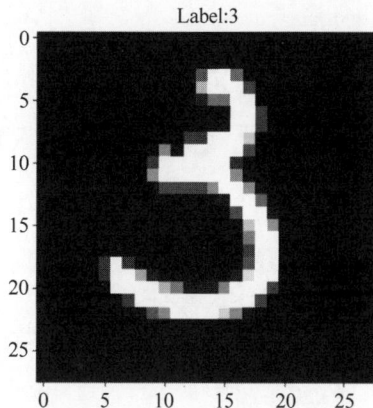

图 4.4　手写数字图像示例

4.2.3　二分类与多分类

二分类问题是指将数据划分为两类的任务,目标通常是预测某个输入数据(样本)属于正类(如"是")或负类(如"否")。在二分类任务中,模型的输出通常为一个二值标签。多分类问题则是将数据划分为多个类别的任务,其中每个输入只能属于一个类别。在多分类任务中,模型的输出为多个类别中的一个。典型的应用包括手写数字识别(将数字 0～9 分为 10 个类别)、图像分类中的物体识别(如识别图片中的猫、狗、汽车等)等。在这些任务中,模型需要判断输入属于哪一类别,并为每个类别分配一个预测值。

在理解了二分类与多分类问题的基本概念后,接下来将进一步探讨如何构建和训练深度学习模型。具体来说,引入"多层神经网络"结构,介绍如何配置激活函数、损失函数和优化器来进行模型训练与预测。

1. 激活函数

在神经网络中,激活函数的引入主要是为了增加模型的非线性能力,使其能够解决更为复杂的问题。这是因为线性模型的表达能力有限,只能拟合线性关系。现实中的大多数分类和回归问题具有复杂的非线性关系,单纯依靠线性模型无法有效拟合。而激活函数能够在神经网络层中引入非线性,使得神经网络模型可以拟合更复杂的数据分布和函数关系。

对多层神经网络而言,如果没有激活函数,每一层的计算仅是线性变换的叠加,无论网络的层数有多少,最终的输出仍然只是输入的线性组合,无法突破线性模型的局限性。而激活函数的使用则打破了这种限制,使深度神经网络能够学习更加复杂的特征,从而具备更强的表达能力。

激活函数的设计灵感来源于生物神经元的运行机制。研究发现,生物神经元的响应输出并非线性,只有当输入的累计值超过某个阈值时,神经元才会发出固定的响应。科学家通过对青蛙神经元响应机制的研究,提出了一种模拟神经元行为的阶梯函数(阈值函数)。该机制如图 4.5 所示。

阶梯函数(Step Function)是最早提出的一种激活函数,通过设定一个阈值,当输入信号超过该阈值时,神经元即被激活,并输出一个固定值。然而,阶梯函数的输出仅为 0 或 1 两

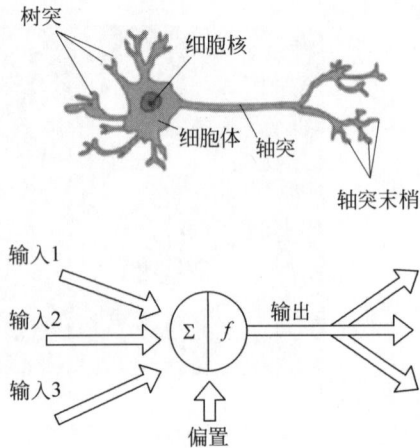

图 4.5   模拟神经元响应机制——阈值函数 f

种离散值,且其数学性质不可导。这种不可导性使得在深度学习任务中无法利用梯度下降等优化方法对模型进行训练,从而限制了其应用范围。阶梯函数的典型形式如图 4.6 所示。

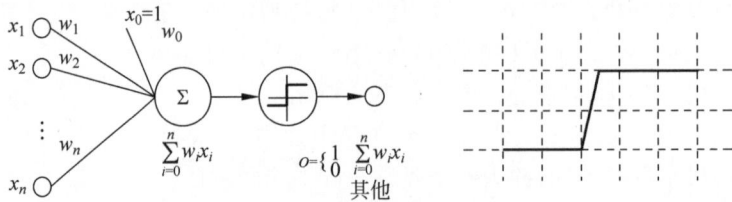

图 4.6   阶梯函数的输出

在图 4.6 中,只有变量的和超过阈值才会发出一个固定响应值,否则输出为 0。由于其不可导的局限性,阶梯函数被连续且可微分的其他激活函数取代,这些函数在优化过程中表现出更强的灵活性和实用性。常用激活函数如表 4.1 所示。

表 4.1   常用激活函数对比

激活函数	输出范围	梯度消失问题	计算复杂度	适 用 场 景	特点和局限性
Sigmoid	$(0,1)$	有	较高	二分类问题,早期简单神经网络	梯度容易消失;输出非零中心化,更新效率低
tanh	$(-1,1)$	有	较高	数据有正负对称关系,序列建模任务(如 RNN、LSTM 等)	零中心化提升梯度效率,但仍有梯度消失问题
ReLU	$[0,+\infty)$	较少	低	深层神经网络(如 CNN),最常用的默认激活函数	简单高效,但存在"神经元死亡"问题
Softmax	$(0,1)$	无	较高	多分类问题的输出层	输出类别概率分布,归一化求和为 1

激活函数 Sigmoid 常用于二分类问题,可参考式(3-18)。激活函数 Softmax 常用于多分类问题,可将输出值转换为概率分布,使得所有输出的概率总和为 1,其定义如式(4-1)所示。

$$\text{Softmax}(x_i) = \frac{e^{x_i}}{\sum_{j=1}^{n} e^{x_j}} \tag{4-1}$$

关于 tanh(双曲正切函数)和 ReLU(Rectified Linear Unit,线性整流单元)等激活函数的更多详细内容,限于篇幅,本书暂不展开讨论。感兴趣的读者可查阅相关文献或资料,以进一步深入学习。

在 PyTorch 框架中,常用激活函数的定义如下。

- Sigmoid:torch. nn. Sigmoid()
- Softmax:torch. nn. Softmax()
- tanh:torch. nn. Tanh()
- ReLU:torch. nn. ReLU()

2. 损失函数

在二分类任务中,常用的损失函数是二元交叉熵损失(Binary Cross-Entropy Loss,BCE Loss),其定义可参考式(3-22)。在 PyTorch 中,使用 torch. nn. BCELoss()实现该损失函数。

对于多分类任务,通常使用交叉熵损失(Cross-Entropy Loss,CE Loss)。模型的输出通常先通过 Softmax 激活函数将预测值映射为各类别的概率分布,然后利用 CE Loss 计算模型预测的概率分布与真实分布之间的差异。定义如式(4-2)所示。

$$\text{Loss}(y,\hat{y}) = -\sum_{i=1}^{C} y_i \log(\hat{y}_i) \tag{4-2}$$

式中: y_i——第 i 个标记值(真实的类别),若样本属于类别 i,则有 $y_i=1$,否则 $y_i=0$;

$\hat{y}_i$——第 i 个模型的预测值(预测为类别 i 的概率)。

3. 利用交叉熵损失评估模型

交叉熵损失(CE Loss)是评估分类模型性能的重要指标。其核心思想是通过交叉熵函数衡量模型预测的概率分布与实际分布之间的差异,从而反映模型对真实标签(标记)的匹配程度。损失值越小,模型的预测结果越接近实际情况,说明模型的性能越优。在 PyTorch 中,CE Loss 通过 torch. nn. CrossEntropyLoss 实现。

为了更直观地理解交叉熵损失在分类模型中的作用,以下以一个二分类任务为例,展示如何利用交叉熵损失来评估模型的效果,代码如下。

```
1   #代码示例 4-4  利用交叉熵损失评估二分类预测模型
2   import torch. nn as nn
3   #首先定义二分类损失函数为 BCE
4   loss = nn. BCELoss()
5   #真实结果
6   Y = torch. FloatTensor([1, 0])
7   #假设两个模型最后的预测结果均为[1,0],但是概率不同
8   model_one_pred = torch. tensor([0.9, 0.1])        #模型 1 预测
9   model_two_pred = torch. tensor([0.6, 0.4])        #模型 2 预测
10  #计算两种模型的交叉熵损失
11  l1 = loss(model_one_pred, Y)
12  l2 = loss(model_two_pred, Y)
13  print(f'model_one_pred 的交叉熵损失为:{l1:.4f}')
14  print(f'model_two_pred 的交叉熵损失为:{l2:.4f}')
```

上述代码打印了两个不同模型预测结果（model_one_pred 和 model_two_pred）的交叉熵损失，结果如下。

```
model_one_pred 的交叉熵损失为：0.1054
model_two_pred 的交叉熵损失为：0.5108
```

根据代码示例 4-4 中第 6 行，标记 Y＝[1,0]，进一步分析：

- 虽然，代码第 8、9 行 model_one_pred＝[0.9,0.1]和 model_two_pred＝[0.6,0.4]，两个模型的预测结果均为正确分类。
- 然而，代码第 11、12 行打印出 model_one_pred 和 model_two_pred 的交叉熵损失分别为 0.1054 和 0.5108。

交叉熵损失值越低通常意味着模型的预测分布更接近真实分布，因此模型 1 的性能比模型 2 更优。

为了帮助读者深入理解交叉熵损失（CE Loss）在多分类任务中的应用，本书给出一个完整代码示例，如下。

```
1    ♯代码示例 4-5    利用交叉熵评估多分类预测模型
2    import torch.nn as nn
3    ♯首先定义多分类损失函数为 CE Loss
4    loss = torch.nn.CrossEntropyLoss()
5    ♯真实结果，三个样本分别属于类别 2,1 和 0
6    Y = torch.tensor([2, 1, 0])
7    ♯预测模型 1 的预测结果
8    model_one_pred = torch.tensor([
9      [0.3, 0.3, 0.4],           ♯预测为类别 2,正确（较弱）
10     [0.3, 0.4, 0.3],           ♯预测为类别 1,正确（较弱）
11     [0.1, 0.2, 0.7]            ♯预测为类别 2,错误（较强）
12    ])
13    ♯预测模型 2 的预测结果
14    model_two_pred = torch.tensor([
15     [0.1, 0.2, 0.7],           ♯预测为类别 2,正确（较强）
16     [0.1, 0.7, 0.2],           ♯预测为类别 1,正确（较强）
17     [0.4, 0.3, 0.3]            ♯预测为类别 0,正确（较弱）
18    ])
19    ls1 = loss(model_one_pred, Y)
20    ls2 = loss(model_two_pred, Y)
21    print(f'model_one_pred 的交叉熵损失为：{ls1:.4f}')
22    print(f'model_two_pred 的交叉熵损失为：{ls2:.4f}')
```

上述代码打印了两个不同模型预测结果（model_one_pred 和 model_two_pred）的交叉熵损失，结果如下。

```
model_one_pred 的交叉熵损失为：1.1447
model_two_pred 的交叉熵损失为：0.8563
```

根据输出结果，结合代码第 9～11 行，进行分析。

- 代码第 9 行，模型 1 预测第一个样本为类别 2,概率为 0.4,相较预测类别 0 和类别 1 的 0.3,相差不大，是一种相对"较弱"的正确。
- 代码第 10 行，模型 1 预测第二个样本为类别 1,概率为 0.4,相较预测类别 0 和类别 2 的 0.3,同样相差不大，也是一种相对"较弱"的正确。

- 代码第 11 行,模型 1 预测第三个样本为类别 2,概率为 0.7,而对于类别 0 的预测概率才仅有 0.1,属于一种"较强"的错误。

根据输出结果,结合代码第 15~17 行,进行分析。

- 代码第 15 行,预测第一个样本为类别 2,概率为 0.7,相较预测类别 0 和类别 1 的 0.1 和 0.2,相差较大,是一种相对"较强"的正确。
- 代码第 16 行,预测第二个样本为类别 1,概率为 0.7,相较预测类别 0 和类别 2 的 0.1 和 0.2,同样相差较大,也属于一种相对"较强"的正确。
- 代码第 17 行,预测第三个样本为类别 0,概率为 0.4,相较预测类别 1 和类别 2 的 0.3,相差很小,因而也是一种"较弱"的正确。

根据上述分析,可知模型 2 明显优于模型 1,这一结论同样可以通过交叉熵损失的对比得到验证:模型 1 的交叉熵损失为 1.1447,明显高于模型 2 的 0.8563。

4.2.4 多层神经网络

多层神经网络(Multi-Layer Neural Network,MLP)的本质是一个由多个层组成的神经网络模型,它模仿了生物神经系统中的神经元连接模式,主要用于对复杂非线性问题建模。

视频讲解

多层神经网络包含输入层、隐藏层和输出层。

- 输入层:接收输入数据。
- 隐藏层:通过线性变换和非线性激活函数对输入数据进行处理,从而学习数据潜在模式与关系。
- 输出层:生成最终的预测结果。

通过增加隐藏层的数量,神经网络能够捕捉到更复杂的模式和关系,从而提高其对复杂任务的处理能力。然而,在定义多层神经网络类时,自定义的神经网络结构仍需遵循以下原则,以确保模型设计的高效性和可扩展性。

- 继承 torch.nn.Module 类。自定义神经网络类必须继承 torch.nn.Module 类。这种设计使得 PyTorch 能够根据用户定义,自动构建和优化计算图,并管理网络中的所有参数,为后续的训练和推理提供便利。
- 在构造函数__init__()中定义网络层。所有的网络层(如线性层、卷积层等)应在类的构造函数__init__()中完成初始化。这种设计确保了网络层的结构在实例化后固定下来,避免在 forward()函数中动态创建网络层,从而提升代码的可读性和执行效率。
- 实现 forward()方法。调用 forward()时无须"显式"调用该方法,输入数据时只须调用模型实例。

1. 手写数字识别类定义

我们将尝试使用全连接神经网络(FCNN)来对手写数字(基于 MNIST 数据集)进行分类,为了应对更为复杂的图像分类任务,神经网络将设计为多层(最少两层),并利用非线性激活函数增强模型的表达能力。自定义类 HWR_Model 代码如下。

```
1    # 代码示例 4-6    手写数字识别多层(两层)神经网络类定义
2    class HWR_Model(torch.nn.Module):
3      def __init__(self, in_features, hidden_size,out_classes):
4          super(HWR_Model, self).__init__()
5          # 1. 线性层 1
6          self.linear1 = torch.nn.Linear(in_features,hidden_size)
7          # 2. 激活函数
8          self.relu = torch.nn.ReLU()
9          # 3. 线性层 2
10         self.linear2 = torch.nn.Linear(hidden_size, out_classes)
11         # 4. 激活函数层
12         # 将数据缩放到 0~1,输出的是每种数的概率,它们的和等于 1
13         self.softmax = torch.nn.Softmax(dim=1)
14     def forward(self, x):
15         # 1.先经过线性函数层 1
16         out = self.linear1(x)
17         # 2. 经过激活函数层
18         out = self.relu(out)
19         # 3. 经过线性函数层 2
20         out = self.linear2(out)
21         # 4 .经过激活函数层
22         out = self.softmax(out)
23         return out
```

HWR_Model 类基于多层 FCNN 的设计,使得模型能够逐层提取输入数据的特征,并最终实现对手写数字的有效分类。在 FCNN 的初始层,模型主要通过权重和偏置对输入数据进行线性变换,从而提取出基础的特征表示;随着层数的增加,网络逐渐能够学习到更加抽象的高层次特征。例如,在处理手写数字的任务时,较低层的网络可能学习到简单的图像特征,如笔画的粗细和角度,而更深的层次则能够捕捉到数字的整体形态和结构。每一层的非线性激活函数(如 ReLU)进一步增强了模型的表达能力,使得网络能够拟合更为复杂的潜在模式和关系。

通过这种逐层学习的方式,FCNN 能够从简单的输入特征开始,逐渐构建对数据的高阶理解,最终完成对手写数字的准确分类。此外,网络的最后一层使用 Softmax 激活函数,将模型输出转换为各个类别的概率值,从而实现最终的分类决策。

全连接神经网络在处理手写数字分类问题时具有很高的灵活性和表现力,尽管与卷积神经网络相比,它在处理图像数据时可能效率较低,但仍然能够通过充分的训练学习到数据的关键特征,实现手写数字类别的有效分类。

2. 计算设备

计算设备是指用于执行计算任务的硬件设施。在人工智能和科学计算领域,计算设备是完成数据处理和模型训练等关键任务的基础资源。通常包括以下三类。

- 中央处理单元:作为计算设备中的基本单元,中央处理器单元(Central Processing Unit,CPU)是最常见的计算资源,负责执行各种计算任务,适合于处理逻辑判断和较小规模的计算任务。
- 图形处理单元:图形处理单元(Graphics Processing Unit,GPU)拥有数千个小的计算核心,是专为并行计算设计的设备,广泛用于深度学习和大规模数据处理。与

CPU 相比,GPU 在执行矩阵计算等重复性高的任务时具有更高的效率,适合训练深度神经网络等大规模模型。

- 其他计算设备:例如,TPU(张量处理单元)等专门为深度学习优化的硬件,加速特定计算任务,或用于大规模数据处理和分布式计算的集群设备等。

计算设备的选择通常依据任务的需求,例如:

- 对于小规模数据处理,CPU 可以提供足够的支持。
- 对于大规模的机器学习模型训练,GPU(或 TPU)则能显著提高模型的训练速度和效率。

由于目前主流的深度学习框架(如 PyTorch 和 TensorFlow)均已针对 GPU 进行了优化,能够充分利用 GPU 硬件来加速复杂的神经网络训练,减少了前向传播和后向传播的计算时间。尤其在处理大规模神经网络(如卷积神经网络、生成对抗网络等)时,GPU 的并行处理能力极大地提升了训练效率,能够在合理的时间内完成大规模参数的更新与计算。

因此,模型训练前需要确认是否有可用的 GPU 设备,并确保模型和数据被加载到相同的计算设备(无论是 CPU 还是 GPU)上,以确保计算过程中的资源利用最大化,并避免因设备不匹配而导致的错误或性能损失。代码示例如下。

```
1    #代码示例 4-7　检查当前环境是否支持 CUDA,并创建 device
2    if torch.cuda.is_available():
3        device = torch.device("cuda")
4    else:
5        device = torch.device("cpu")
6    #创建类对象 model(称为模型),并将其装载到 device 设备上
7    model = HWR_Model(28 * 28, 500, 10).to(device)
8    #打印该模型
9    print(model)
```

上述代码中:

- 第 2 行 torch.cuda.is_available()用于检查当前系统是否有 GPU 可以用于训练。如果有 GPU 设备可用,返回 True,否则返回 False。
- 代码第 3~5 行,根据是否有 GPU 设备可用,生成相应的 device 设备,其中,GPU 设备表示为 torch.device('cuda'),CPU 设备表示为 torch.device('cpu')。
- 第 7 行 .to(device)将模型加载到指定的设备 device 上运行。
- 第 9 行,打印模型 model 的结构,结果如图 4.7 所示。

```
HWR_Model(
    (linear1): Linear(in_features=784, out_features=500, bias=True)
    (relu): ReLU()
    (linear2): Linear(in_features=500, out_features=10, bias=True)
    (softmax): Softmax(dim=1)
)
```

图 4.7　手写数字识别类对象结构

在图 4.7 中,手写数字识别模型 model 由一个自定义的多层神经网络类 HWR_Model 实现,包含两个线性层。

- 第一个线性层 linear1:该层接收输入特征长度为 784 的数据(对应 28×28 的手写数字图像展平(Flatten)后的维度),输出特征长度为 500。
- 第二个线性层 linear2:该层的输入特征长度与上一层 linear1 的输出一致,长度也为 500;输出特征长度为 10,对应手写数字识别的十分类任务(数字 0~9)。

3. 损失函数与优化器

在手写数字识别任务中,神经网络模型的输出类别为 10(对应 0~9 共 10 个数字类别)。根据 4.2.3 节,为在训练过程中准确地衡量预测结果与真实标签(标记)之间的差异,采用交叉熵损失函数(CE Loss)处理多分类问题。

在多分类任务中,模型的最后一层通常会使用 Softmax 激活函数,将神经网络输出的每个类别得分转换为概率分布,从而保证所有类别的概率和为 1。在 PyTorch 中,多分类的激活函数 Softmax 通过 torch. nn. Softmax 实现。

在实践中,通常 CE loss 损失函数和 Softmax 激活函数都是成对出现的。在 PyTorch 中,torch. nn. CrossEntropyLoss 函数将这两个过程进行了有效整合。具体来说,CrossEntropyLoss 函数内部会自动对模型的预测结果(即 logits)应用 Softmax 函数,从而将其转换为概率分布。这样,用户无须显式调用 Softmax 激活函数,从而简化了代码实现,并且确保了计算的正确性和高效性。

在多分类任务中,选择合适的优化算法(优化器)对模型参数进行优化,以最小化交叉熵损失函数,从而有效提升模型的分类性能,这一点至关重要。常见的优化器包括 Adam、Momentum 和 RMSprop 等,其中,Adam 优化器因其收敛速度较快且在多分类任务中表现出色,通常作为首选优化器。Adam 优化器通过自适应调整学习率,使得模型训练更加稳定,并且能够快速找到最优解。

以下是多分类损失函数和优化器的定义示例代码。

```
1    #代码示例 4-8  多分类损失函数定义
2    #识别手写数值 0~9,共 10 个分类
3    import torch.optim as optim
4    import torch.nn as nn
5    lossFunction = nn.CrossEntropyLoss()
6    learning_rate = 0.01
7    #多分类常用的优化器
8    optimizer = optim.Adam(model.parameters(), lr = learning_rate)
```

在上述代码中:

- 第 6 行 learning_rate=0.01 设置优化器的学习率为 0.01,控制每次参数更新的步长大小。
- 第 8 行 optim. Adam()函数通过参数 model. parameters()获取模型 model 中所有可训练的参数(如权重和偏置),并将其交由优化器 optimizer 管理。在训练过程中,优化器会根据梯度信息自动更新这些受托管的模型参数。

4. 模型训练与预测

根据前述内容,我们了解了多分类任务中模型训练的基本过程,并选择了适合的损失函数与优化器。接下来,将通过具体的代码示例来展示如何实现模型训练,过程如下。

```
1    #代码示例 4-9  模型训练
2    import datetime
3    starttime = datetime.datetime.now()          #记录开始时间
4    #循环次数设置为 5
```

```
5    epoches = 5
6    for epoch in range(epoches):
7        #使用 enumerate 封装迭代器,用于返回索引值 i(从 0 开始)
8        for i, (features, labels) in enumerate(train_loader):
9            #装载到内存或 GPU 中 device = 'cpu' or 'gpu'
10           features = features.view(-1, 28 * 28).to(device)
11           labels = labels.to(device)
12           #1. 正向传播
13           pred = model(features)                    #调用 model 对象的 forward()方法
14           #2. 计算损失
15           loss = lossFunction(pred, labels)
16           #3. 反向传播
17           loss.backward()
18           #4. 更新参数
19           optimizer.step()
20           #5. 清空梯度
21           optimizer.zero_grad()
22           if i % 100 == 0:
23               print(f"loss = {loss:.4f}")
24   endtime = datetime.datetime.now()
25   elapsedTime = (endtime - starttime).seconds
26   print("训练完成,耗时 {} 秒!".format(elapsedTime))
```

上述代码中,第 8 行,enumerate 是一个迭代器封装类,将传入的可迭代对象(如列表、元组等)封装为一个新的迭代器,并返回(索引,值)的元组。在循环遍历过程中,常用索引来跟踪循环批次。

程序运行结果如下。

```
loss = 2.3045
loss = 2.0136
loss = 1.8430
loss = 1.7414
loss = 1.6524
...
loss = 1.5869
loss = 1.5240
loss = 1.5215
训练完成,耗时 41 秒!
```

从代码的运行结果可以看出,损失已经基本收敛,训练结束。下面从测试集中选择几张图片,来验证该预测模型。代码如下。

```
1    #代码示例 4-10
2    #从测试集中取出测试数据
3    samples = iter(test_loader)
4    features, labels = next(samples)
5    #显示前 5 条数据
6    import matplotlib.pyplot as plt
7    for i in range(5):
8        plt.subplot(1, 5, i + 1)
9        plt.imshow(features[i][0], cmap = "gray")
10   print(labels[0:5])
```

在上述代码中:

- 第 3 行,由于可迭代对象 test_loader 只能通过循环遍历来获取数据加载器中的数据,因此使用 iter(test_loader)将其封装到迭代器对象 samples 中。
- 第 4 行,通过 next(samples)从迭代器对象 samples 中取出一个批次的样本数据,包括:特征(features)和标记(labels)。
- 第 7 行,遍历前 5 个样本并进行处理。
- 第 8 行,plt. subplot(1,5,i+1) 将画布区域分为 1 行 5 列,并选择第 i+1 个子图作为当前的描绘区。
- 第 9 行,plt. imshow(features[i][0], cmap="gray") 绘制第 i 个数据特征的图像,features 是二维张量,第二个维度是通道。由于灰度图像仅有一个通道,因此,features[i][0]提取了第 i 个样本的图像数据,另一参数 cmap="gray"指定使用灰度显示。

运行结果如图 4.8 所示。

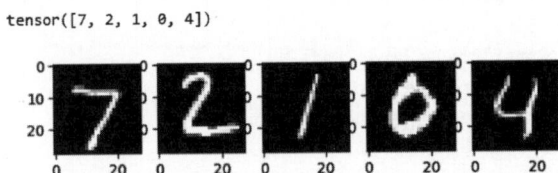

tensor([7, 2, 1, 0, 4])

图 4.8　测试集中前 5 张手写数字图像

下面利用训练好的预测模型 model,对上述 5 张手写数字图片进行预测。下面的代码展示了如何将 5 张手写数字图片输入模型,获取预测结果。

```
1    #代码示例 4-11  使用模型预测 5 张手写数字图片
2    features = features.view(-1, 28 * 28)
3    #预测使用 CPU,而非 GPU
4    model.cpu()
5    with torch.no_grad():   #在 with 代码块中禁用梯度计算,以加快推理速度并节省内存
6        pred = model(features)
7    print(pred[0:5].int())
```

在上述代码中:

- 第 2 行,features. view(−1, 28 * 28)将 features 转换为二维张量,其中第一个参数 −1 表示该维度的大小将自动计算以满足元素总数的要求;第二个参数 28 * 28,是根据代码示例 4-6 中手写数字识别神经网络类定义,第一个线性层 linear1 的输入特征长度为 784 的数据(对应 28×28 的手写数字图像展平后的维度)确定。
- 第 6 行,由于 features 为取出的一批数据,批长度大小为 batch_size,因此共有 batch_size 个样本进行预测,返回预测结果的个数也与 batch_size 相等。
- 第 7 行,为与图 4.8 中的 5 张手写数字图片对应,因此仅打印前 5 个预测结果。

最终结果如图 4.9 所示。

tensor([[0, 0, 0, 0, 0, 0, 0, 1, 0, 0],
        [0, 0, 1, 0, 0, 0, 0, 0, 0, 0],
        [0, 1, 0, 0, 0, 0, 0, 0, 0, 0],
        [1, 0, 0, 0, 0, 0, 0, 0, 0, 0],
        [0, 0, 0, 0, 1, 0, 0, 0, 0, 0]], dtype=torch.int32)

图 4.9　测试集中前 5 张手写数字图片的预测结果

在图 4.9 中,5 行 10 列的预测结果张量矩阵中,每行的 10 个数字(0 或 1)代表对应位置的手写数字的类别预测概率。其中,等于 1 的位置分类为真,其他位置分类为假。分析如下。

- 第 0 行第 7 列数字为 1,代表数字 7,预测正确。
- 第 1 行第 2 列数字为 1,代表数字 2,预测正确。
- 第 2 行第 1 列数字为 1,代表数字 1,预测正确。
- 第 3 行第 0 列数字为 1,代表数字 0,预测正确。
- 第 4 行第 4 列数字为 1,代表数字 4,预测正确。

图 4.9 中的结果虽然直观,但不方便统计。由于矩阵中的每行对应一张手写数字图片的预测结果,如果预测为某个数字,则该位置上为 1,其余位置为 0,那么,只需找到每行中最大值的位置,该位置序号就是预测的数字的值。这样就可以很容易判断预测的准确性,修改代码如下。

```
1    #代码示例 4-12    直接输出预测数字,并与标记(真实)值比较
2    #pred[0:5]为二维张量,其 shape 为(5, 10),axis=1,表示要从第二个维度的 10 个数字中找到
     最大值
3    values, indexes = torch.max(pred[0:5], axis=1)
4    print("预测值: ", indexes)
5    print("真实值: ", labels[0:5])
```

上述代码第 3 行 torch.max(pred[0:5], axis=1),从模型预测的前 5 个结果 pred[0:5]中,沿着类别数据的维度(axis=1)查找每张图片的最大值及其索引(位置序号)。之所以axis=1 是因为 pred[0:5]为二维张量,其 shape 为(5, 10),要从第二个维度的 10 个数字中找到最大值。最终,torch.max(pred[0:5], axis=1)返回两个值,分别如下。

- values:每张图片在所有类别上的最大预测概率值。
- indexes:对应最大概率值的索引位置(也就是数字本身的值)。

torch.max 返回 5 张图片的预测位置(即为预测数字本身),保存在 indexes 中,因此第4 行代码只须打印 indexes 的内容。第 5 行打印了标记集合中的前 5 个标记值,以对比模型的 5 张图片的预测结果,如下。

```
预测值: tensor([7, 2, 1, 0, 4])
真实值: tensor([7, 2, 1, 0, 4])
```

从上述结果可以看出,模型对 5 张手写数字图片的预测与标记值完全一致。然而,要全面了解训练好的模型性能如何,仅凭个别样本的测试结果是不够的。通常使用"准确率"这一关键指标来衡量模型的分类性能,如式(4-3)所示。

$$正确率 = \frac{正确分类的样本数}{总样本数} \tag{4-3}$$

根据式(4-3)在测试集上评估模型的性能,通过准确率反映模型预测结果中正确分类的比例,代码如下。

```
1    #代码示例 4-13    统计模型的准确率
2    model.cpu()
3    with torch.no_grad():
4        num_correct = 0
5        num_samples = 0
```

```
6          for features, labels in test_loader:
7              features = features.view(-1, 28 * 28)
8              #预测结果 pred 为二维张量,其 shape 为(batch_size, 10)
9              pred = model(features)
10             #axis = 1,表示要从预测结果 pred 的第二个维度的 10 个数字中找到最大值
11             values, indexes = torch.max(pred, axis = 1)
12             #每张图片的最大预测概率值保存在 values 中,相应的位置保存在 indexes 中
13             um_correct += (indexes == labels).sum().item()   #num_correct 为正确预测个数
                                                                #的累计值
14             num_samples += len(labels)                       #num_samples 为测试样本总数
15         print(f"正确预测个数为: {num_correct}")
16         print(f"预测样本总数为: {num_samples}")
17         print(f"模型的准确率为: {(num_correct / num_samples):.2%}")
```

最终结果如下。

```
正确预测个数为: 9332
预测样本总数为: 10000
模型的准确率为: 93.32%
```

模型的正确率虽然超过 90%,但结果并不十分理想,读者可以尝试调整代码来提高模型预测正确率。例如,可增加训练的轮数,改变隐层的宽度以及降低学习率数值等。

根据笔者的实验结果,如果仅使用 FCNN 来预测手写数字,最终结果可能不会非常理想,模型预测正确率的提升空间有限。最根本的原因在于 FCNN 本身的结构简单,难以充分从图像数据中提取有效特征。如果要进一步提升模型的预测能力,需要引入更复杂的网络结构。

4.3 节将介绍卷积神经网络(Convolutional Neural Networks,CNN),一种专门用于处理具有网格结构数据(如图像)的深度学习模型。CNN 的设计灵感来源于人类视觉系统,通过局部感知机制提取输入数据特征,在图像识别、目标检测等任务中具有出色的表现,是图像处理和计算机视觉领域最重要的核心技术之一。

🔑 4.3　学习案例 4: CIFAR-10 图像分类

CIFAR-10 数据集是一个常用于图像分类和计算机视觉任务的标准基准数据集,由于数据集中的图像分辨率较低且物体姿态、光照等变化多样,因此常被用于评估深度学习模型在图像分类中的性能,特别是卷积神经网络(CNN)的训练和验证。本节将通过一个基于 CNN 的 CIFAR-10 数据集分类案例,帮助读者深入理解 CNN 在图像分类任务中的应用,并掌握其核心构建方法。本节重点学习内容如下。

- CNN 结构。
- 卷积层。
- 池化层。
- 构建 CNN 分类网络。

4.3.1　CIFAR-10 简介

CIFAR-10(Canadian Institute for Advanced Research 10)数据集是一个用于图像分类

任务的常用数据集,由加拿大多伦多大学的 Alex Krizhevsky 和 Geoffrey Hinton 等人创建。

该数据集包含 60 000 张彩色图像,每张图像的尺寸均为 32px×32px,分为 10 个种类:飞机、汽车、鸟、猫、鹿、狗、青蛙、马、船、卡车。每个种类均包含 6000 张图像,其中,5000 张用于训练,1000 张用于测试。

由于 CIFAR-10 数据集包含多种日常物体类别,图像相对较小且复杂,常用于计算机视觉领域的模型评估与实验,是测试卷积神经网络(CNN)等深度学习算法性能的经典数据集之一,如图 4.10 所示。

与 MNIST 数据集相比,CIFAR-10 具有以下特点。

图 4.10　CIFAR-10 数据集示例

- CIFAR-10 中的图像均为 3 通道的 RGB 彩色图像,而 MNIST 是灰度图像。

- CIFAR-10 的图片尺寸为 32px×32px,比 MNIST 的 28×28 图片尺寸稍大。

- 与 MNIST 中的手写数字图像相比,CIFAR-10 数据集包含的是现实世界中的真实物体。这些图像不仅包含更多的噪声信息,而且物体的比例、形状、特征等更具多样性,为分类任务带来了更多挑战。

因此,如果直接使用 4.2.4 节中采用的"多层线性神经网络"方法,其在 CIFAR-10 数据集上难以获得令人满意的分类效果。

1. CIFAR-10 图像集获取

在 PyTorch 中,可以通过 torchvision 库方便地获取 CIFAR-10 数据集,代码如下。

```
1   #代码示例 4-14   下载 CIFAR-10 测试集示例代码
2   import torch
3   import torchvision
4   #训练集
5   train_dataset = torchvision.datasets.CIFAR10(root = "./data/cifar-10-python",train =
    True, download = True)
6   #测试集
7   test_dataset = torchvision.datasets.CIFAR10(root = "./data/cifar-10-python", train =
    False, download = True)
```

2. CIFAR-10 样本展示

为了解 CIFAR-10 数据集的具体内容,可以通过随机展示一个样本的标记和对应的特征图像进行观察,代码如下。

```
1   #代码示例 4-15   展示一个 CIFAR-10 测试集中的随机样本
2   import numpy as np
3   import matplotlib.pyplot as plt
4   import random
5   #定义图片的 10 个种类
```

```
6    cifar10_classes = [
7        "airplane", "automobile", "bird", "cat", "deer", "dog", "frog", "horse","ship", "truck"
8    ]
9    # 获取 1~100 的随机整数
10   index = random.randint(1,100)
11   features, label = test_dataset[index]
12   img = np.array(features)
13   # 打印图片种类,以及该图片的形状
14   print(f"第{index}张图片种类为: {cifar10_classes[label]}")
15   print(f"图片数据的形状为: {img.shape}")
16   plt.imshow(img)
17   plt.show()
```

运行结果如图 4.11 所示。

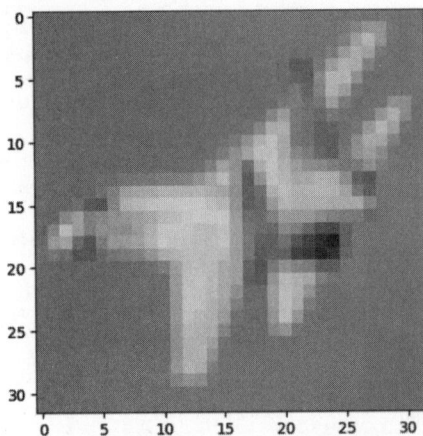

第10张图片种类为: airplane
图片数据的形状为: (32, 32, 3)

图 4.11　CIFAR-10 中测试集随机样本示例

图 4.11 中,打印出测试集中第 10 个(index=10)样本的分类"airplane"(标记为 0),特征图像的 shape 值为(32,32,3),以及该样本的特征图像(飞机)。

4.3.2　卷积神经网络

卷积神经网络(CNN)是一种深度学习模型,广泛应用于图像识别、目标检测等计算机视觉任务中。在学习 CNN 之前,需要考虑以下两个问题。

(1) 计算机视觉(CV)处理的对象以何种形式存在?

在生活场景中,以手机为例,拍摄的图像通常以 RGB 彩色图像的形式存在,每个像素点都由三种颜色表示:红色(Red)、绿色(Green)和蓝色(Blue)。图像数据通常存储在三维矩阵中,其维度为高度(图像的行数)、宽度(图像的列数)以及颜色通道数(通常是三个通道对应 RGB)。换言之,图像的每个像素点会有三个数值,分别表示该像素点的红色、绿色、蓝色的强度,值的范围通常为 0~255,用以表示颜色的亮度。

(2) 多层线性神经网络(参考 4.2.4 节)应用于计算机视觉任务是否适当?

多层线性神经网络并不适用于计算机视觉任务,主要原因如下。

- 多层线性神经网络只能进行线性变换,无法有效捕捉复杂的非线性特征和局部信

息,不仅难以处理高维数据,且容易发生过拟合。

- 线性模型缺乏平移不变性,无法适应物体在图像中位置、大小和方向的变化。

1. 彩色图像的处理

在卷积神经网络出现之前,计算机处理图像较为困难,主要有以下两方面原因。

(1) 图像需要处理的数据量太大,导致成本很高,效率很低。通常来说,图像由像素构成,每个像素具有不同颜色,如图 4.12 所示。

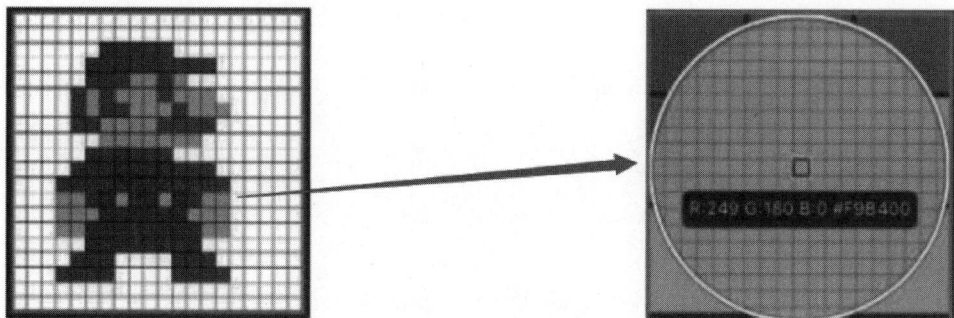

图 4.12　RGB 彩色图像的像素表示

由于数字摄像技术的发展,特别是智能手机的普及,人们通常见到的图像几乎都是高分辨率的,目前手机拍摄的照片都超过 1000px×1000px。

通常来说,彩色图像中的每个像素都拥有三个通道(RGB)的数据,代表不同颜色的信息。那么,处理一张 1000px×1000px 的图像,就需要处理 $1000×1000×3=3\,000\,000$ 个数据。

在日常生活和工作中,面对高分辨率且数量庞大的图像数据集,直接处理这些数据往往需要极高的计算资源,甚至可能难以完成。而 CNN 的使命就是"将复杂问题简单化",通过卷积缩减图像的规模。大部分应用场景下,通过 CNN 降维并不会影响最终结果。通常,高像素的图像缩小为低像素图像后,并不会影响人眼识别结果。类似地,CNN 同样能够从降维后的图像中提取关键特征,并完成准确分类。这种强大的能力使 CNN 成为图像处理领域的关键技术之一。

(2) 图像在数字化的过程中很难保留原有的特征,导致图像处理的准确率不高。一般地,传统的图像数字化方法如图 4.13 所示。

在图 4.13 中,假设有圆点的方格为 1,无圆点的方格为 0。因圆点的位置不同,计算机的图像数字化便会产生不同的数据表达。例

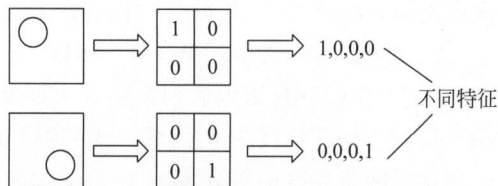

图 4.13　图像的简单数字化方法

如,图中上方方框中的圆点位于左上角,数字化后的特征数据为[1,0,0,0];而下方方框中的圆点位于右下角,数字化后的特征数据为[0,0,0,1],两组数据完全不同。但根据人类的观察视角,图像只是位置发生翻转,本质上并未有任何变化。因此可知,图像的简单数字化是无法保留图像特征的。

在实际应用中,当图像中的物体发生位移或旋转时,传统方法通常会导致提取的特征数

据产生较大差异,从而影响识别效果。而 CNN 能够有效地保留图像的关键特征。即使图像出现旋转、平移或其他变换,仍然能够准确识别物体。

2. 使用线性网络进行图像分类

虽然线性网络(全连接神经网络,Fully Connected Neural Network,FCNN)可以用于图像分类,但由于其固有的结构特性,分类效果往往不尽如人意。下面给出一个简单的分析过程来进行说明,如图 4.14 所示。

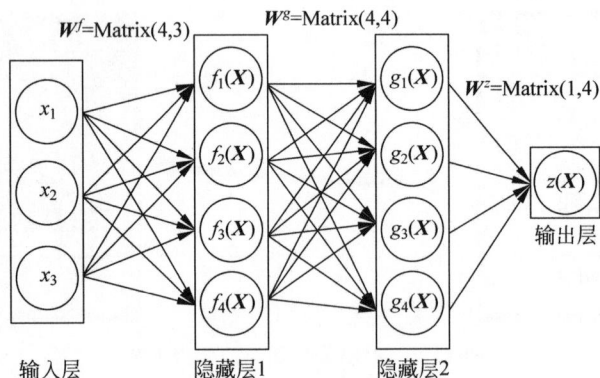

图 4.14　利用 FCNN 进行图像分类

在图 4.14 中,输入层具有三个特征维度 $\boldsymbol{X}=[x_1,x_2,x_3]$。网络结构中还包含两个隐藏层:隐藏层 1 和隐藏层 2。其中,隐藏层 1 有 4 个函数节点输出,分别为 $f_1(\boldsymbol{X})=\boldsymbol{W}_1\boldsymbol{X}$,$f_2(\boldsymbol{X})=\boldsymbol{W}_2\boldsymbol{X}$,$f_3(\boldsymbol{X})=\boldsymbol{W}_3\boldsymbol{X}$ 和 $f_4(\boldsymbol{X})=\boldsymbol{W}_4\boldsymbol{X}$,统一简写为 f_1、f_2、f_3 和 f_4。

因此,对于 $\boldsymbol{X}=[x_1,\,x_2,\,x_3]$,

$$\boldsymbol{W}^f=\begin{bmatrix}w^f_{1,1} & w^f_{1,2} & w^f_{1,3}\\ w^f_{2,1} & w^f_{2,2} & w^f_{2,3}\\ w^f_{3,1} & w^f_{3,2} & w^f_{3,3}\\ w^f_{4,1} & w^f_{4,2} & w^f_{4,3}\end{bmatrix}$$

同理,隐藏层 2 节点分别简写为 g_1、g_2、g_3 和 g_4;输出层简写为 z;且 $\boldsymbol{W}^g$、$\boldsymbol{W}^z$ 均与 $\boldsymbol{W}^f$ 具有类似的矩阵形式(矩阵具体内容略)。

在图 4.14 中,参数层 $\boldsymbol{W}^f$、$\boldsymbol{W}^g$ 和 $\boldsymbol{W}^z$ 分别对应神经元节点间的连接线,分别为 4×3、4×4 和 1×4 矩阵(其中,矩阵的列为输入向量长度,矩阵的行为输出向量长度)。可以明确的是,输入数据的特征长度为 3,隐藏层 1 和隐藏层 2 的节点长度均为 4,输出层长度为 1。因此,三层神经网络具有的参数量为 $4\times3+4\times4+1\times4=32$。

对于 FCNN 来说,如果输入数据特征数量增加,必然需要更多的中间隐藏层节点,那么增加的连接线(模型参数)的数量也会迅速增加,神经网络将会变得更为庞大。

FCNN 在处理 MNIST 这种简单图片(分辨率较小、灰度图)的分类任务时表现尚可。一旦遇到彩色(RGB)图片或分辨率较高时,分类效果将会大打折扣。通常来说,FCNN 方法的优势和弊端都很明显,需要根据具体应用权衡。

FCNN 在图像分类任务中的优势如下。

· 其结构相对简单,只需要连接所有输入节点和输出节点,容易理解并适合快速上手操作。

- 对一些较小规模的数据集或简单的图像分类任务,尤其是在图像特征不复杂时,FCNN 可以给出合理的分类结果。
- 实践中,FCNN 直接将图像数据拉平为一维向量后进行计算,因此不需要设计复杂的神经网络结构,减少了模型训练的复杂度。

但 FCNN 在图像分类任务中又存在明显的弊端。

- 由于 FCNN 将图像拉平为一维向量,丢失了图像的空间结构信息,导致 FCNN 在处理复杂图像时表现较差。
- FCNN 模型中的参数数量与输入维度成正比,而图像的像素点通常较多。例如,一张 32px×32px 的彩色 RGB 图像就有 $32 \times 32 \times 3 = 3072$ 个输入节点,若图像分辨率较高,则参数规模会呈指数增长,这种情况很可能会导致模型训练成本巨大且容易发生过拟合。
- FCNN 无法识别图像中目标的平移或旋转,这意味着当图像中的物体发生位置变化时,模型很难正确分类。相比 CNN 具有一定的平移不变性,FCNN 在图像分类任务中的能力大打折扣。
- FCNN 在处理简单图像数据集(如 MNIST)时可能还能给出相对合理的结果,但对于复杂数据集(如 CIFAR-10 或 ImageNet),由于不能很好地提取图像特征,表现往往较差。

3. 卷积神经网络的作用

人类在利用视觉系统进行观察时,并不会同时处理整个场景中的全部细节。而是利用眼和脑的协同机制,通过移动视线,扫视整个场景,并聚焦于场景中较为重要的部分,并随后逐步构建全景视觉感知。另外,人在进行观察时,总会下意识地选择重要的细节部分(特征信息)进行观察,并刻意忽略或降低其他次要部分特征信息的重要性。例如,当我们看到一个人,通常会优先观察人脸(面部)关键区域,然后再逐步观察其他细节,如身高、体型和肤色等。这种提取局部关键特征的视觉信息处理方式,减少了对非重要细节的关注,提高了信息处理的效率和精准度,使得我们能够在短时间内快速获取最重要的信息。

受人类视觉神经系统启发,CNN 通过卷积核的局部感受野来处理图像,每个卷积核仅关注图像中的一小部分特征。通过这种方式,网络能够从局部特征逐步提取到更为抽象的全局信息,从而有效地捕捉图像的关键特征。这种局部感知的结构不仅有助于减少计算量和模型复杂度,还能确保在识别过程中保持重要的细节信息,提高了图像识别等任务的效率。

1981 年,神经生物学家 David Hubel 和 Torsten Wiesel 因其关于视觉信息处理的开创性研究获得诺贝尔医学奖。他们发现,视觉系统通过分层的方式处理信息,较低层的神经元负责检测简单的视觉特征,如边缘、纹理和方向等,而更高层的神经元则将这些局部特征组合起来,识别出更复杂的模式和对象。人类视觉系统的基本工作机制如图 4.15 所示。

根据图 4.15 可知,首先经瞳孔射入视网膜上的是最基本的像素点(原始信号输入),接着由大脑皮层某些神经细胞发现边缘和方向(初步处理),然后由另一部分大脑皮层的神经细胞判定这些物体的形状(由边组成轮廓)。最后,由其他大脑皮层的神经细胞进一步抽象

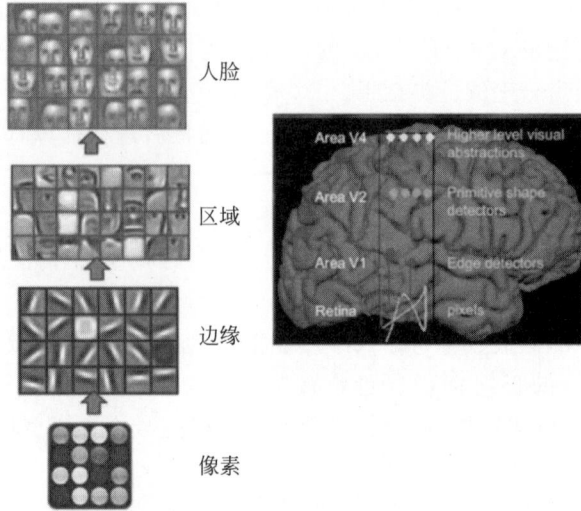

图 4.15　人类视觉系统的基本工作机制

为人脸(根据人脸特征信息进行识别)。

　　CNN 模仿人类视觉系统的工作过程,通过多个卷积核的局部感受野来处理图像,并逐级抽象,其工作过程如图 4.16 所示。

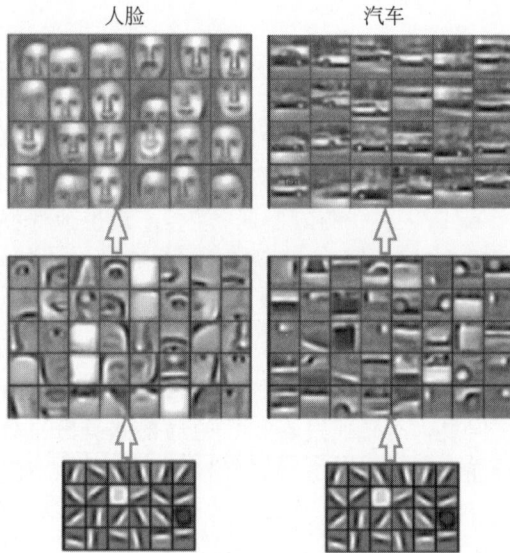

图 4.16　CNN 的工作过程

　　在图 4.16 中,训练样本包括两类图像"人脸"和"汽车"。CNN 最初提取的两类对象的特征非常相似,均为边缘或方向特征;之后,CNN 对底层获得的边缘特征信息进一步提取并抽象,获得不同对象的轮廓特征(例如,人脸的器官和车轮的局部细节等);再后,CNN 进一步从轮廓特征信息中提取和抽象,最终生成更低维度、更有意义的特征信息(相应的分类图像,即人脸和汽车);最终,这些经逐层提取并抽象出的图像核心特征送入全连接层(FCNN)中进行分类。CNN 的特征提取工作将会显著提升 FCNN 预测的准确性,并确保模型能够高效、精准地完成图像分类任务。

4. 卷积神经网络结构

CNN 是一种特殊的深度学习模型或人工神经网络多层感知器,由多个层次构成,每个层次在处理图像时起到不同的作用。主要包括卷积层、池化层、全连接层和输出层等组件,如图 4.17 所示。

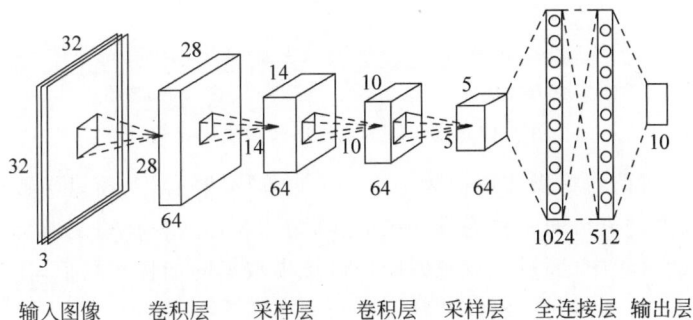

图 4.17　CNN 结构

在图 4.17 中,CNN 的这种特有结构能够自动提取多层次的特征,有效处理高维图像数据,广泛应用于图像分类、目标检测等任务。各个层次详述如下。

1) 卷积层

卷积层(Convolutional Layer)是 CNN 的核心组件,通过卷积核(滤波器)的滑动,从输入数据中提取局部特征。最初卷积层提取的通常是图像中的边缘、纹理等低层次特征,随着网络层次加深,卷积层提取的特征会逐渐从简单的特征转向更加复杂的模式。

2) 池化层

池化层(Pooling Layer)又称为采样层,主要用于对卷积层输出的特征图进行下采样(降维),通过取得局部区域的最大值或平均值来减小特征图的空间尺寸(特征数据量),但同时保留重要的特征信息,不仅降低了计算复杂度,还使得特征对位置的变化更具鲁棒性。

3) 全连接层

卷积层和池化层提取到的深层特征最终会传递到全连接层(Fully Connected Layer),在全连接层,将会把输入的特征图展平为一维向量,便于进行分类或回归任务。

4) 输出层

输出层(Output Layer)通过激活函数(如 Softmax 或 Sigmoid)将全连接层的输出转换为分类结果或其他任务所需的输出形式。

4.3.3　卷积层

卷积层是卷积神经网络(CNN)的核心组成部分,具有三个非常重要的特征:局部卷积、参数共享和多核卷积。

视频讲解

1. 局部卷积

卷积核通常采用局部感知机制,用于从输入数据中提取局部特征。局部感知与全局感知方式的主要区别在于处理数据的范围:局部感知仅关注输入数据的一小部分区域,而全局感知则考虑整个输入数据的所有信息,如图 4.18 所示。

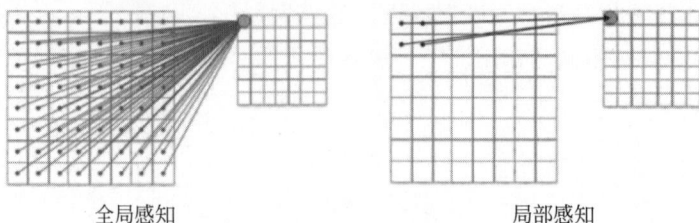

全局感知   局部感知

图 4.18 卷积层的全局感知和局部感知

在图 4.18 中,所谓卷积操作可视为利用一个矩阵形状的滑动窗口函数进行局部数据感知(获取)过程,该滑动窗口通常称为卷积核(也称为滤波器或特征检测器)。

卷积核在滑动过程中,通过计算感知矩形区域中数据的加权平均值,作为输出值。卷积核滑动结束后,全部输出值形成新的特征图。过程如图 4.19 所示。

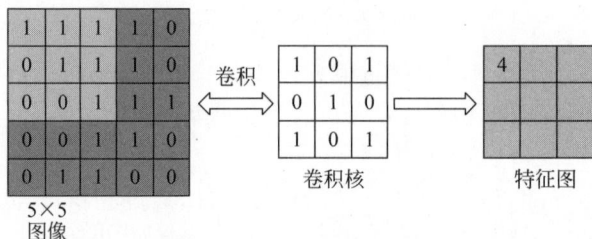

图 4.19 卷积核通过窗口滑动形成特征图

在图 4.19 中,图像 image 为 5px×5px 矩阵,卷积核 filter 为 3×3 矩阵,如果设定滑动步长均为 1,按照从左至右、从上至下的顺序滑动窗口以感知 image 中的数据特征,最后将生成 3×3 大小的特征图。

根据卷积核中的权重值,以及在 image 中对应的数据,特征图中第一个特征数据(左上角)的计算过程如下。

$$1×1+1×0+1×1=2$$
$$0×0+1×1+1×0=1$$
$$0×1+0×0+1×1=1$$

最终,计算结果为 $2+1+1=4$。利用卷积核 filter 继续对整张图像 image 进行扫描,最终计算结果如图 4.20 所示,读者可以自行验证。

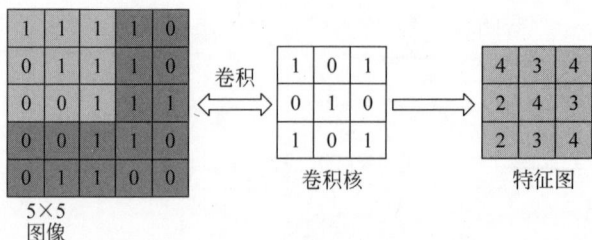

图 4.20 卷积核扫描整张 image 生成特征图

2. 参数共享

参数共享是卷积神经网络的重要特性之一,指的是在同一卷积层中,卷积核在输入图像的不同区域滑动时始终使用相同的一组权重。这种设计大幅减少了需要学习的参数数量,确保神经网络能够在不同位置提取一致的特征,同时提升了计算效率和模型的泛化能力。详述如下。

- 减少模型参数量。与全连接神经网络相比,卷积神经网络的参数要少很多,这是由于同一个卷积核的权重在整个输入图像上都是共享的,因此大大减少了需要训练的参数量。尤其是在处理高维数据(如大尺寸的图像)时,CNN 模型的计算效率会更高。
- 提升泛化能力。参数共享不仅能够简化模型,也增强了卷积核对局部模式的学习能力。例如,图像中的不同区域可能会存在相同的边缘或形状。由于卷积核采用参数共享机制,因而能在不同位置识别出相似的特征,从而提升了网络的泛化能力。
- 平移不变性。如果一个物体在图像中发生了平移,由于参数共享机制,卷积核仍能在不同位置提取到相似特征。例如,在人脸识别中,即使人脸在图像中的位置发生了变化,卷积核依然可以在人脸的不同部分检测到眼睛、鼻子等特征。

卷积神经网络中的参数共享机制设计源自人类视觉系统的启发,广泛应用于图像识别和目标检测,同时也发展出许多专用卷积核,如边缘检测、锐化和模糊等。为了便于读者理解,下面将通过一个简单的例子进行说明,如图 4.21 所示。

−1	−1	−1
−1	8	−1
−1	−1	−1

图 4.21 卷积核定义

在图 4.21 中,给出了一个 3×3 卷积核的定义(卷积核中的权重值)。不难发现,如果图像扫描区域的中心像素点的值与周围像素点接近(或相同),那么卷积计算结果一定趋于 0(或等于 0)。由此可知,该卷积核的用途应该是"提取图像轮廓"。下面通过代码进行验证,如下。

```
1  #代码示例 4-16  提取展示一个 CIFAR-10 测试集中的随机样本
2  import matplotlib.pyplot as plt
3  import cv2 as cv
4  import numpy as np
5  img = plt.imread("data/images/woman.jpg")
6  features = []
7  features.append(img)
8  fil = np.array([
          [-1, -1, -1],
          [-1, 8, -1],
          [-1, -1, -1]
      ])
9  res = cv.filter2D(img, -1, fil)        #使用 OpenCV 的卷积函数
10 features.append(res)
11 for i in range(2):
12     plt.subplot(1, 2, i + 1)
13     plt.imshow(features[i])
```

输入图像(原图)和卷积后的"轮廓图像"(特征图)如图 4.22 所示。

轮廓卷积核:

−1	−1	−1
−1	8	−1
−1	−1	−1

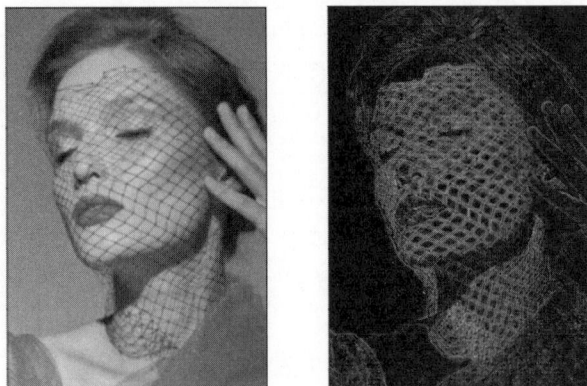

(a) 输入图像   (b) 轮廓图像

图 4.22   输入图像和轮廓图像

图 4.22(a)为原始图像,图 4.22(b)为经过卷积核提取特征后生成的特征图像。下面给出几个常用的"锐化""浮雕""模糊"效果的卷积核示例,以及使用这些卷积核生成的特征图(见图 4.23~图 4.25)。

(1) 锐化卷积核。

−1	−1	−1
−1	9	−1
−1	−1	−1

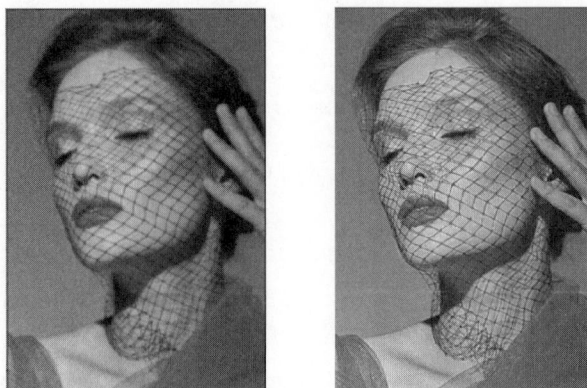

(a) 输入图像   (b) 锐化图像

图 4.23   输入图像和锐化图像

（2）浮雕卷积核。

−1	−1	0
−1	0	1
0	1	1

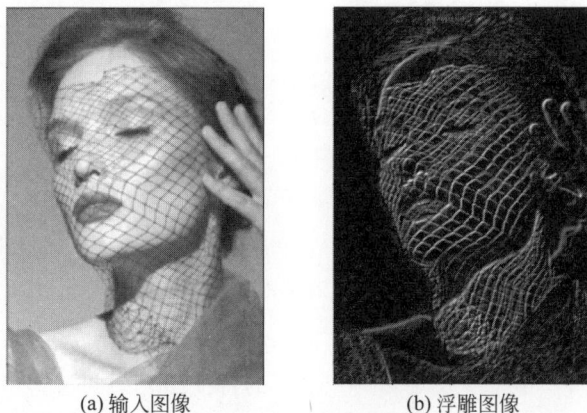

(a) 输入图像   (b) 浮雕图像

图 4.24　输入图像和浮雕图像

（3）模糊卷积核。

1/9	1/9	1/9
1/9	1/9	1/9
1/9	1/9	1/9

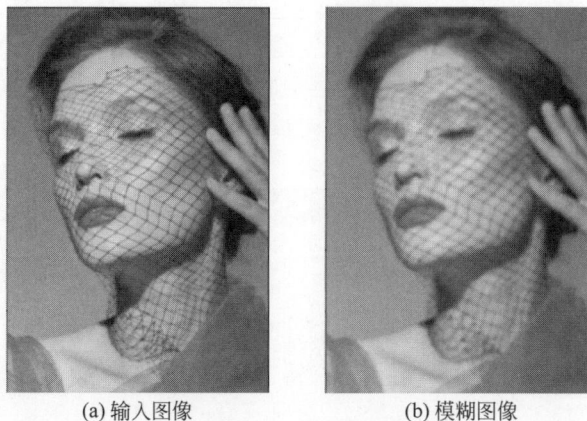

(a) 输入图像   (b) 模糊图像

图 4.25　输入图像和模糊图像

3. 多核卷积

虽然参数共享提高了网络的效率，但单个卷积核只能提取一种特定的特征，如边缘或某种纹理。为了弥补这一缺陷，CNN 通常会在每一层使用多个卷积核。每个卷积核提取不同的特征类型，这样 CNN 能够从同一输入图像中提取出多样化的特征表示，这有助于模型更全面地理解和表示复杂的图像内容。

多核卷积中,每个卷积核生成一个特征图,多个卷积核产生的特征图堆叠在一起,作为下一层的输入。这样的多核卷积不仅提高了 CNN 的特征提取能力,还保持了局部感受野的优势,从而更好地描述复杂的图像结构,增强模型的特征表达能力,并能够从不同的角度全面捕获图像中的关键信息,从而提升整体的分类准确性,如图 4.26 所示。

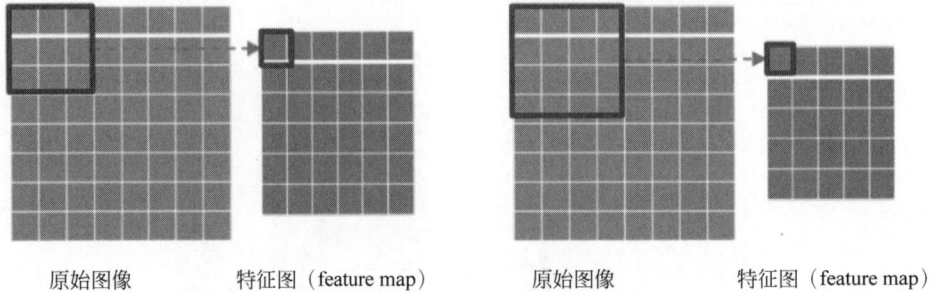

图 4.26 不同尺寸的多核卷积

在图 4.26 中,输入图像为 8px×8px 矩阵,卷积核分别为 3×3 矩阵和 4×4 矩阵,默认移动步长为 1 的情况下,分别生成 6×6 和 5×5 的特征图。不同卷积核生成的不同特征图,通常可以理解为该输入图像卷积后的不同通道。

通常来说,CNN 在不同层中可使用不同大小的卷积核来捕获不同尺度的特征,但在同一层中,卷积核的大小是固定的,如图 4.27 所示。

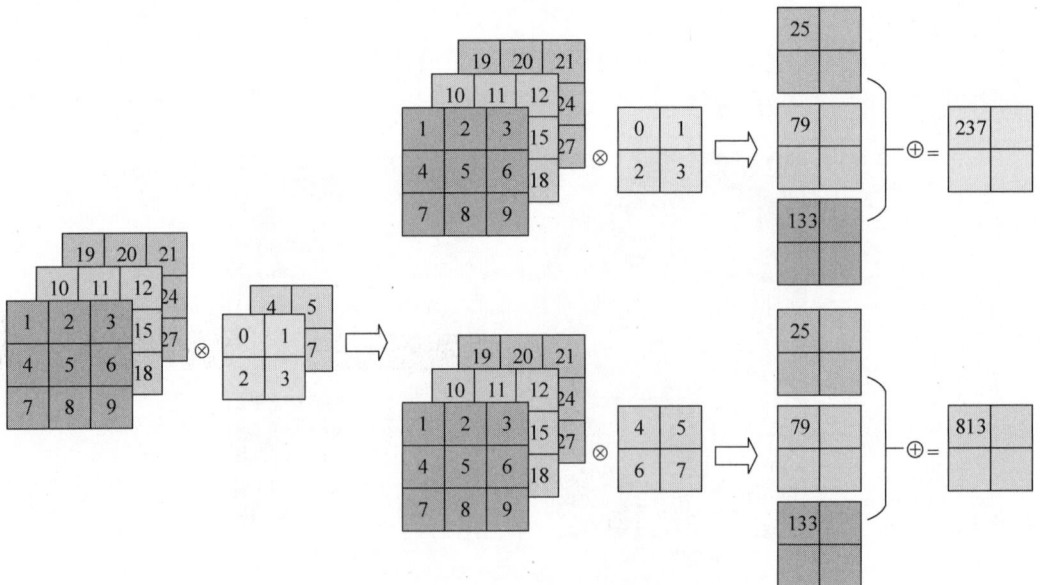

图 4.27 相同大小的多卷积核

此外,卷积核的权重值是 CNN 中的可训练参数,初始值通常是随机的,模型在训练过程中通过反向传播和梯度下降算法不断调整权重,使其能够学习不同类型的特征。

4.3.4 池化层

在卷积神经网络中,卷积运算通常会按固定步长滑动卷积核窗口生成特征图。该过程中不可避免地会产生大量重复和冗余信息,尤其是在图像中具有相似颜色或纹理的区域时。例如,在处理一张包含天空的图片时,天空区域的各部分颜色和纹理通常非常接近,这将导致卷积层提取的局部特征高度相似,不仅增加了特征冗余,同时使得计算量增大。

为消除卷积过程中产生的冗余信息并保留关键特征,池化层(Pooling Layer)被引入CNN 中。池化层具有下述几个显著的特点。

1. 特征不变性

池化处理通常也称为"降采样处理",用以压缩特征图,去除相似的冗余特征信息。特别是当图片中存在大片相近的背景区域时,池化层能够有效过滤掉相似的局部特征,只保留关键信息,通过减小特征图的尺寸,降低后续层的计算量和参数规模,使模型更加轻量化,因此有效提升了训练和预测的效率,尤其在大规模图像数据处理时,性能提升尤为明显,如图 4.28所示。

图 4.28　池化处理保留主要特征不变

2. 特征降维

池化处理包括两种常见类型:最大池化(Max Pooling)和平均池化(Average Pooling)。

最大池化选择局部区域中的最大值作为该区域的代表,倾向保留局部区域中的显著特征,能够更好地捕捉到输入数据中的显著模式或边缘特征,使模型能够更好地应对图像的平移、缩放等变换,同时有效过滤掉局部噪声。

平均池化通过对局部区域内的所有像素值取平均值来生成特征图,虽然该方式能够平滑特征图,适合处理平滑、变化较小的图像区域。相比最大池化,平均池化保留了更多的背景信息,减少了噪声对模型的影响,但它可能会削弱对局部显著特征的响应,导致模型对图像的细节变化不够敏感,因此平均池化更适合于那些不太强调局部特殊性的任务。

两种池化的计算过程如图 4.29 所示。

3. 防止过拟合

池化层通过保留最重要的特征,并忽略不重要的细节和噪声,使模型更加专注于全局特

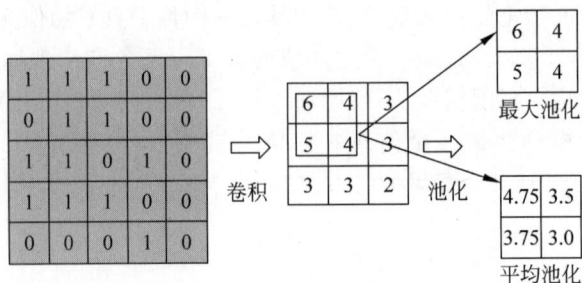

图 4.29　最大池化和平均池化

征。此外，随着网络层的加深，池化层逐渐压缩特征图，使模型能够从初级特征（如边缘、纹理）过渡到高级特征（如形状和物体轮廓），增强了特征的抽象能力，从而提高了模型的泛化能力，也缓解了过拟合现象。

4.3.5　多层处理

一般而言，在图像处理中，第一层卷积及降采样往往只学到了局部的特征，通常是边缘、纹理等简单的几何信息。随着网络层数的增加，模型能够逐步捕捉到更加全局化的特征，进而识别更复杂的模式。层数越多，学到的特征越具有抽象性，从低级特征（如边缘、纹理）组合形成更高级的特征表示（如物体的形状、结构、语义信息）。因此 CNN 通常会有多个卷积层和池化层，如图 4.30 所示。

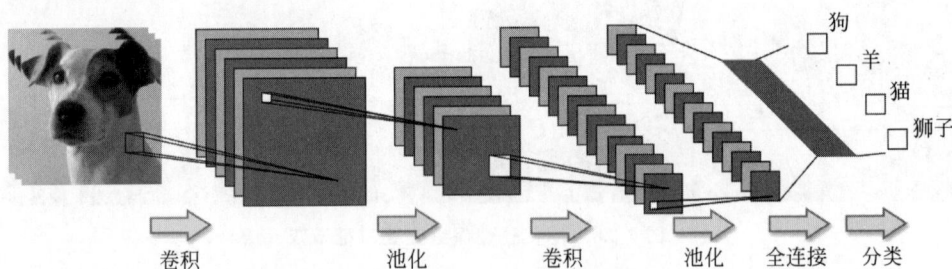

图 4.30　CNN 的多层处理

多层处理是卷积神经网络提升模型鲁棒性的重要机制之一。通过多层次的特征提取，模型能够更有效地应对图像中的局部变化，如平移、缩放和旋转等。具体而言，浅层卷积通常专注于提取边缘、纹理等低级特征，而深层卷积则通过逐层组合浅层特征，捕捉更加抽象的语义信息和全局上下文关系。正是这种分层学习的架构，使得模型能够逐步从局部细节过渡到整体理解，从而增强对图像复杂性和多样性的适应能力，为解决复杂视觉任务提供了坚实的基础。

4.3.6　全连接层

在卷积神经网络的结构中，经过多个卷积层和池化层的堆叠之后，通常连接一个或多个全连接层。在整个网络中，全连接层主要承担"分类器"的角色。若将卷积层、池化层和激活函数层视为将原始数据逐步映射到隐层特征空间的过程，那么全连接层则完成了将学习到的"抽象特征表示"映射到样本标记空间的任务，从而实现最终的分类输出，如图 4.31 所示。

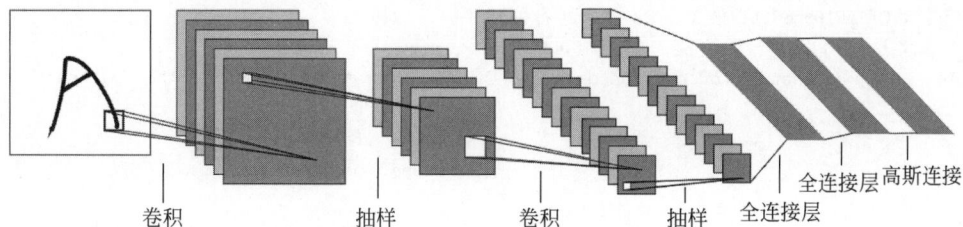

图 4.31　CNN 中的全连接层

卷积　　　抽样　　　卷积　　　抽样　　全连接层　全连接层 高斯连接

如图 4.31 所示,经过多层卷积和池化操作后,CNN 将最终生成的特征图展平为一维向量,作为全连接层的输入。这一过程实际上是将从图像中提取的深层语义特征交给全连接层进行判断和分类,从而生成具体的预测结果。

全连接层与卷积层相比,参数数量较多,因为每个神经元都连接到前一层的所有输出。这使得全连接层在网络中占据了较大的参数比例,可能带来过拟合的风险,因此需要配合使用正则化或 Dropout 操作,来抑制模型的过拟合现象。

4.3.7　构建 CIFAR-10 分类网络

CIFAR-10 数据集由多伦多大学计算机科学系的 Alex Krizhevsky、Vinod Nair 和 Geoffrey Hinton 等人于 2009 年发布,用于训练机器学习和计算机视觉算法。CIFAR-10 数据集由 60 000 张 32×32 的彩色图片组成,包括 50 000 张训练图片及 10 000 张测试图片。所有图片分为 10 个种类,每个种类有 6000 张图片。

本节的任务是引导读者使用 PyTorch 框架构建一个卷积神经网络模型,实现对 CIFAR-10 数据集中的图像分类和识别。通过实践,读者将对深度学习中的图像分类模型的构建、训练过程有更深入的认识和理解,为后续的学习奠定基础。

1. 数据预处理

根据 4.3.1 节可知,CIFAR-10 数据集包括 10 个种类的图片(参考图 4.10),分别是"飞机""汽车""鸟""猫""鹿""狗""青蛙""马""船""卡车"。类别可定义为 cifar10_classes＝["airplane","automobile","bird","cat","deer","dog","frog","horse","ship","truck"]。

与 MNIST 数据集(参考 4.2 节)相比,CIFAR-10 数据集中的图片为彩色图像,具有三个颜色通道。因此,需要调整数据预处理方法。具体处理步骤包括张量封装、归一化和标准化处理。代码实现如下。

```
1   #代码示例 4-17　CIFAR-10 数据预处理
2   import torch
3   import torchvision
4   import torchvision.transforms as transforms
5   import numpy as np
6   transform = transforms.Compose([
7       #将数据封装到张量中,并进行归一化处理,将数据转换到[0, 1]
8       transforms.ToTensor(),
9       #标准化处理,将数据从[0,1]转换到[-1, 1],从而实现均值和标准差的调整
10      transforms.Normalize((0.5, 0.5, 0.5), (0.5, 0.5, 0.5))
11  ])
```

```
12    #CIFAR10: 60000 张 32×32 大小的彩色图片
13    #这些图片共分为 10 类,每类有 6000 张图像
14    train_dataset = torchvision.datasets.CIFAR10(root = "./data/cifar - 10 - python",
15                                                  train = True,
16                                                  download = True,
17                                                  transform = transform)
18
19    test_dataset = torchvision.datasets.CIFAR10(root = "./data/cifar - 10 - python",
20                                                 train = False,
21                                                 download = True,
22                                                 transform = transform)
23    print("训练集的图像数量为: ", len(train_dataset))
24    print("测试集的图像数量为: ", len(test_dataset))
```

在上述代码中,第 7~10 行的 transforms.Compose()将多个图像转换操作按顺序组合成一个操作流程。其中:

- 第 8 行,transforms.ToTensor()将图像数据转换为 PyTorch 中的 Tensor(张量)类型,并将像素值从[0,255]范围转换为[0,1]范围。
- 第 10 行,transforms.Normalize(mean,std)负责对图像进行标准化处理,即按给定的均值(mean)和标准差(std)分别对三个通道(RGB)进行归一化,因此将 mean 和 std 均设置为(0.5,0.5,0.5),其作用是:通过标准化让图像数据的值域更加集中在 0 附近,从而加速模型训练。

2. 数据集分批

在获得训练集和测试集后,可以使用 torch.utils.data.DataLoader 将它们分别封装为训练集数据加载器(train_loader)和测试集数据加载器(test_loader)。这样可以在模型的训练和评估过程中,按批次高效地加载数据。以下是具体的代码示例。

```
1     #代码示例 4 - 18    封装数据集加载器
2     from torch.utils.data import DataLoader
3     #设置批次的长度(每批包含样本数)
4     batch_size = 10
5     #训练集数据加载器
6     train_loader = DataLoader(dataset = train_dataset,
7                               batch_size = batch_size,
8                               shuffle = True)
9     #测试集数据加载器
10    test_loader = DataLoader(dataset = test_dataset,
11                             batch_size = batch_size,
12                             shuffle = True)
13    print(f'训练集合包括: {len(train_loader)}批数据!')
14    print(f'测试集合包括: {len(test_loader)}批数据!')
```

程序运行结果如下。

训练集合包括: 5000 批数据!
测试集合包括: 1000 批数据!

利用已经定义好的测试集数据加载器 test_loader,加载若干张图片,并观察图片的具体效果。代码如下。

```
1    #代码示例 4-19   利用数据加载器获得图片示例
2    import matplotlib.pyplot as plt
3    def imshow(img):
4        #加载器读取的图片是归一化后的图片,因此这里需要将图片反归一化
5        #原操作: (input - mean)/std => output
6        #反向操作: output * std + mean = input
7        img = img * 0.5 + 0.5
8        #将图像从 Tensor 转为 NumPy
9        npimg = img.numpy()
10       #维度转换 C×W×H --> W×H×C(plt 展示的图像的顺序)
11       #从 [3, 32, 32] 到 [32, 32 ,3]
12       imgt = np.transpose(npimg, (1, 2, 0))
13       plt.imshow(imgt)
14       plt.show()
15   #随机获得一些训练图像
16   dataiter = iter(test_loader)
17   #构建迭代器,取出数据的批长度为 10,数据形状为(10, 3, 32, 32)
18   images, labels = next(dataiter)
19   #函数 make_grid()将多张图片组合成一张图片,默认 padding = 2px
20   image_AllInOne = torchvision.utils.make_grid(images)
21   print(image_AllInOne.shape)   #[3, 70, 274],其中 274 = 32 * 8 + 9 * 2
22   imshow(image_AllInOne)
```

在上述代码中:

- 第 7 行,由于加载的图像经过归一化处理,为了显示图像,需要将其反归一化。

- 第 12 行,PyTorch 中使用的图像数据通常是 C×W×H(即通道数×宽度×高度),而 Matplotlib 显示图像时需要的格式是 W×H×C(即宽度×高度×通道数),因此通过 np.transpose()函数进行维度转换。

- 第 20 行,torchvision.utils.make_grid(images)是 PyTorch 中用于将多张图像拼接成一张网格形式的大图的函数。其中,参数 images 是一个包含多个图像的张量,形状为(N, C, H, W),其中,N 是图像数量(通常为 batch_size)。本例中,images 包含 10 张图像,网格默认设置为 8 列,则 10 张图像将合并为 2×8 的网格图像,并返回赋值到 image_AllInOne。

- 第 21 行,打印合并后图像 image_AllInOne 的形状。由于返回的图片中包含网格线本身,其宽度默认为 2px(padding=2),因此,image_AllInOne 的高度为两张图片的高度+上下填充的两个 padding+中间填充间隔的一个 padding,H=2+32+2+32+2=70; image_AllInOne 的宽度为 8 张图片的宽度+左右两个填充的 padding+中间的 7 个填充间隔的 padding,W=32×8+(2+7)×2。

最终程序运行结果如图 4.32 所示。

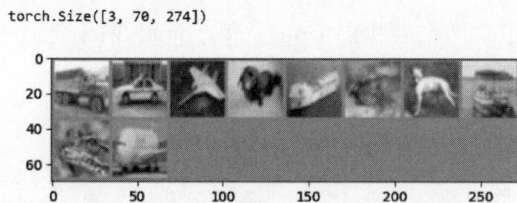

图 4.32   利用数据加载器获得图片示例

读者可以多次运行"代码示例 4-19"中的代码,通过 images,labels＝next(dataiter) 获得数据集中不同批次的图像和标记数据,以观察不同的样本图像情况。需要注意的是,由于这些图像的分辨率仅为 32px×32px,人眼观测效果可能不够清晰,但 CNN 通过训练仍能分辨出其类别特征。

在实际应用中,通常根据计算机内存(或 GPU 显存)的容量调整批处理大小(batch_size)。较大的批处理大小可以充分利用内存(显存)资源,从而加速训练过程。在此基础上,对代码示例 4-18 进行优化,修改后的代码如下。

```
1   #代码示例 4-20  增加数据集加载器的批处理长度
2   from torch.utils.data import DataLoader
3   #增加批处理的长度
4   batch_size = 50
5   #训练集数据加载器
6   train_loader = DataLoader(dataset = train_dataset,
7                             batch_size = batch_size,
8                             shuffle = True)
9   #测试集数据加载器
10  test_loader = DataLoader(dataset = test_dataset,
11                           batch_size = batch_size,
12                           shuffle = True)
13  print(f'训练集合包括：{len(train_loader)}批数据！')
14  print(f'测试集合包括：{len(test_loader)}批数据！')
```

程序运行结果如下。

训练集合包括：1000 批数据！
测试集合包括：200 批数据！

3. 神经网络类定义

对于 CIFAR-10 数据集,利用 PyTorch 构建一个适用于该数据集的卷积神经网络模型,其整体结构设计如图 4.33 所示。

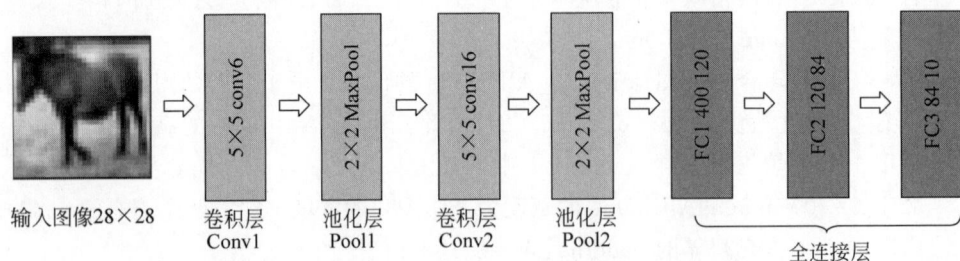

图 4.33　对 CIFAR-10 数据集分类的卷积神经网络结构

在图 4.33 中,模型包含两个卷积层 Conv1 和 Conv2,两个池化层 Pool1 和 Pool2,以及三个全连接层 FC1、FC2 和 FC3。其中：

- Conv1 中包含 6 个大小为 5×5 的卷积核。
- Conv2 中包含 16 个大小为 5×5 的卷积核。
- 每个卷积层之后均包含一个池化层,Pool1 与 Pool2 的大小均为 2×2,都采用最大池化操作。

- 线性层 FC1 的输入特征长度为 400,输出特征长度为 120。
- 线性层 FC2 的输入特征长度为 120,输出特征长度为 84。
- 线性层 FC3 的输入特征长度为 84,输出分类数为 10。

卷积神经网络类 ConvNet 的定义如下。

```
1   #代码示例 4-21  神经网络定义
2   import torch.nn.functional as F
3   import torch.nn as nn
4   #网络模型的建立
5   class ConvNet(nn.Module):
6       def __init__(self):
7           super(ConvNet, self).__init__()
8           #神经网络的输入为三个通道
9           #Conv2d 参数:
10          #(1)in_channels(int)输入特征矩阵的深度(图片通道数)
11          #(2)out_channels(int)为卷积核的个数
12          #(3)kerner_size(int or tuple)为卷积核的尺寸
13          self.conv1 = nn.Conv2d(3, 6, 5)         #注意卷积核无 padding
14          self.pool = nn.MaxPool2d(2, 2)
15          #上一层卷积核数量 6 为输出通道数,等于下一层输入通道数
16          self.conv2 = nn.Conv2d(6, 16, 5)
17          #上一层卷积核数量 16,输出通道数 16,特征矩阵 5×5
                #因此 linear1 的输入特征长度为 16×5×5 = 400
18          self.fc1 = nn.Linear(16 * 5 * 5, 120)
19          self.fc2 = nn.Linear(120, 84)
20          #由于一共有 10 个类别,因此模型的输出为 10
21          self.fc3 = nn.Linear(84, 10)
22          self.relu = torch.nn.ReLU()
23      def forward(self, x):
24          #传入数据,设 batch size = n,则 x -> n, 3, 32, 32; 注意: n 为批次长度
25          #Conv1 的卷积核 size 为 5,且无 padding,因此上下损失为 2+2=4,那么特征图尺寸为
                #28×28
26          out = self.conv1(x)                    #out -> n, 6, 28, 28(32-2-2=28)
27          out = self.relu(out)                   #
28          out = self.pool(out)                   #out -> n, 6, 14, 14(由于最大池化为 2×2,
                                                    #因此特征图减小一半,28÷2=14)
29          out = self.conv2(out)                  #out -> n, 16, 10, 10 (14-2-2=10)
30          out = self.relu(out)                   #激活函数
31          out = self.pool(out)                   # -> n, 16, 5, 5 (由于最大池化为 2×2,因此
                                                    #特征图减小一半,10÷2=5)
32          out = out.view(-1, 16 * 5 * 5)         # -> n, 400(16 个卷积核,特征图尺寸为 5×5,
                                                    #因此 16×5×5=400)
33          out = self.relu(self.fc1(out))         # -> n, 120
34          out = self.relu(self.fc2(out))         # -> n, 84
35          out = self.fc3(out)                    # -> n, 10
36          return out
```

上述代码定义了一个简单的卷积神经网络模型类 ConvNet,共包含两个卷积层、两个池化层和三个全连接层。其中,每个卷积层之后都使用 ReLU 激活函数,并通过最大池化层降低特征图的尺寸;卷积层逐步提取图像中的特征,最终通过全连接层进行分类。下面将对代码的各部分进行详细说明。

- 代码的第 13 行定义了一个卷积层 self.conv1,输入为 3 通道(RGB 图像),卷积核的

数量为 6(输出通道)，卷积核大小为 5×5。

- 代码的第 14 行定义了一个最大池化层 self. pool，池化核的大小为 2×2，步长为 2，池化层的作用是减少特征图的大小为原来的一半。
- 代码的第 16 行定义了一个卷积层 self. conv2，输入为 6 通道（与卷积核 self. conv1 的输出通道相同），卷积核的数量为 16(输出通道)，卷积核大小为 5×5。
- 代码的第 18 行定义了第一层全连接层 self. fc1，其输入特征的维度为 16×5×5＝ 400，这是由于卷积层 self. conv2 最后输出的通道数为 16，特征图为 5×5；self. fc1 的输出特征长度为定义长度 120。
- 代码的第 19 行定义了第二层全连接层 self. fc2，其输入特征长度等于 self. fc1 的输出特征长度 120，输出特征长度根据定义为 84。
- 代码的第 21 行定义了最后一层全连接层 self. fc3，其输入特征长度为 84，由于分类任务定为 10 个类别，因此最终的输出长度为 10。
- 代码的第 32 行，out. view(−1,16∗5∗5)将卷积层的输出结果展平为一维向量，以便传递给全连接层。其中，第一个参数−1 表示自动调整大小，16×5×5＝400 为展平后的特征长度。
- 代码第 33、34 行，self. fc1、self. fc2 和 self. fc3 依次通过全连接层进行处理，最后的预测结果为 n×10 的二维张量，第一个维度的 n 是批次长度 batch_size，第二个维度对应 10 个分类结果。

4. 模型训练与预测

神经网络类 ConvNet 定义完成后，创建 ConvNet 类对象 model，并开始模型训练前的准备工作，代码如下。

```
1   #代码示例4-22  神经网络训练前的准备
2   import torch
3   #训练之前,先检查是否有 GPU 可用,并在训练时将模型移动到合适的计算设备(GPU 或 CPU)
4   if torch.cuda.is_available():
5       device = torch.device('cuda')
6   else:
7       device = torch.device('cpu')
8   #设置了模型训练的超参数(学习率和迭代次数)
9   learning_rate = 0.01
10  epoches = 3
11  #创建模型对象
12  model = ConvNet().to(device)
13  #定义交叉熵损失函数,适用于多分类任务
14  lossFun = nn.CrossEntropyLoss()
15  #初始化 Adam 优化器,并设置学习率,用于更新模型的参数
16  optimizer = torch.optim.Adam(model.parameters(), lr = learning_rate)
```

在上述代码中，第 16 行通过 torch. optim. Adam()类创建了优化器对象 optimizer。由于 Adam(Adaptive Moment Estimation)是一种自适应学习率优化算法，不仅结合了动量法和 RMSprop 的优点，还能根据梯度的一阶动量（均值）和二阶动量（方差）动态调整每个参数的学习率。与传统的 SGD(随机梯度下降)优化器相比，Adam 优化器通常具有更快的收敛速度和更稳定的性能。

在配置相关超参数，生成模型对象、优化器对象和损失函数对象之后，即可开始模型的训练过程，代码如下。

```
1    #代码示例 4-23   神经网络训练
2    losses = []
3    for epoch in range(epoches):
4        running_loss = 0.0
5        running_acc = 0.0
6        epoches_loss = []
7        for i,data in enumerate(train_loader):
8            features = data[0].to(device)        #数据特征
9            labels = data[1].to(device)          #标记
10           #进行预测
11           preds = model(features)
12           loss = lossFun(preds, labels)
13           loss.backward()
14           optimizer.step()
15           optimizer.zero_grad()
16           #当前损失的累计
17           running_loss += loss.item()
18           #当前一批数据通过模型预测的平均正确率
19           correct = 0
20           total = 0
21           _, predicted = torch.max(preds.data, 1)
22           total = labels.size(0)               #labels 的长度,一批数据的数量
23           #预测正确的数目
24           correct = (predicted == labels).sum().item()
25           accuracy = correct / total
26           running_acc += accuracy
27           #每隔多少批输出统计结果
28           blockSize = 100
29           if i % blockSize == (blockSize - 1):
30               print( f'epoch = {epoch + 1},i = {i + 1}, running_loss = {(running_loss/100):.4f}')
                     running _ accuracy = {( running _ acc/blockSize):. 2 % }, loss = {(np.mean
                     (losses)):.4f}')
31               running_loss = 0.0
32               running_acc = 0.0
33           #损失累计
34           losses.append(loss.item())
```

程序运行结果如下。

```
epoch = 1,i = 100, running_loss = 1.5123, running_accuracy = 46.98 %, loss = 1.5129
epoch = 1,i = 200, running_loss = 1.5330, running_accuracy = 45.34 %, loss = 1.5224
epoch = 1,i = 300, running_loss = 1.5333, running_accuracy = 44.58 %, loss = 1.5255
...
epoch = 3,i = 900, running_loss = 1.4933, running_accuracy = 46.92 %, loss = 1.5128
epoch = 3,i = 1000, running_loss = 1.5084, running_accuracy = 47.22 %, loss = 1.5127
```

上述程序运行结果说明，在经过三个训练周期后，最后一批训练数据的正确率仅为47.22%，同时损失值为1.5127。这表明模型的表现并不理想。请读者结合所学知识，分析可能的原因，并尝试改进代码以提升模型的准确率。

5. 寻求最佳超参数

在代码示例 4-23 中，经过三个训练周期后，模型的分类准确率仍然较低。如果再次运

行代码示例 4-23,相当于增加额外的训练周期,这可能会在一定程度上提高模型的准确率。但是,影响模型准确率的因素不仅限于训练次数。

在模型训练过程中,超参数的选择对模型的最终性能至关重要。通过对比不同的超参数设置,读者可以深入了解这些参数如何影响训练效果,从而在实际应用中合理调整超参数配置,以优化模型性能。以下代码示例展示了超参数对模型训练效果的具体影响。

```
1    #代码示例 4-24   获得最佳超参数
2    import torch.optim as optim
3    #定义当前设备是否支持 GPU
4    device = torch.device('cuda' if torch.cuda.is_available() else 'cpu')
5    print(f'device = {device}')
6    learning_rates = [0.01, 0.005, 0.001, 0.0005, 0.0001]
7    epoches =      [  5,   10,   20,    30,    50 ]
8    #运行后,发现最佳超参数值的组合(lr = 0.0005, epoch = 30, acc = 0.6498)
9    tj = []
10   for i, lrate in enumerate(learning_rates):
11       epochNum = epoches[i]
12       model = ConvNet().to(device)
13       optimizer = torch.optim.Adam(model.parameters(), lr = lrate)
14       train_loss = []   #训练损失
15       train_accs = []   #正确率
16       for epoch in range(epochNum):
17           for j, data in enumerate(train_loader):
18               features = data[0].to(device)
19               labels = data[1].to(device)
20               outputs = model(features)
21               loss = lossFun(outputs, labels)
22               loss.backward()
23               optimizer.step()
24               optimizer.zero_grad()
25               train_loss.append(loss.item())
26               _, predicts = torch.max(outputs, 1)
27               correct = (predicts == labels).sum().item()
28               total = labels.shape[0]   #labels 的长度
29               train_accs.append(correct / total)
30           loss_mean = np.mean(train_loss)
31           acc_mean = np.mean(train_accs)
32           print(f'lr = {lrate}, epoch_num = {epochNum},
                            epoch = {epoch}, loss = {loss_mean}, acc = {acc_mean:.2 % }')
33       #当前学习率和训练 epoch 次数下,模型训练完毕,下面用测试集测试
34       model.cpu()
35       with torch.no_grad():
36           num_correct = 0
37           num_sample = 0
38           for features, labels in test_loader:
39               pred = model(features)
40               #获取最大的角标,表示的就是哪个数字
41               _, indexes = torch.max(pred, axis = 1)
42               #统计正确的结果
43               num_correct += (indexes == labels).sum().item()
44               num_sample += len(labels)
45           print(f'模型的正确率是: {(num_correct / num_sample):.2 % }')
46           result = {"lr":lrate, "epoch_num":epochNum, "acc":num_correct / num_sample}
```

```
47              #记录当前学习率和训练 epoch 次数下的模型正确率
48          tj.append(result)
49  print(tj)
```

上述代码中：

- 第 34 行 model.cpu()将模型移动到 CPU 设备上进行测试，可以避免代码依赖 GPU，从而提高代码的可移植性和适用性。
- 第 35 行 with torch.no_grad()表示在 with 代码块中禁用梯度计算，以加快推理速度并节省内存。

通过循环遍历不同的学习率和迭代次数（超参数组合），最终输出结果如下。

```
[{'lr': 0.01, 'epoch_num': 5, 'acc': 0.4735},
 {'lr': 0.005, 'epoch_num': 10, 'acc': 0.5838},
 {'lr': 0.001, 'epoch_num': 20, 'acc': 0.6402},
 {'lr': 0.0005, 'epoch_num': 30, 'acc': 0.6489},
 {'lr': 0.0001, 'epoch_num': 50, 'acc': 0.6142}]
```

根据上述实验结果，可知最佳的超参数组合为：学习率 lr＝0.0005，训练轮数 epoch＝30。在该配置下，模型在测试集上获得的最高准确率 acc＝0.6489。

通常，在模型训练和优化过程中，通过调整优化器、损失函数及超参数的不同组合，并比较各组合在测试集上的准确率，是选择最佳预测模型的有效方法。该方法能够在保证模型泛化能力的同时，保证预测模型的性能。

6. 模型保存与加载

在深度学习项目中，训练后的模型可以保存下来，用于后续的预测工作，或者在其基础上继续训练。PyTorch 提供了保存和加载模型的方法，主要有如下两种常见方式。

1）保存和加载模型的参数

这种方法只保存模型的参数（state_dict），而不保存模型的完整结构。加载时需要重新定义模型结构并生成模型对象，再将模型参数（state_dict）加载到新的模型对象中。该种方法较为灵活，适用于不同环境中模型的复现。

保存模型时，可将模型参数文件保存在一个专门的目录中，便于管理和组织。常用的目录名称和结构如下。

```
project_directory/
│
├── models/                        #保存最终模型
│    ├── model.pth                 #最终训练的模型参数
│    └── model_config.json         #模型的配置文件(如果有)
│
└── checkpoints/                   #保存训练中的中间检查点
     ├── checkpoint_epoch10.pth
     └── checkpoint_epoch20.pth
```

通常来说，models 目录用于存放最终训练完成的模型；checkpoints 目录用于存放训练过程中保存的检查点（checkpoints），如每隔若干 epoch 保存下当前的模型。

模型训练完成后，如果后续要用于测试或继续训练，可将其保存到 models 文件夹下，代码如下。

```
1    #代码示例4-25　保存模型的参数(推荐方法)
2    import os
3    #保存模型的文件夹
4    save_dir = 'models/'
5    #确认保存路径是否存在,不存在则建立该目录
6    if not os.path.exists(save_dir):
7        os.makedirs(save_dir)
8    #存储最佳模型的信息
9    best_model_path = os.path.join(save_dir, 'best_model.pth')
10   #保存模型
11   torch.save(model.state_dict(), best_model_path)
```

上面代码中第11行的 model.state_dict()参数对象包含模型 model 中的所有参数(包括权重和偏置),并以字典形式存储。此外,通常将模型参数文件保存为扩展名为".pth"或".pt"的映像数据文件。

模型参数保存后,如果要使用该模型,则需要在加载模型参数前,首先创建模型对象 new_model,然后加载读取的模型参数到模型对象 new_model 中,代码如下。

```
1    #代码示例4-26　加载模型的参数(推荐方法)
2    import os
3    #保存模型的文件夹
4    save_dir = 'models/'
5    #最佳模型的路径
6    best_model_path = os.path.join(save_dir, 'best_model.pth')
7    #创建模型对象
8    new_model = ConvNet()
9    #从文件中加载模型参数,并将加载的参数应用到定义的模型 new_model 中
10   new_model.load_state_dict(torch.load(best_model_path))
11   new_model.to(device)        #将模型移动到相应设备(如 GPU 或 CPU)
```

2) 保存和加载完整模型

这种方法将模型的结构和模型参数一起保存,加载时无须重新定义模型对象,适用于简单场景。不过,这种方法与具体环境绑定比较紧密,可能在不同环境中出现不兼容的情况。代码如下。

```
1    #代码示例4-27　保存和加载完整模型
2    import os
3    #保存模型的文件夹
4    save_dir = 'models/'
5    #最佳模型的路径
6    complete_model_path = os.path.join(save_dir, 'complete_model.pth')
7    #创建模型对象
8    torch.save(model, complete_model_path)
9    #从文件中加载模型,并赋值给 new_model
10   new_model = torch.load(complete_model_path)
11   new_model.to(device)        #将模型移动到相应设备(如 GPU 或 CPU)
```

根据代码示例4-26中所示模型参数保存方法,修改代码示例4-24,在获得最佳超参数组合的情况下,将最优模型保存下来以便后续使用,代码如下。

```
1    #代码示例4-28　获得最佳超参数组合的同时保存最佳模型(完整代码)
2    import torch
3    import torch.optim as optim
```

```
4    import numpy as np
5    import os
6    #定义当前设备是否支持 GPU
7    device = torch.device('cuda' if torch.cuda.is_available() else 'cpu')
8    print(f'device = {device}')
9    #定义学习率和迭代次数的超参数
10   learning_rates = [0.01, 0.005, 0.001, 0.0005, 0.0001]
11   epoches =       [5, 10, 20, 30, 50]
12   #保存模型的文件夹
13   save_dir = 'models/'
14   if not os.path.exists(save_dir):
15       os.makedirs(save_dir)
16   #存储最佳模型的信息
17   best_acc = 0.0                      #初始化为 0,表示当前最优准确率
18   best_model_path = os.path.join(save_dir, 'best_model.pth')
19   #运行后,发现最佳超参数值的组合(lr = 0.0005, epoch = 30, acc = 0.6498)
20   tj = []
21   for i, lrate in enumerate(learning_rates):
22       epochNum = epoches[i]
23       model = ConvNet().to(device)
24       optimizer = torch.optim.Adam(model.parameters(), lr = lrate)
25       train_loss = []                 #训练损失
26       train_accs = []                 #训练准确率
27       for epoch in range(epochNum):
28           model.train()               #设置模型为训练模式
29           for j, data in enumerate(train_loader):
30               features = data[0].to(device)
31               labels = data[1].to(device)
32               outputs = model(features)
33               loss = lossFun(outputs, labels)
34               loss.backward()
35               optimizer.step()
36               optimizer.zero_grad()
37               train_loss.append(loss.item())
38               #计算训练集的准确率
39               _, predicts = torch.max(outputs, 1)
40               correct = (predicts == labels).sum().item()
41               total = labels.shape[0]     #labels 的长度
42               train_accs.append(correct / total)
43           #计算每个 epoch 的平均损失和准确率
44           loss_mean = np.mean(train_loss)
45           acc_mean = np.mean(train_accs)
46           print(f'lr = {lrate}, epoch_num = {epochNum}, epoch = {epoch}, loss = {loss_mean:.4f},
                                                 acc = {acc_mean:.2 %}')
47           #验证模型在测试集上的表现
48           model.eval()                #设置模型为评估模式,不使用 dropout 和 batch norm 等
49           with torch.no_grad():       #禁止梯度计算,节省内存和计算
50               num_correct = 0
51               num_sample = 0
52               for features, labels in test_loader:
53                   features, labels = features.to(device), labels.to(device)
54                   pred = model(features)
55                   #获取预测的类别
56                   _, indexes = torch.max(pred, axis = 1)
```

```
57                        #统计正确的预测数量
58                        num_correct += (indexes == labels).sum().item()
59                        num_sample += len(labels)
60                  val_acc = num_correct / num_sample
61                  print(f'Validation accuracy: {(val_acc):.2%}')
62                  #保存表现最优的模型
63                  if val_acc > best_acc:
64                        best_acc = val_acc
65                        torch.save(model.state_dict(), best_model_path)    #保存最优模型
66                        print(f'Saved best model with acc: {best_acc:.2%}')
67            #记录当前学习率和训练 epoch 次数下的模型正确率
68            result = {"lr": lrate, "epoch_num": epochNum, "acc": best_acc}
69            tj.append(result)
70     print("Training complete.")
71     print(f"Best model accuracy: {best_acc:.2%}")
72     print(f"Model saved at: {best_model_path}")
```

通过不同的超参数组合,循环遍历不同的学习率和迭代次数,并将找到的最佳模型保存到 models 目录下,输出结果如下。

```
device = cuda
lr = 0.01, epoch_num = 5, epoch = 0, loss = 2.3040, acc = 9.77%
Validation accuracy: 10.00%
Saved best model with acc: 10.00%
lr = 0.01, epoch_num = 5, epoch = 1, loss = 2.3038, acc = 9.91%
Validation accuracy: 10.00%
lr = 0.01, epoch_num = 5, epoch = 2, loss = 2.3037, acc = 10.00%
Validation accuracy: 10.00%
...
lr = 0.0001, epoch_num = 50, epoch = 48, loss = 1.2143, acc = 56.74%
Validation accuracy: 59.12%
lr = 0.0001, epoch_num = 50, epoch = 49, loss = 1.2095, acc = 56.92%
Validation accuracy: 59.66%
Training complete.
Best model accuracy: 64.69%
Model saved at: models/best_model.pth
```

习题

一、选择题

1. 在神经网络中,激活函数的引入主要是为了(   ),使其能够解决更为复杂的问题。
   A. 增加模型的非线性能力   B. 增加模型的线性能力
   C. 减弱模型的非线性能力   D. 减弱模型的线性能力

2. CNN 中负责从输入数据中提取局部特征的核心部件是(   )。
   A. 输出层   B. 卷积层
   C. 池化层   D. 全连接层

3. 以下哪个不是损失函数?(   )
   A. torch.nn.CrossEntropyLoss()   B. torch.nn.BCELoss()

C. torch. nn. MSELoss( )   D. torch. nn. Softmax( )

二、简答题

1. 简述 CNN 中卷积层的三个特点。

2. 在 CNN 中,为什么在将卷积层的输出特征图传递给全连接层前,需要将其展平为一维向量?

三、编程练习题

针对 4.3.7 节中的代码示例 4-28,尝试利用已学知识训练模型,以获得正确率更高的预测模型,并保存模型参数到 .pth 文件中。

CHAPTER **5**

第**5**章

自然语言处理

本章学习目标

- 了解自然语言处理的发展历史
- 了解自然语言处理的文本预处理
- 了解语言模型的历史和发展
- 利用神经网络解决自然语言处理问题

本章将从自然语言处理的基础知识入手,逐步引导读者使用PyTorch 构建循环神经网络模型,并通过实际案例巩固所学内容。

5.1　自然语言处理概述

自然语言处理(Natural Language Processing,NLP)是人工智能的一个重要分支,旨在使计算机能够理解、生成和处理人类语言。其核心目标是让机器具备语音识别、文本分析、语言翻译和情感分析等能力,以实现基于自然语言的人机交互。NLP 融合了计算机科学、语言学和统计学的知识,广泛应用于聊天机器人、语音助手、搜索引擎和自动摘要等领域。通过结合深度学习技术,现代 NLP 取得了显著进展,为智能化语言应用奠定了基础。

5.1.1　自然语言处理简介

NLP 涉及的任务广泛而多样,涵盖了从基础语言处理到高级语义理解的各个层次。这些任务不仅包括对文本的分类、分析和生成,还涉及语音识别、翻译、文本摘要和自动问答等复杂应用场景。NLP 的目标是让机器能够像人类一样理解和运用语言,提升其在不同应用中的自然交互能力。针对较为重要的 NLP 任务,简述如下。

- 机器翻译:利用机器自动将文本从一种语言转换为另一种语言,例如,百度翻译、有道翻译和 Google 翻译等工具。机器翻译的出现,大幅提高了跨语言沟通效率。
- 文本分类:通过特征提取技术(如 TF-IDF、词嵌入等)将文本转换为可分析的数据表示,然后利用机器学习或深度学习模型(如朴素贝叶斯、支持向量机、卷积神经网络等)进行训练,从而预测新文本所属的类别。广泛应用于垃圾邮件过滤、情感分析、新闻分类等领域,帮助实现信息自动化处理和智能化决策。
- 情感分析:常用于社交媒体分析、市场研究等领域,用于自动判断文本中所表达的情绪和态度,帮助企业和研究人员更好地理解用户反馈。
- 问答系统:NLP 中常见的应用,从 FAQ 到智能问答机器人,为用户提供精确的信息回复,广泛应用于客服、教育和信息查询等场景。
- 自动摘要:通过从文本中提取关键信息或生成简短摘要,帮助用户快速获取内容的核心要点,提升阅读和信息获取效率,主要用于新闻、文档处理等场景。
- 命名实体识别:用于从文本中识别并分类人名、地名、机构名等实体信息,广泛应用于信息抽取和舆情监测等应用场景。

5.1.2　自然语言处理发展史

自然语言处理(NLP)经历了从规则驱动、统计学习到深度学习驱动的多个发展阶段,每一阶段的技术进步都极大地拓展了 NLP 的应用范围和智能化水平。以下对 NLP 发展的主要阶段进行概述。

1. 早期探索阶段

1950—1989 年,自然语言处理主要依靠手工编写规则。研究者基于语言学知识,为特定任务(如句法分析、词性标注)设计了大量的规则和词典。典型技术包括:

- 解析树。

- 上下文无关语法。
- 有限状态自动机。

代表系统包括：

- Eliza（模拟对话系统）。
- SHRDLU（语义理解实验）。

这一阶段的系统往往过于依赖具体规则，难以应对语言的复杂多变性，且移植性较差、扩展性较低。

2. 统计学习阶段

1990—2010 年，随着计算资源的发展和大规模标注数据的增加，统计学习逐渐成为自然语言处理的主流方法。该阶段的研究方法逐渐转向通过数据驱动的方法来实现特征提取和模型训练。基于统计学的概率模型，能够处理语言的不确定性。经典模型包括：

- 隐马尔可夫模型（Hidden Markov Model，HMM）。
- 朴素贝叶斯（Naive Bayes，NB）。
- 最大熵模型（Maximum Entropy Model，MEM）。
- 条件随机场（Conditional Random Field，CRF）。

主要应用在词性标注、命名实体识别、机器翻译（如 IBM 的统计机器翻译模型）等领域。虽然统计模型实现了语言处理自动化、泛化性较强，但往往依赖大量标注数据，且对复杂上下文关系的理解能力有限。

3. 机器学习与特征工程阶段

随着机器学习理论的成熟，在 2000 年前后，许多机器学习模型逐渐被应用到 NLP 任务中。主要有：

- 支持向量机（Support Vector Machine，SVM）。
- 逻辑回归（Logistic Regression，LR）。
- 随机森林（Random Forests，RF）。

此时，研究人员开始通过特征工程提取任务相关的文本特征，以提升模型表现。其主要特点是基于特征工程提取文本特征，主要技术包括：

- 词袋模型（Bag of Words，BoW）。
- 词频-逆文档频率（Term Frequency-Inverse Document Frequency，TF-IDF）。
- n 元组（n-gram）。
- 词嵌入向量（如 Word2Vec 等）。

由于该阶段需要大量的特征工程工作，特征选择对模型效果影响较大，导致模型的可移植性和自动化程度仍然较低。

4. 深度学习驱动阶段

自 2013 年以来，深度学习逐渐成为自然语言处理的核心技术，特别是循环神经网络（RNN）和 Transformer 架构的创新，推动了 NLP 技术的飞速发展。其中，LSTM、GRU 等变种网络显著增强了模型对长距离依赖关系的建模能力，而 Transformer 的引入更是奠定了现代 NLP 的技术基础。此外,BERT、GPT 和 T5 等大规模预训练模型通过自监督学习在海量数据上进行预训练,再通过微调(fine-tuning)适应特定任务,广泛应用于机器翻译、文本摘要、问答系统和情感分析等领域。

尽管深度学习显著提升了 NLP 的上下文理解和隐含关系建模能力,但也带来了新的挑战,例如,对大规模数据和计算资源的依赖,以及模型的"黑箱"特性,使得其工作机制难以解释。这些问题为 NLP 的进一步发展提出了新的研究方向和应用需求。

5. 大模型与多模态学习阶段

自 2020 年以来,随着计算能力的提升和深度学习技术的成熟,NLP 进入了基于大规模语言模型(Large Language Models,LLM)的新阶段。大模型通常拥有数十亿至上万亿的参数,具备更强的知识表达和上下文理解能力,同时开始探索跨模态理解与生成的能力。当前,ChatGPT、文心一言、通义千问和智谱清言等大模型具备了广泛的通用性和强大的生成能力,广泛应用于开放域问答、智能助手、生成式对话系统以及跨模态内容生成(如图文生成、语音生成)等领域。

尽管大规模语言模型显著提高了语言生成和理解的通用性,并适用于多种 NLP 任务,但其发展也面临着一系列挑战,如计算资源消耗巨大、数据偏见问题、隐私安全隐患等。未来研究将更注重模型的可控性、解释性以及环境友好性,以推动 NLP 技术更加高效和负责任地发展。

总体而言,NLP 的演进不仅体现了技术的飞跃,同时也受到语言学、计算机科学和人工智能等学科交叉的深刻影响。随着技术的持续创新,NLP 有望实现更深层次的语义理解和更自然的人机交互。

5.1.3　自然语言处理应用与挑战

自然语言处理的应用涵盖多个领域,推动了自动化信息处理的进步,但也带来了一系列技术问题与伦理挑战。

1. NLP 的主要应用

1) 文本分类

文本分类(Text Classification)是自然语言处理中最重要的一项任务,它旨在将给定的文本自动归类到预定义的类别中。文本分类是许多应用的基础,主要应用于:

- 情感分析。
- 垃圾邮件检测。
- 主题分类。
- 语言检测。
- 检索分类。

传统方法主要基于统计学,利用机器学习算法从数据中自动学习分类规则。例如:

- 朴素贝叶斯,算法简单、高效,特别适合处理文本分类任务。
- 支持向量机,通过找到最佳的分离超平面来实现文本分类,常用于二分类问题。
- 决策树和随机森林算法基于树结构进行分类,通常用于处理复杂的文本特征。

作为自然语言处理中的基础任务，文本分类通过选择合适的模型与方法，实现了大规模文本的自动化归类。它不仅为信息筛选和决策支持提供了基础，还在情感分析、垃圾邮件过滤、主题分类等多个领域发挥着关键作用，推动了文本数据的智能化处理与分析。

2）命名实体识别

命名实体识别（Named Entity Recognition，NER）是自然语言处理中的核心任务之一，旨在从文本中自动识别和分类特定的实体信息。通常来说，实体指代具有特定含义的名词，如人名、地点、组织、日期、货币等。例如，下面的句子：

"苹果公司在 2023 年发布了新款 iPhone。"

使用 NER 可以识别出"苹果公司"是一个组织名，"2023 年"是一个日期，而"iPhone"是一个产品名。

NER 的传统方法主要包括：

- 基于统计模型的条件随机场（CRF）。
- 隐马尔可夫模型（HMM）。

近年来，NER 采用深度学习方法（如双向长短期记忆网络，BiLSTM）与 CRF 结合，以及预训练语言模型（如 BERT、GPT），显著提升了 NER 的性能。

通过 NER 技术，计算机能够在大量非结构化文本中提取有用的实体信息，为进一步的文本处理和分析提供基础，被广泛应用于信息抽取、问答系统、舆情监测等领域。

3）语法解析

语法解析（Syntactic Parsing）是自然语言处理中的另一项核心任务，旨在分析句子中的语法结构，识别出句子各个组成部分之间的关系和层次。通过语法解析，计算机能够理解句子中的语法规则，从而更好地处理和解释自然语言中的复杂结构。

语法解析的主要任务是将输入的句子分解为语法树或依存树，展示出句子中的各个词语以及它们之间的关系。这种树形结构通常分为以下两类。

- 成分句法树（Constituency Tree），又称为短语结构树，将句子划分为不同的短语单元，如名词短语、动词短语等，展示句子的层次结构。
- 依存句法树（Dependency Tree），直接表示词语之间的依赖关系，描述一个词与另一个词的依赖结构，展示词与词之间的语法关系。

早期的语法解析主要依赖预定义的语法规则和语言文法，如上下文无关文法（Context-Free Grammar，CFG）。这种方法依赖专家手动编写规则，尽管解析效果较好，但往往难以适应语言中的复杂变化。现代语法解析大多依赖统计学习或深度学习方法，如条件随机场（CRF）、隐马尔可夫模型（HMM）等，以及基于神经网络的解析器。近年来，基于预训练语言模型（如 BERT）的解析方法表现出色，通过上下文语义信息的捕捉，进一步提高了语法解析的精度。

作为自然语言处理中的关键环节，语法解析为机器理解语言提供了基础，广泛应用于机器翻译、问答系统、文本生成等多个领域，帮助实现更高层次的语言理解和处理。

4）机器翻译

机器翻译也是自然语言处理的核心任务之一，目的是将一种语言自动转换为另一种语言。它不仅在跨语言沟通、国际贸易、教育和文化传播等领域有广泛的应用，还为信息获取和语言无障碍交流提供了重要支持。

在早期的机器翻译系统中，规则基机器翻译（Rule-Based Machine Translation，RBMT）方法依赖手工制定的语言学规则和双语词典。它通过源语言和目标语言的语法规则，将源语言文本逐字逐句地翻译到目标语言。RBMT 的优点在于，它可以明确地理解语言之间的语法关系和句法结构。当然，其缺点也很明显，由于需要大量的人力成本来编写规则，因此在处理复杂的句法和语义变化时效果有限。

20 世纪 90 年代，出现了统计机器翻译（Statistical Machine Translation，SMT）方法，利用双语平行语料库，通过统计方法来学习源语言和目标语言之间的对齐关系。虽然避免了规则依赖，能处理多样化的语言结构，但遇到复杂语言结构（长句）时，SMT 容易出现句法和语义不一致的问题。

随着深度学习的兴起，神经机器翻译（NMT）逐渐取代了传统的统计方法，成为当前机器翻译领域的主流技术。NMT 利用神经网络，特别是基于序列到序列（Seq2Seq）结构的模型，通过学习源语言和目标语言之间的上下文依赖关系，显著提升了机器翻译的质量。

5）问答系统

问答系统（Question Answering，QA）是自然语言处理的重要应用之一，针对用户以自然语言形式提出的问题，提供精确、简明的答案。与传统的搜索引擎不同，问答系统的目标是直接返回答案，而不是一系列相关文档。

传统的问答系统多基于信息检索技术和规则匹配。首先通过搜索引擎找到包含答案的文本片段，然后通过基于规则或统计的方法提取出答案。这些方法在处理简单的事实性问题时表现较好，但在面对复杂问题或需要多轮对话时，传统方法显得力不从心。

近年来，深度学习特别是基于预训练语言模型的方法极大地提升了问答系统的能力。诸如 BERT、GPT 等语言模型通过大量的文本语料训练，能够理解语言中的上下文和复杂结构，具有更强的泛化能力，在处理模糊、不完整的问题时表现出色，而且能够支持交互式对话，为用户提供更为全面的解决方案。

6）自动摘要

自动摘要（Automatic Summarization）是 NLP 中的一个重要任务，该技术通过从文本中提取关键信息或生成简短摘要，帮助用户快速获取内容的核心要点。它在新闻、文档处理等场景中有重要应用。自动摘要的目的是从大量文本中提取出关键信息，并自动生成简洁的摘要形式。该技术能够帮助用户快速获取文档的核心内容，减少阅读时间，提升信息的处理效率，并降低信息的获取成本。其主要的应用场景包括：

* 新闻摘要。
* 会议记录总结。
* 文档压缩。
* 在线内容提炼。

传统的自动摘要方法通常基于统计学和规则方法，例如，通过计算每个词在文档中的权重，并通过词频和逆文档频率筛选出最重要的句子以形成摘要；基于图排序的 TextRank 方法根据句间相似度通过计算图节点（句子）的重要性来提取摘要等。随着深度学习的发展，生成式摘要技术取得了突破，基于 Seq2Seq、Attention 和 Transformer 的 BART、T5，以及预训练语言模型（PLMs）BERT、GPT 等，已经能够生成上下文敏感和语义连贯的文本摘要，并能应对更复杂的自然语言生成任务。

2. NLP 的主要挑战

1）计算资源消耗巨大

由于需要大量标注数据和计算资源,深度学习模型对数据需求与资源消耗较大,特别是大规模预训练模型更是带来了巨大的计算和存储需求,增加了研发成本和碳负荷。

2）存在数据偏见

NLP 模型依赖大量数据进行训练,但数据中常包含社会偏见。模型可能会继承并放大这些偏见,从而导致歧视性或不公正的决策。

3）语言多样性问题

现有 NLP 技术在英语等高资源语言上取得较大进展,但对许多低资源语言支持不足,从而限制了其全球化应用。

4）模型的可解释性与透明性

深度学习模型尤其是大规模语言模型缺乏对输出的清晰解释和说明,通常作为"黑箱"处理,这在医疗、法律等高风险领域可能引发信任和安全问题。

5）存在隐私与安全风险

在个性化服务中,模型需要大量用户数据来提升准确性,这带来了数据隐私和安全隐患,例如,数据泄露和被恶意操控的风险。

6）伦理问题与决策风险

随着 NLP 应用广泛化,模型在伦理上可能面临决策公正性问题,特别是自动化决策在影响用户权益的应用(如贷款、招聘)中,可能带来伦理争议。

🔑 5.2　文本预处理

文本预处理是 NLP 的初始环节,其作用不容小觑。通过简化数据和标准化,让模型更关注文本的核心内容,从而提升 NLP 任务的准确性。此外,文本预处理还通过去除无关信息(如停用词、标点符号等)和数据噪声,有效减少干扰,降低模型过拟合的风险。高质量的文本预处理将为后续的特征提取、模型训练及预测提供可靠的基础,是各类 NLP 任务顺利开展的前提条件。本节将重点学习以下内容。

- 文本分词处理。
- 停用词处理。
- 词的文本表示。

5.2.1　分词

文本分词用于将连续的文本分解为独立的词语、短语或子词单元。分词作为文本预处理的重要一环,不仅为模型提供了处理文本的基本单元,还极大地影响了后续任务的精度和效率。

1. 分词方法

分词方法主要分为三种:基于规则的方法、基于统计的方法和基于深度学习的方法。

1）基于规则的方法

基于规则的方法通过预设的词典或规则进行分词,适合语法结构简单的语言,但由于严重依赖词典,只能处理常见词汇,难以识别新词和未登录词。

2）基于统计的方法

基于统计的方法则通过计算词频和共现概率等统计信息进行分词,适用于词语边界不明显的语言(如中文),典型算法包括最大匹配法和隐马尔可夫模型等。

3）基于深度学习的方法

基于深度学习的方法利用神经网络模型(如 LSTM、BERT 等)进行分词,可以结合上下文信息自动划分词边界,具有较好的泛化能力和准确性,尤其适合大型语料库,但需要较多的计算资源。

2. 分词应用

分词应用于自然语言处理的多个场景,主要包括:

- 在检索任务中,通过对用户输入内容分词,将有助于信息检索系统更精准地匹配用户查询,迅速找到符合搜索意图的文本片段。
- 在机器翻译任务中,通过对源语言和目标语言的分词处理,可以帮助模型更准确地学习语言之间的对应关系,从而提升翻译质量。
- 在情感分析任务中,分词还为情感分析提供了情感词汇基础,便于识别文本中的情绪倾向,准确分析其情感特征。
- 在文本分类任务中,分词为特征提取奠定了基础,便于模型从中提取出关键信息,以支持更精确的文本分组和分类。

5.2.2 停用词

停用词泛指一些在文本中频繁出现,但对文本的整体意义贡献较小的词汇,例如:

- 中文"是""的""和"等;
- 英文"a""the""this"等。

由于这些词在大多数情况下并不携带特定的信息,因此在很多 NLP 任务中,通常会将它们从文本中去除,以有效减少文本的噪声,降低计算成本,帮助模型聚焦更有意义的内容,最终提高模型的效率和准确性。

许多 NLP 的开源项目都提供了停用词表,其涵盖了多数基础停用词,可以直接用于各种 NLP 任务。例如,NLTK 和 spaCy 库提供了标准化的英文停用词列表,其中包含大部分常见的英文停用词,可用于英文语料的预处理。国内的一些开源组织、技术社区以及科研单位和企业也相继发布了中文停用词表。

- 哈工大停用词表:由哈尔滨工业大学的自然语言处理研究组提供,广泛用于学术研究和实际项目中。
- 百度停用词表:百度 NLP 开发者社区维护,主要用于处理百度提供的相关数据集。
- SnowNLP:沈剑伟博士开发的一款基于 Python 的自然语言处理库,专注于中文自然语言处理,内置中文停用词表。

- jieba 分词：由国人开发和维护，并于 2010 年发布于 GitHub 上著名的中文分词项目，内置中文停用词表。
- THULAC：清华大学开发的中文分词和词性标注工具，包含相关中文停用词表。

对于某些特定 NLP 任务（或语料库），可能需要手工定义停用词，生成专属的停用词表，因此适用于细分领域的文本处理。下面给出一个简单的"停用词处理"代码示例，首先对句子进行分词，然后处理停用词。代码如下。

```
1    #代码示例 5-1　停用词处理
2    #首先确定已安装 NLTK 库
3    #pip install nltk == 3.7
4    import nltk
5    from nltk.corpus import stopwords
6    from nltk.tokenize import word_tokenize
7    #下载停用词数据(首次运行时需要)
8    nltk.download('stopwords')
9    nltk.download('punkt')
10   #加载停用词
11   stop_words = set(stopwords.words('english'))
12   #示例文本
13   text = "Natural language processing is a branch of artificial intelligence that deals with
     the interaction between computers and humans using natural language."
14   #将文本分词
15   words = word_tokenize(text)
16   #去除停用词
17   filtered_words = [word for word in words if word.lower() not in stop_words]
18   print("原始文本:", words)
19   print("去除停用词后的文本:", filtered_words)
```

在上述代码中，需要注意的是：

- 使用 NLTK 库前必须确保在当前 Python 环境中已经安装了 NLTK 库，代码中第 3 行给出了安装 NLTK 库的命令示例。
- 第 8 行用于下载 NLTK 中的停用词库 stopwords，下载成功后方可通过第 17 行代码访问停用词表 stop_words，以去除文本中的停用词。
- 代码第 9 行用于下载 NLTK 中 punkt 分词器模型。punkt 是一个预训练的分词工具，它包含规则和模式，用于识别英文句子中的单词和标点符号边界。
- 只有 punkt 下载成功后，才能使用第 15 行代码中的 word_tokenize()函数对文本进行分词操作，将文本 text 分割为单词或标点符号的列表。

程序运行结果如下。

```
原始文本: ['Natural', 'language', 'processing', 'is', 'a', 'branch', 'of', 'artificial',
'intelligence', 'that', 'deals', 'with', 'the', 'interaction', 'between', 'computers', 'and',
'humans', 'using', 'natural', 'language', '.']
去除停用词后的文本: ['Natural', 'language', 'processing', 'branch', 'artificial', 'intelligence',
'deals', 'interaction', 'computers', 'humans', 'using', 'natural', 'language', '.']
```

5.2.3　词的文本表示

文本是一种非结构化的数据，通常是不可以直接参与计算的。因此，在自然语言处理任务中,文本表示的首要作用就是将这种非结构化的信息转换为计算机能够处理的结构化数据形式(如向量形式)。这种转换不仅使得文本数据具备数学运算的基础,还为一系列自然语言处理任务(如文本分类、情感分析和信息检索等)奠定基础。

词的文本表示方法主要有以下三种形式。

- 独热编码(One-Hot Encoding)。
- 整数编码(Integer Encoding)。
- 词嵌入(Word Embedding)。

1. 独热编码

独热编码(One-Hot Encoding),又称为"一位有效编码",是一种常用的离散特征向量化方法,用于将文本或标签(分类特征)转换为机器学习模型可以理解的数值格式。通过这种编码方式,每个类别被表示为一个长度为 N 的稀疏向量,其中,N 是词或标签(类别)的总数,只有与当前类别对应的维度值为 1,其他位置全为 0。如此处理后,分类特征可以被直接用于计算和处理。示例代码如下。

```
1  #代码示例 5-2  独热编码示例
2  from sklearn.preprocessing import OneHotEncoder
3  import numpy as np
4  #定义类别数据
5  animals = np.array(['猫', '狗', '牛', '羊', '猫', '狗'])
6  #初始化 OneHotEncoder
7  encoder = OneHotEncoder(sparse = False)
8  #将类别数据转换为独热编码
9  animals_encoded = encoder.fit_transform([[animal] for animal in animals])
10 #使用 for 循环逐行打印文字和编码
11 for animal, encoding in zip(animals, animals_encoded):
12     print(f"{animal}: {encoding}")
```

上述代码中:

- 第 2 行,引入 OneHotEncoder,这是 Scikit-learn 提供的独热编码工具,用于将类别型数据转换为独热向量。
- 第 5 行,定义了一个类别型数组,包含一系列动物的名称。这些类别数据需要通过独热编码转换为数值表示。
- 第 7 行,初始化独热编码器。其中,参数 sparse=False 指定返回稠密矩阵格式(即 NumPy 数组形式),而非稀疏矩阵格式(默认)。稀疏矩阵只存储非零元素及其索引位置,不存储零元素。
- 第 9 行,使用 fit_transform()方法,将 animals 数据进行独热编码。由于该方法需要二维数据输入,因此将每个类别元素用列表包装为二维数组([[animal] for animal in animals])。

最终运行结果如下。

```
猫: [0. 0. 1. 0.]
狗: [0. 1. 0. 0.]
牛: [1. 0. 0. 0.]
羊: [0. 0. 0. 1.]
猫: [0. 0. 1. 0.]
狗: [0. 1. 0. 0.]
```

独热编码存在以下三个非常严重的问题。

- 维度爆炸。由于独热编码为每个单词分配了一个与词汇表长度相同的向量，在处理大规模语料时，词汇表往往极为庞大。在这种情况下，词向量的维度也随之增大，不仅白白耗费大量存储空间，也将导致模型的计算量显著增加，引发"维度灾难"问题。
- 矩阵稀疏。独热编码产生的向量中，绝大多数位置均为零，有用信息极为分散，形成高度稀疏的矩阵结构。这一特点使得模型在优化时遇到困难，特别是对于依赖数据密集信息的神经网络而言尤为不利。
- 向量正交。独热编码产生的向量之间两两正交，因此无法计算两个词向量间的相关关系（语义关系）。因此，该编码方式造成不同词语的向量间完全不相关，导致无法有效衡量词语的相似性或关联性，形成所谓"语义鸿沟"现象。这一问题在许多自然语言处理任务中是十分致命的。

2. 整数编码

整数编码（Integer Encoding）是一种常见的文本编码方法，用于将文本数据（如文本分类标签）转换为整数，以便输入模型中进行训练。通过给每个文本类别分配一个唯一的整数值，整数编码可以有效地将分类数据转换为数值格式。例如，对于文本（分类标签）"猫""狗""牛""羊"，可以依次赋予整数 0、1、2、3。以下给出整数编码的代码示例。

```
1   #代码示例 5-3   整数编码示例
2   from sklearn.preprocessing import LabelEncoder
3   #定义文本类别
4   categories = ["猫", "狗", "牛", "羊"]
5   #初始化 LabelEncoder
6   label_encoder = LabelEncoder()
7   #进行整数编码
8   integer_encoded = label_encoder.fit_transform(categories)
9   #输出结果
10  for label, code in zip(categories, integer_encoded):
11      print(f"{label}: {code}")
```

根据上述代码可知，每个类别都被赋予了一个唯一的整数值，便于后续模型训练和处理。最终运行结果如下。

```
猫: 0
狗: 1
牛: 2
羊: 3
```

整数编码方法有效地缓解了维度爆炸和矩阵稀疏的问题，但仍然存在一些与独热编码类似的局限性。

- 存在"语义鸿沟"问题。整数编码仅为每个词语（类别）分配了一个唯一的整数编号，并未赋予词语任何语义信息。这种编码方式无法表达词语之间的关联性或相似性，不符合语言的自然规律。例如，"猫"与"狗"在语义上更接近，但整数编码无法体现这一关系，从而导致模型对词语之间的关联性缺乏理解。
- 存在"无序性"问题。在整数编码中，每个词语（类别）对应的整数编号通常是随机分配的,不具备任何实际的顺序含义。对于模型而言,这些数字并不表示有序关系,因此,直接将此类编码用于机器学习算法时可能会影响模型的表现。

3. 词嵌入

词嵌入(Word Embedding)是一种将文本中的词语映射为连续向量空间中的低维向量的方法。与独热编码和整数编码类似,词嵌入的目标是为文本数据提供数值化表示,但避免了二者的通病,是当前自然语言处理中的常用技术。

通过词嵌入,词语不仅能够用固定维度的向量来表示,还能够使向量间蕴含词语间的语义关系。与整数编码和独热编码不同,词嵌入通过学习使得语义相似的词在向量空间中彼此靠近,从而更符合自然语言的内在规律。

为方便理解词嵌入,对 4 个不同词语(分类标签)"猫""狗""牛""羊"分别赋予简单的词嵌入形式,其中每个维度均具有一定的含义,如表 5.1 所示。

表 5.1 "猫""狗""牛""羊"的词嵌入表示

	身高/cm	身长/cm	毛色	牙齿	食物	体型	与人类关系	其他	…
猫	12	50	0.231	2	12	4	0.95	1.17	…
狗	30	80	0.591	3	15	6	0.98	1.23	…
牛	80	200	0.723	6	6	19	0.46	0.34	…
羊	70	170	0.01	3	5	16	0.35	0.26	…

为帮助读者以更为直观的方式,深入理解词嵌入如何捕捉词语之间的语义关系,给出一个词嵌入编码的代码示例如下。

```
1   #代码示例5-4  词嵌入编码
2   import numpy as np
3   import matplotlib.pyplot as plt
4   #设置中文字体
5   plt.rcParams['font.sans-serif'] = ['SimHei']        #使用黑体来显示中文
6   plt.rcParams['axes.unicode_minus'] = False          #解决负号无法显示的问题
7   #特征向量表示
8   animals = {
9       #身高cm,身长cm,毛色,牙齿,食物,体型,与人类关系,其他
10      "猫": [12, 50, 0.231, 2, 12, 4, 0.95, 1.17],
11      "狗": [30, 80, 0.591, 3, 15, 6, 0.98, 1.23],
12      "牛": [80, 200, 0.723, 6, 6, 19, 0.46, 0.34],
13      "羊": [70, 170, 0.01, 3, 5, 16, 0.35, 0.26]
14  }
15  #特征数据准备
16  animal_names = list(animals.keys())
17  data = np.array(list(animals.values()))
18  #直接使用前两个维度的数据作为横纵坐标
19  data_2d = data[:, :2]
20  #绘图
21  plt.figure(figsize=(8, 6))
22  plt.scatter(data_2d[:, 0], data_2d[:, 1], color='orange', s=100)
23  #添加标签
24  for i, name in enumerate(animal_names):
25      plt.annotate(name, (data_2d[i, 0], data_2d[i, 1]), fontsize=12, ha='right')
26  plt.show()
```

程序运行结果如图 5.1 所示。

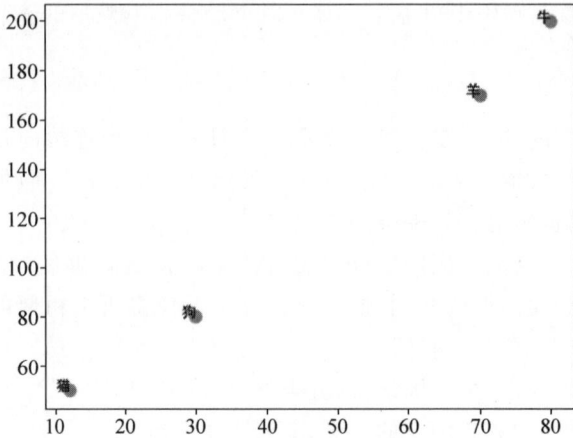

图 5.1 词嵌入表示的相关性

根据图 5.1 中的二维散点图,可以直观地了解到词嵌入如何捕捉语义相关性。图中的"猫"和"狗"在空间中的距离更近,表明它们在特征向量的表示上具有较高的相关性。同样,"牛"和"羊"的位置也较为接近,但两组词之间的距离又较远,说明词嵌入能将语义相关的词语映射到相邻的向量位置,语义联系不密切的词语则空间距离较远,充分体现了词嵌入在自然语言处理任务中有效建模语义关系的能力。

5.3 语言模型

语言模型的研究涉及计算机科学、语言学、统计学等多个学科领域,为 NLP 提供了基础的语言理解和生成能力,是 NLP 技术发展的核心驱动力之一,具有不可替代的地位。常用于语音识别、机器翻译、语音标记、解析、手写识别和信息检索等领域。本节重点学习的内容包括:

- 统计语言模型。
- 神经网络语言模型。

5.3.1 语言模型的定义和应用

语言模型(Language Model,LM)是一种基于统计或深度学习的自然语言处理技术,用于分析和生成自然语言文本。其核心目标是预测或生成序列中的下一个词语或字符,从而实现对文本的理解与生成。语言模型通过学习大规模文本数据中的词汇、语法结构、上下文关系等信息,捕捉语言的规律并建构出对语言的统计表示形式。

语言模型主要分为两大类:基于统计的方法和基于神经网络的方法。

- 传统的统计语言模型(如 N-gram 模型)通过统计文本片段的共现关系,预测词语的出现概率,通常在短距离依赖的任务中表现较好。
- 现代的深度学习语言模型(如 BERT、GPT 等)则利用神经网络,结合海量数据和复杂的上下文结构,生成更加丰富且语义深刻的上下文表示,显著提升了对语言理解和生成的能力。

传统的 N-gram 模型通常只能捕捉有限的上下文依赖,而基于神经网络的语言模型可以通过复杂的网络结构捕捉更长距离的依赖关系。在语言灵活性方面,基于神经网络的方法具有更强的泛化能力,能够处理不同场景下的多样化语言表达,而传统的概率模型在面对未见过的词或短语时表现较差。在计算复杂度上,神经网络模型通常计算复杂度更高,需要更多的计算资源,但在现代计算设备的支持下,已逐渐成为实际应用的首选。总之,基于神经网络的语言模型因其强大的上下文理解能力、灵活性和生成效果,已经成为现代自然语言处理的核心方法。

目前的大语言模型(Large Language Models,LLMs)在自然语言处理领域取得了巨大的成功,获得了广泛的应用与发展。大语言模型通常利用来自互联网、书籍、文章和对话等海量的文本数据进行训练,广泛的数据来源使模型能够学习到多样的语言模式、知识和语境。大语言模型通常包含数亿到数万亿个参数。例如,OpenAI 的 GPT-3 有 1750 亿个参数,而 GPT-4 的参数数量甚至更多。但大语言模型中的"大"不仅是指参数的数量,更是指它们在训练数据、计算资源、上下文处理能力和多任务适应性等方面的综合特性。这些因素共同赋予了大语言模型强大的学习与生成能力,使其成为现代自然语言处理领域的关键技术。

5.3.2　统计语言模型

统计语言模型(Statistical Language Model,SLM)是一种基于统计方法来描述和生成语言的模型,旨在捕获文本中词语的共现模式和结构规律,从而帮助计算机理解和生成自然语言。基本工作原理是:在给定一个词序列的情况下,基于已有文本数据中词语的出现频率和共现概率,预测计算下一个词的概率(新词的生成)。

统计语言模型假设一个句子的生成可以被视作一个词序列$(w_1, w_2, \cdots, w_n)$的获得过程,模型目标是计算该词序列出现的概率 $P(w_1, w_2, \cdots, w_n)$,即句子的生成概率。

通过概率计算,模型可以完成:

- 预测一个句子是否合理。
- 识别句子中的潜在错误。
- 生成下一个词语。

由于直接计算整个句子的概率非常复杂,因此统计语言模型通常使用简化假设来分解概率分布。

1. N-gram 模型

N-gram 是经典的统计语言模型,通常采用马尔可夫假设,即当前词的出现概率只依赖之前的若干词,而非整个词序列。这一假设有助于降低模型复杂度。基于马尔可夫假设,可以将句子 S 的概率分解为单词条件概率的连乘积,定义如式(5-1)所示。

$$P(S) \approx \prod_{i=1}^{n} P(w_i \mid w_{i-(n-1)}, \cdots, w_{i-1}) \tag{5-1}$$

式中:S——$(w_1, w_2, \cdots, w_n)$;

　　　n——马尔可夫链(模型)的阶数,即决定当前词的概率由前几个词的概率来估计。

N-gram 模型广泛应用于自然语言处理任务中,用来捕捉词序列中词与词之间的依赖关系。通过统计训练语料库中词序列的共现频率,N-gram 模型可以有效地进行文本生成、句子打分和概率计算。

在式(5-1)中,根据 n 的取值,N-gram 模型可以分为以下几种。

1) 一元模型

在一元模型(Unigram)中,假设每个词的出现与上下文无关,句子中的每个词彼此独立。因此,句子概率为每个词独立出现概率的乘积,定义如式(5-2)所示。

$$P(w_1,w_2,\cdots,w_n) = \prod_{i=1}^{n} P(w_i) \tag{5-2}$$

一元模型较为简单,适用于对文本词频的基本统计,但缺乏词语间的上下文关联。

2) 二元模型

在二元模型(Bigram)中,假设每个词的出现仅依赖前一个词,句子概率定义如式(5-3)所示。

$$P(w_1,w_2,\cdots,w_n) \approx \prod_{i=1}^{n} P(w_i \mid w_{i-1}) \tag{5-3}$$

二元模型适用于捕捉词语的相邻依赖关系,如"的"之后常跟名词、动词等。但二元模型会丢失长距离依赖信息。

3) 三元模型

在三元模型(Trigram)中,假设每个词的出现依赖前两个词,句子概率定义如式(5-4)所示。

$$P(w_1,w_2,\cdots,w_n) \approx \prod_{i=1}^{n} P(w_i \mid w_{i-2},w_{i-1}) \tag{5-4}$$

三元模型能捕捉到较长的依赖关系,对一些更复杂的句法结构也有较好的处理能力,但对数据的需求大幅增加。

2. 语言模型评估

在自然语言处理领域,语言模型评估用于确定模型在不同任务和场景中的性能,目标在于帮助选择最佳模型或对模型进行优化。主要的评估标准包括交叉熵(Cross Entropy)和ROUGE(Recall-Oriented Understudy for Gisting Evaluation)等。

1) 交叉熵

交叉熵用于评估模型的平均预测误差,它衡量模型的预测概率分布与真实分布之间的距离。交叉熵越小,说明模型预测分布与实际分布越接近。定义如式(5-5)所示。

$$H(P,Q) = -\frac{1}{N} \sum_{i=1}^{N} \log P(w_i \mid w_{1,i-1}) \tag{5-5}$$

式中: $H(P,Q)$ ——交叉熵,它表示真实分布 P 和模型预测分布 Q 之间的差异;

　　　　N ——样本数量;

　　　　$P(w_i \mid w_{1,i-1})$ ——条件概率,表示在已知前 $i-1$ 个词的情况下,第 i 个词 w_i 出现的概率。对于每个 w_i,模型会根据前面的词序列 $w_{1,i-1}$ 来预测其概率。

式(5-5)中,交叉熵值越低,表明模型的预测分布 Q 越接近真实分布 P。通常来说,交叉熵多用于评估生成任务、句子概率计算等,尤其适合在机器翻译等需要语言生成的任务中作为性能指标。

2）ROUGE

ROUGE 通过计算模型生成的文本与参考文本之间的重叠程度来评估质量，更强调召回率，适用于提取和生成文本中重要信息的任务，常用于自动文本摘要的评估。最常用的变体包括 ROUGE-N（基于 N-gram 的召回率）、ROUGE-L（最长公共子序列）、ROUGE-W（加权最长公共子序列，强调连续匹配）和 ROUGE-S（跳跃双字词，用于评估两个句子之间的跳跃字词对匹配）等。以 ROUGE-N 为例，定义如式(5-6)所示。

$$\text{ROUGE-N} = \frac{\sum\limits_{S \in \text{Reference Summaries}} \sum\limits_{\text{gram}_n \in S} \text{Count}_{\text{match}}(\text{gram}_n)}{\sum\limits_{S \in \text{Reference Summaries}} \sum\limits_{\text{gram}_n \in S} \text{Count}(\text{gram}_n)} \tag{5-6}$$

式中：$\text{Count}_{\text{match}}(\text{gram}_n)$——生成摘要中与参考摘要匹配的 N-gram 的数量；

$\text{Count}(\text{gram}_n)$——参考摘要中所有 N-gram 的数量。

5.3.3　神经网络语言模型

传统的统计语言模型存在诸多问题。在高维的情况下，由于 N 元组的稀疏问题，需要花大量时间解决平滑、插值等问题。但在稀疏空间中，N 元组共现未必具有语义相关性；受限于算力，N 值较小时无法对文本的长距离依赖关系进行建模。

2003 年，Bengio 在论文"A Neural Probabilistic Language Model"中首次提出神经网络语言模型（Neural Network Language Model，NNLM），开创了将神经网络运用于语言模型的先河。

相较于传统的 N-gram 模型，神经网络语言模型通过在连续向量空间中进行语言建模，将单词嵌入为低维向量作为神经网络的输入，来估计单词序列的联合概率。与传统模型相比，神经网络语言模型能够捕获更广泛的上下文依赖关系，挖掘更丰富的语义信息，因此在自然语言处理任务中表现更加优秀。神经网络语言模型通常由三个主要部分组成：输入层、隐藏层和输出层。具体结构如图 5.2 所示。

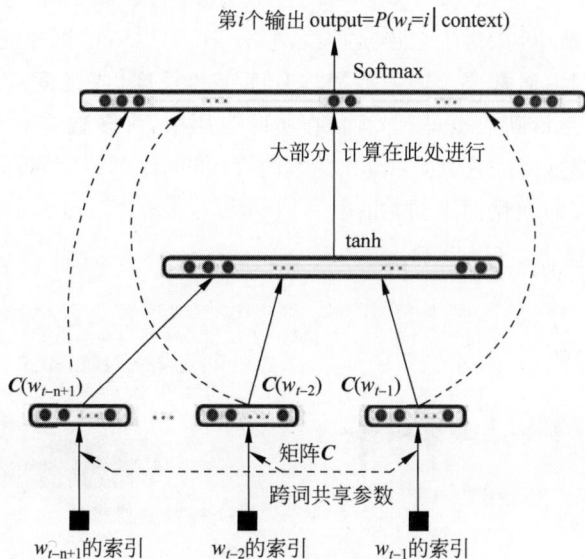

图 5.2　神经网络语言模型（NNLM）

图 5.2 中,NNLM 主要由以下三部分组成。

- 输入层的主要作用是将词转换为适合神经网络处理的数值形式。在 NNLM 中,通常输入词为独热编码表示,这些词将通过一个词嵌入矩阵(Embedding Matrix)映射到一个密集的低维向量空间。虽然通过词嵌入矩阵的线性变换生成了每个词的嵌入向量,但在训练初期,这些词嵌入向量并不包含任何语义信息(随机值,无意义)。
- 隐藏层通常是简单的全连接层,将当前的上下文词嵌入传递到下一层。通过其他神经网络捕捉前后文关系,对语言序列数据中的长距离依赖建模。
- 输出层的作用是在当前输入上下文的基础上,为每个词生成出现概率,并选择其中概率最大的词作为预测结果,从而实现下一词的生成。

由于 NNLM 在训练时使用了大量高质量的文本语料,通常包括新闻文章、维基百科条目、社交媒体数据,以及医学、法律或科技等领域的专业文档,通过后向传播算法,词嵌入矩阵中的词嵌入向量不断获得修正,最终将语义相似的词映射到词嵌入向量空间中距离较近的点上,从而反映不同词嵌入间的语义关联。在分类、聚类、文本相似度计算等任务中,词嵌入具有很高的应用价值。

自然语言处理技术历经了从基于规则的系统到统计方法,再到深度学习和大规模预训练模型的演变过程。尤其是在词嵌入技术的引入后,模型得以捕捉文本中的语义关联,大幅提升了自然语言理解的精度。随着深度学习的发展,为深刻理解文本语义,研究者不断探索和完善捕捉序列依赖关系的神经网络架构,提出了:

- 循环神经网络(Recurrent Neural Network,RNN)。
- 长短期记忆网络(Long Short-Term Memory,LSTM)。
- 自注意力机制(Self-attention)。

这些序列模型的出现,不仅丰富了自然语言处理的技术手段,还极大地拓展了 NLP 应用的深度和广度。

1. RNN

在第 3 章和第 4 章中,探讨了全连接神经网络(FCNN)和卷积神经网络(CNN)的基本原理与应用,这两类网络通常要求输入数据具有固定的长度(或维度),例如,某种尺寸的图像数据或结构化的医疗诊断数据等。然而,在实际应用中,许多数据形式并不满足固定长度的要求,例如,语音信号(时间序列数据)和文本内容(单词序列或字符序列)。这些数据的长度不固定,会随着内容的变化而不同,如图 5.3 所示。

图 5.3 序列数据

语音和文本是随着时间流动的数据,因此对话和文本的理解需要在一定的语境中。对 NLP 模型来说,由于信息是以时间序列的形式连续输入的,要处理这种具有时序的信息,模型必须能够保留数据的自然顺序,并逐步积累和处理内容的层次关系。这种对时序信息的建模能力,对神经网络而言是一项重要且具有挑战性的任务。

1) 问题的提出

在电影影评数据集 IMDB 中,包含许多类似下面这样的句子:

I hate this boring movie.

假如句子中的每个词(token)已经为词嵌入形式,可以使用 FCNN 来判断该句子表达的是"正面"(Positive)还是"负面"(Negative)的情绪。利用 FCNN 来判断该句子情感的过程如图 5.4 所示。

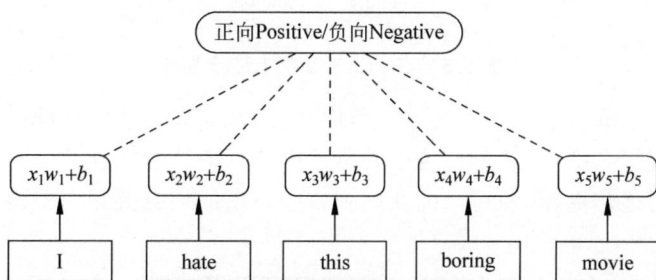

图 5.4　情感分析示例

在图 5.4 中,如果每个 token 的词嵌入向量长度为 100,则本次输入 X 的 shape 为[5, 100],其中每个分量 x_i 连接并输入一个神经元 $f(x_i) = x_i w + b$ 中。最终,FCNN 将给出一个二分类判断(Positive/Negative)。

但是,应用 FCNN 进行情感分析存在一定的问题。

首先,如果句子很长,模型就会需要更多的神经元节点,那么模型的参数量也会急剧增长。

另外,句子长度不一,很难确定 FCNN 中神经元的数量,如果定义神经元较多,处理短句会造成巨大浪费;定义过少,需要截断长句会损失语义信息。

更为致命的是,FCNN 无法了解前后文的信息,会影响分类网络的准确判断,例如,"我喜欢游泳,那是不可能的"这类句子,由于后置句对前句否定,整个句子表达的含义是相反的。因此,如果一段话不在具体的语境中去理解,我们是无法了解其真实含义的。

2) RNN 的定义

为解决上述问题,有效处理具有时间属性的序列数据,需要定义一种新的神经网络结构,需要具备以下特点。

- 采用一组共享参数,参数量不随句子长度增长。
- 通过加入隐藏层来保留持久记忆,以捕捉序列数据的上下文关系。

因此,在 FCNN 的基础上进行改进,如图 5.5 所示。

在图 5.5 中,在 FCNN 基础上进行改进。首先,采用同一个共享神经元 $x_t w + b$ 接收不同时刻 t 的输入数据 x_t,增加一个隐藏层结构 h_t,允许模型在每个时间步 t 更新并传递状态,逐步积累序列信息。

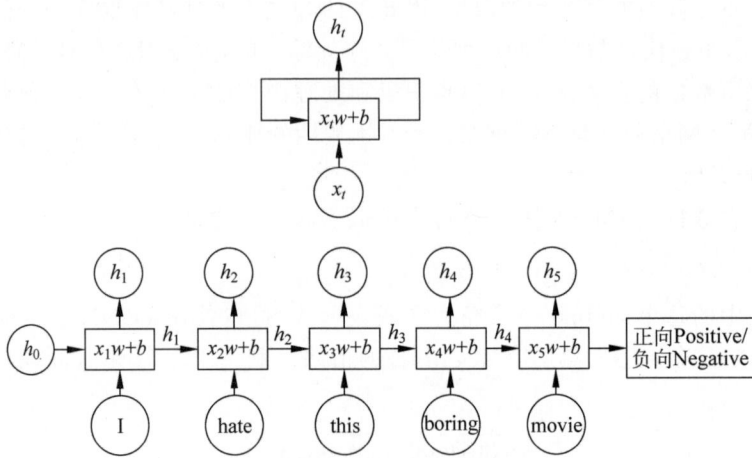

图 5.5   在 FCNN 基础上进行改进

当前时间 t 的隐藏状态 h_t 依赖前一个时间步的状态 h_{t-1} 和当前输入数据 x_t,从而实现对前序信息的记忆和影响,这种结构能够赋予模型具备处理任意长度输入的能力。最后,模型通过隐藏层的逐步更新,便可以捕获序列中前后项的依赖关系。最终,得到 RNN 的结构如图 5.6 所示。

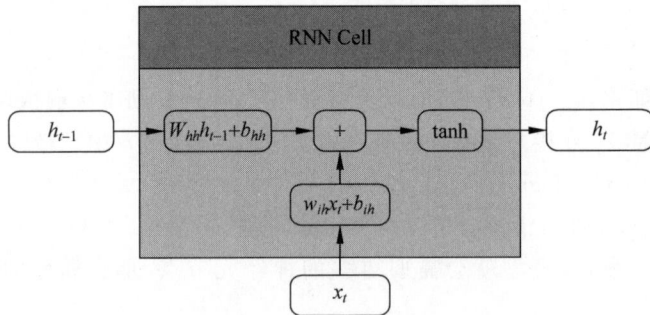

图 5.6   RNN Cell 结构

在图 5.6 中,RNN Cell 为同一个共享参数的神经元。RNN Cell 中的隐藏层结构是 RNN 的核心功能,负责捕捉和传递序列信息。隐藏层在每个时间步中接收当前时间 t 的输入(input)数据 x_t 及上一个时间 $t-1$ 的隐藏(hidden)状态 h_{t-1},将二者结合起来后输出当前时间 t 的隐藏状态 h_t,定义如式(5-7)所示。

$$h_t = \tanh(W_{ih} \cdot x_t + b_{ih} + W_{hh} \cdot h_{t-1} + b_{hh}) \tag{5-7}$$

式中:h_t——当前时间 t 的隐藏状态;

　　　$\tanh$——激活函数,增加非线性;

　　　W_{ih}——输入数据 x_t 的权重;

　　　W_{hh}——前一个隐藏状态 h_t 的权重;

　　　x_t——当前时间 t 的输入数据;

　　　b_{hh}, b_{ih}——偏置项。

基于 PyTorch,定义一个输入维度为 10,输出维度为 20 的 RNN 对象,并观察该 RNN 对象中的参数,代码如下。

```
1    ＃代码示例 5-5
2    import torch
3    ＃定义一个输入维度为 10,输出维度为 20 的 RNN 对象
4    rnn = torch.nn.RNN(10, 20)
5    ＃打印模型、打印模型参数
6    print(rnn)
7    for i, (name, param) in enumerate(rnn.named_parameters()):
8        i += 1
9        print(f"第{i}个参数: ")
10       print(f"Name: {name}, \nShape: {param.shape}")
```

在上述代码中,第 4 行的 torch.nn.RNN 参数(包括可选参数)简述如下。

- input_size＝10,输入序列长度为 10 的特征向量。
- hidden_size＝20,设置隐藏层的特征长度为 20。
- num_layers(可选参数,默认值为 1),用于指定 RNN 的层数。当 num_layers>1 时,表示堆叠多层 RNN,上一层的输出会作为下一层的输入。
- nonlinearity(可选,默认值为 "tanh"),用于指定隐藏层的非线性激活函数。
- bias(可选,默认值为 True),说明是否使用偏置项。如果设置为 False,则网络不包含偏置参数。
- batch_first(可选,默认值为 False),用于指定输入张量的维度顺序。
  当 batch_first＝True 时,输入形状为 (batch_size, seq_len, input_size),
  当 batch_first＝False 时(默认),输入形状为 (seq_len, batch_size, input_size)。
- dropout(可选,默认值为 0),在多层 RNN 中,设置应用于隐藏层之间的 dropout 概率,用于防止过拟合。注意:当 num_layers＝1 时,dropout 将不会生效。
- bidirectional(可选,默认值为 False),是否创建一个双向 RNN(可以同时处理正向和反向的序列数据,从而捕捉更多上下文信息)。

程序运行结果如下。

```
RNN(10, 20)
第 1 个参数:
Name: weight_ih_l0,
Shape: torch.Size([20, 10])
第 2 个参数:
Name: weight_hh_l0,
Shape: torch.Size([20, 20])
第 3 个参数:
Name: bias_ih_l0,
Shape: torch.Size([20])
第 4 个参数:
Name: bias_hh_l0,
Shape: torch.Size([20])
```

注意,在代码示例 5-5 中,由于 RNN 对象只定义了一层(第 0 层),因此只包含 4 个参数,其名称均带有后缀"_l0"(表示 layer 0)。如果将第 4 行代码:

```
rnn = torch.nn.RNN(10, 20)
```

修改为

```
rnn = torch.nn.RNN(10, 20, 2)
```

则 rnn 为两层的 RNN 对象,则其输出结果中将包含 8 个参数,在原有第 0 层的 4 个参数基础上,新增的第 1 层中(第 5 到第 8 个)参数名称均带有后缀"_l1"(表示 layer 1),如下所示(第 0 层中原有的 4 个参数略)。

```
RNN(10, 20, num_layers = 2)
...
第 5 个参数:
Name: weight_ih_l1,
Shape: torch.Size([20, 20])
第 6 个参数:
Name: weight_hh_l1,
Shape: torch.Size([20, 20])
第 7 个参数:
Name: bias_ih_l1,
Shape: torch.Size([20])
第 8 个参数:
Name: bias_hh_l1,
Shape: torch.Size([20])
```

根据式(5-7)可知,在 RNN 中:

- 短期记忆(即距离当前时刻较近的信息)对网络的影响较大;
- 而长期记忆(即距离当前时刻较远的信息)对网络的影响逐渐减弱。

这种特性使得 RNN 难以有效处理较长的输入序列,同时也增加了模型训练的难度和成本。为了解决这一问题,更复杂的网络结构如 LSTM(Long Short-Term Memory)和 GRU(Gated Recurrent Unit)应运而生。这些改进模型通过设计更复杂的单元结构,缓解了长序列依赖问题,从而更适合处理长期依赖的任务。

2. LSTM

长短期记忆网络(Long Short-Term Memory,LSTM)是一种改进的循环神经网络,可用于解决 RNN 无法处理长距离的依赖的问题。之所以称为"长短期记忆网络",是由于 LSTM 在 RNN 的短期记忆(隐藏层)基础上,额外增加了一个保存长期记忆的隐藏层单元 Cell State(也称细胞状态),如图 5.7 所示。

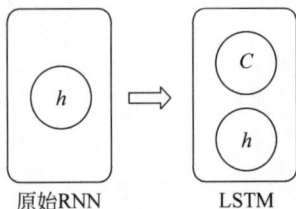

图 5.7　LSTM 增加长期记忆

在图 5.7 中,与传统 RNN 相比,LSTM 增加了一个用于存储长期记忆的细胞状态 C。因此,在当前 t 时刻,LSTM 的输入有三个:

- t 时刻的输入数据 x_t;
- 上一时刻 $t-1$,LSTM 的隐藏层输出值 h_{t-1};
- 上一时刻 $t-1$,LSTM 的细胞状态输出值 C_{t-1}。

当前 t 时刻,LSTM 的输出有两个:

- 当前时刻 t 的隐藏层输出 h_t(下一时刻 $t+1$ 的隐藏层输入);
- 当前时刻 t 的细胞状态输出 C_t(下一时刻 $t+1$ 的细胞状态输入)。

细胞状态是 LSTM 的核心部分,它能够存储长期记忆信息,使得 LSTM 能够有效处理长序列数据中的长期依赖关系。细胞状态可被形象地比喻为一条"在整个时间序列中传递信息的传送带",用以在不同时间步之间传递和保留重要信息。具体如图 5.8 所示。

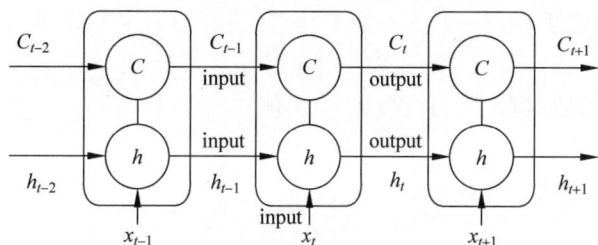

图 5.8　LSTM 中隐藏层和细胞状态的变化

细胞状态 C 是 LSTM 中用于传递和保存长期记忆的核心部分。那么,细胞状态 C 如何生成? 又如何调整呢? 换言之,当前 t 时刻的细胞状态 C_t 是如何生成的? $t-1$ 时刻的细胞状态 C_{t-1} 对 C_t 的生成有什么影响? 为了帮助读者深入理解 LSTM 中细胞状态的更新过程及其具体工作原理,接下来将通过分步讨论的方式进行阐述。具体如图 5.9 所示。

LSTM 通过设计一种称为"门"的结构,来控制细胞状态的变化(去除或增加信息)。每个门通常包含一个 Sigmoid 神经网络层,用于控制生成信息保留的比例。具体方法是通过按位乘法操作对信息进行过滤,有选择地让信息通过,确保必要的信息得以保留,如图 5.10 所示。

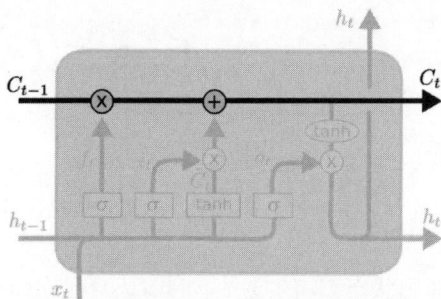

图 5.9　LSTM 中细胞状态的更新

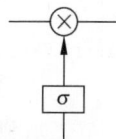

图 5.10　Sigmoid 门结构

在图 5.10 中,Sigmoid 层输出 0～1 的数值,来描述每部分有多少量可以通过。其中,0 代表"不许任何量通过",1 代表"允许任何量通过"。

为了帮助读者更好地理解本书稍后给出的图示,先对 LSTM 图中的几种符号进行说明,其含义具体如图 5.11 所示。

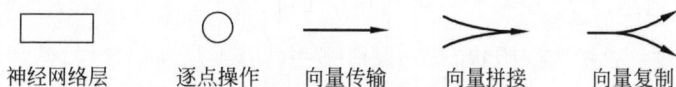

神经网络层　　逐点操作　　向量传输　　向量拼接　　向量复制

图 5.11　LSTM 图示符号说明

LSTM 通过三种不同类型的门来控制细胞状态,分别是遗忘门、输入门和输出门。

1) 遗忘门

当前时刻为 t,LSTM 的第一步要确定从细胞状态 C_t 中丢弃什么信息,该操作通过一个称为"遗忘门"(Forget Gate,简记为 f_t)的线性层完成。遗忘门会读取 h_{t-1} 和 x_t,输出一个 0～1 的数,来控制对细胞状态 C_t 的遗忘程度。LSTM 的遗忘门如图 5.12 所示。

在图 5.12 中,根据前一时间 $t-1$ 的隐藏状态 h_{t-1} 和当前时间 t 的输入 x_t,LSTM 单元先通过遗忘门来确定丢弃前一状态信息的比例,遗忘门的定义如式(5-8)所示。

$$f_t = \sigma(W_f \cdot [h_{t-1}, x_t] + b_f) \tag{5-8}$$

式中: f_t——t 时刻需要"遗忘"的比例(0~1 的值);

σ——Sigmoid 函数;

$[h_{t-1}, x_t]$——拼接两个向量;

b_f——偏置项。

2) 输入门

输入门(Input Gate,简记为 i_t)同样使用 Sigmoid 层,在 t 时刻计算控制新信息的保留比例 i_t,并由 i_t 决定什么样的新信息将被存放在细胞状态中。操作包含两部分,分述如下。

第一步,利用当前时刻 t 的输入数据 x_t 以及上一个时刻 $t-1$ 的隐藏状态 h_{t-1} 来计算输入门控 i_t 值;与 RNN 生成短期记忆类似(参考式(5-7)),同时利用 x_t 和 h_{t-1} 生成候选细胞状态 $\widetilde{C}_t$。LSTM 的输入门如图 5.13 所示。

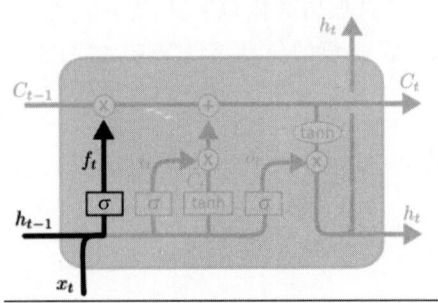

图 5.12　LSTM 遗忘门　　　　　　　　图 5.13　LSTM 输入门

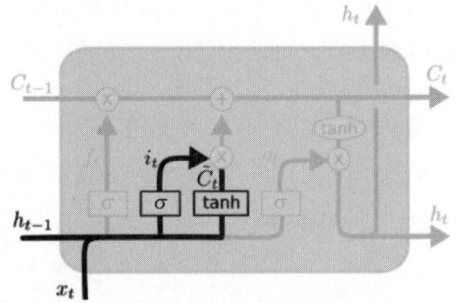

在图 5.13 中,生成输入门控 i_t 和候选细胞状态 $\widetilde{C}_t$ 的过程,如式(5-9)和式(5-10)所示。

$$i_t = \sigma(W_i \cdot [h_{t-1}, x_t] + b_i) \tag{5-9}$$

$$\widetilde{C}_t = \tanh(W_C \cdot [h_{t-1}, x_t] + b_C) \tag{5-10}$$

式中: i_t——t 时刻控制输入数据 x_t 的保留比例(0~1 的值);

$[h_{t-1}, x_t]$——拼接两个向量;

b_i、b_C——偏置项。

第二步,利用遗忘门 f_t 控制上一时刻 $t-1$ 的长期记忆 C_{t-1} 遗忘哪些内容,利用输入门 i_t 控制当前时刻 t 的候选细胞状态 $\widetilde{C}_t$ 保留哪些内容到长期记忆中,然后将二者合并为当前时刻 t 的细胞状态(长期记忆)C_t,如图 5.14 所示。

在图 5.14 中,生成细胞状态 C_t 的过程,如式(5-11)所示。

$$C_t = f_t C_{t-1} + i_t \widetilde{C}_t \tag{5-11}$$

3) 输出门

在 LSTM 中,输出门(Output Gate)的主要作用是控制每个时间步输出的信息量,以便在每个时间步都能够产生一个适当的输出,供下一层使用或作为最终输出结果。输出门的意义在于确保当前时刻 t 的隐藏状态 h_t 输出重要信息,同时避免无关信息的干扰。LSTM

的输出门如图 5.15 所示。

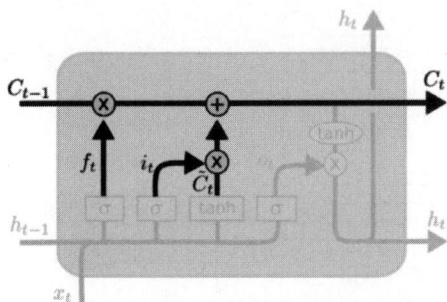

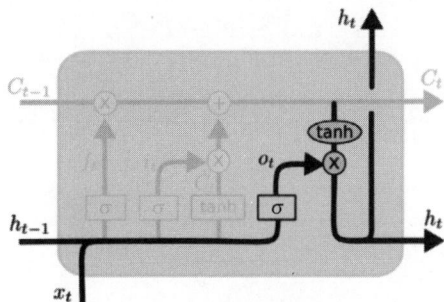

图 5.14　LSTM 输出细胞状态　　　　　　　　图 5.15　LSTM 输出门

与输入门类似,输出门的操作也包含两部分。

第一步,利用当前时刻 t 的输入数据 x_t 以及上一个时刻 $t-1$ 的隐藏状态 h_{t-1},通过 Sigmoid 激活函数计算输出门控 o_t 值。定义如式(5-12)所示。

$$o_t = \sigma(W_o \cdot [h_{t-1}, x_t] + b_o) \tag{5-12}$$

式中:o_t——t 时刻控制输出的信息量(取值为 0~1);

　　　$[h_{t-1}, x_t]$——拼接两个向量;

　　　b_o——偏置项。

第二步,LSTM 将当前细胞状态 C_t 通过 tanh 激活函数映射到 -1~1,并利用遗忘门 o_t 控制输出,从而生成当前隐藏层状态 h_t,如式(5-13)所示。

$$h_t = o_t \times \tanh(C_t) \tag{5-13}$$

通过上述门控机制,LSTM 不仅能保留长期的上下文信息,还能灵活调节每个时刻输出的内容。

3. Transformer

Transformer 模型是一种基于自注意力机制(Self-Attention Mechanism)的神经网络模型,源自 Vaswani 等人在 2017 年发表的论文"Attention is All You Need"。自注意力机制通过计算序列中每个词与其他词之间的关系,生成包含上下文信息的词语表示,使模型能够灵活地关注序列中的不同部分。

Transformer 模型由编码器(Encoder)和解码器(Decoder)两个模块组成,其中每个模块包含多个堆叠的子层。Encoder 和 Decoder 的子层在结构上类似,但功能略有不同。Encoder 负责接收输入序列,并生成对该输入的隐含表示,而 Decoder 根据编码器的输出生成目标序列。Encoder-Decoder 结构在机器翻译任务中特别适用,其中,Encoder 可以理解源语言文本,Decoder 用于生成目标语言文本。Transformer 模型结构如图 5.16 所示。

Transformer 模型不仅在 NLP 任务中表现出色,还在其他领域被广泛应用。例如,在图像识别中,Vision Transformer(ViT)结构将图片分割为小块,每块作为输入序列中的一个"词语"。在语音处理、视频理解等任务中,Transformer 模型通过自注意力机制能很好地捕捉语音信号中的时间依赖关系,同时解决了递归神经网络(RNN)计算速度慢、难以捕捉长距离依赖的问题。此外,许多基于 Transformer 的变体(如 BERT、GPT、T5 等)进一步推动了模型在各类任务中的表现。

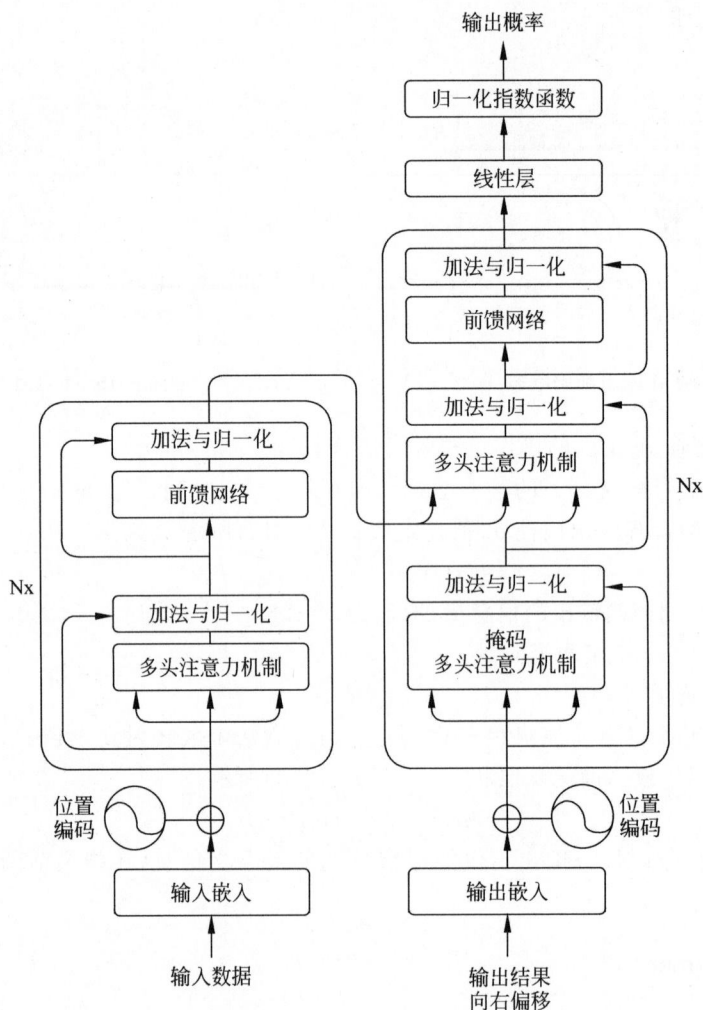

图 5.16　Transformer 结构

🔑 5.4　学习案例 5：情感分析

IMDB(Internet Movie Database)是全球最大的电影、电视等相关内容的在线数据库。由于允许用户提交电影评价和撰写影评,目前已经成为全球影迷交流与互动的重要平台,网站的数据对于影迷、电影行业从业者以及学术研究者都有着广泛的参考价值。本节将给出一个利用循环神经网络对 IMDB 影评进行情感分析的案例,读者将学习：

- NLP 的数据预处理。
- 字典编码和词嵌入。
- 基于 PyTorch 构建 LSTM 二分类神经网络。

5.4.1　获取 IMDB 影评数据集

IMDB 数据集包含影评文本及其对应的情感标签(积极或消极),适用于情感分类任务的模型训练与评估。将下载的影评文件 IMDB.tsv 复制到当前工程的"/data"文件夹下,在VSCode 中打开该文件浏览数据与结构,如图 5.17 所示。

```
data > ≡ IMDB.tsv
    1  id  sentiment    review
    2  "5814_8"    1    "With all this stuff going down at the moment with MJ i've started
    3  "2381_9"    1    "\"The Classic War of the Worlds\" by Timothy Hines is a very enter
    4  "7759_3"    0    "The film starts with a manager (Nicholas Bell) giving welcome inve
    5  "3630_4"    0    "It must be assumed that those who praised this film (\"the greates
    6  "9495_8"    1    "Superbly trashy and wondrously unpretentious 80's exploitation, ho
    7  "8196_8"    1    "I dont know why people think this is such a bad movie. Its got a p
    8  "7166_2"    0    "This movie could have been very good, but comes up way short. Chee
    9  "10633_1"   0    "I watched this video at a friend's house. I'm glad I did not waste
   10  "319_1"  0    "A friend of mine bought this film for £1, and even then it was grossly
   11  "8713_10"   1    "<br /><br />This movie is full of references. Like \"Mad Max II\",
   12  "2486_3"    0    "What happens when an army of wetbacks, towelheads, and Godless Eas
   13  "6811_10"   1    "Although I generally do not like remakes believing that remakes ar
   14  "11744_9"   1    "\"Mr. Harvey Lights a Candle\" is anchored by a brilliant performa
```

图 5.17　IMDB 影评库结构

在图 5.17 中,除第一行为字段名称外,IMDB 共包含 25 000 条数据和三个字段(列),第一列为 id 标识符,第二列为情感评价(1 代表正面,0 代表负面),第三列为相关影评文本数据(英文)。

在进行文本数据处理时,首先须执行文本预处理操作,包括断句、分词、停用词过滤和词干提取等步骤。完成后,将每个词转换为"整数编码"形式,并生成词典。

5.4.2　数据预处理

在数据预处理前,需确认是否已安装 pandas、nltk、lxml、beautifulsoup 和 matplotlib 等库,如未安装,可以按照下述命令进行安装。

```
pip install pandas
pip install nltk == 3.7
pip install lxml == 4.9.1
pip install beautifulsoup4 == 4.11.1
pip install matplotlib == 3.6.2
```

确认上述软件库全部安装完成后,将分步骤执行预处理操作。

1. 字母小写

加载相关库,并利用 pandas 打开影评库 IMDB.tsv 文件,统计两类影评数量,以及将全部英文字母转换为小写,代码如下。

```
1  #代码示例 5-6
2  #加载类库
3  import pandas as pd
4  import nltk
5  #安装 nltk 常用库
6  nltk.download('popular')
```

```
7   #数据预处理开始
8   #首先加载数据集 Load dataset
9   df = pd.read_table('./data/IMDB.tsv')
10  print(df['sentiment'].value_counts())
11  #1    12500
12  #0    12500
13  #Name: sentiment, dtype: int64
14  print(df)
15  df.review = df.review.apply(lambda x: x.lower())
16  print(df)
```

执行上述代码后,可知两类影评(review)各有 12 500 条,读取的数据包括三个字段,分别为"id""sentiment""review",分别为"编号""情感""评论",通过代码第 15 行将所有单词转为小写后,打印整个语料库,结果如下。

```
       id sentiment                                              review
0     5814_8        1 With all this stuff going down at the moment w...
1     2381_9        1 \The Classic War of the Worlds\" by Timothy Hi...
2     7759_3        0 The film starts with a manager (Nicholas Bell)...
3     3630_4        0 It must be assumed that those who praised this...
4     9495_8        1 Superbly trashy and wondrously unpretentious 8...
...      ...      ...                                                ...
24998 10194_3       0 This 30 minute documentary Buñuel made in the ...
24999  8478_8       1 I saw this movie as a child and it broke my he...
[25000 rows x 3 columns]
```

代码第 16 行打印整个语料库,结果如下。

```
       id     sentiment          review
0     5814_8          1 with all this stuff going down at the moment w...
1     2381_9          1 \the classic war of the worlds\" by timothy hi...
2     7759_3          0 the film starts with a manager (nicholas bell)...
3     3630_4          0 it must be assumed that those who praised this...
4     9495_8          1 superbly trashy and wondrously unpretentious 8...
...      ...        ...                                                ...
24998 10194_3         0 this 30 minute documentary buñuel made in the ...
24999  8478_8         1 i saw this movie as a child and it broke my he...
[25000 rows x 3 columns]
```

2. 去除标签

读者可以在 VSCode 编辑器中观察 review 字段内容,由于文本来自网络,因此内容可能包括 XML 或 HTML 元素,所以还须使用 BeautifulSoup 来提取 XML 或 HTML 标签中的相关文本。代码如下。

```
1   #代码示例 5-7
2   from bs4 import BeautifulSoup
3   #去除文本中的 XML 或 HTML 标记
4   #观察处理前的数据,以第一条评论为例
5   print(df.review[0])
6   df.review = df.review.apply(
7       lambda x: BeautifulSoup(x, features = "lxml").get_text())
8   #观察处理后的数据,以第一条评论为例
9   print(df.review[0])
```

上述代码中,第 9 行打印第一条评论内容,结果如下。

> with all this stuff going down at the moment with mj i've started listening to his music, watching the odd documentary here and there, watched the wiz and watched moonwalker again. maybe i just want to get a certain insight into this guy who i thought was really cool in the eighties just to maybe make up my mind whether he is guilty or innocent. moonwalker is part biography, part feature film which i remember going to see at the cinema when it was originally released. some of it has subtle messages about mj's feeling towards the press and also the obvious message of drugs are bad m'kay. visually impressive but of course this is all about michael jackson so unless you remotely like mj in anyway then you are going to hate this and find it boring. some may call mj an egotist for consenting to the making of this movie but mj and most of his fans would say that he made it for the fans which if true is really nice of him. the actual feature film bit when it finally starts is only on for 20 minutes or so excluding the smooth criminal sequence
>
> …　　　…　　　　　…　　　　　　…　　　　　　　…
>
> can be different behind closed doors, i know this for a fact. he is either an extremely nice but stupid guy or one of the most sickest liars. i hope he is not the latter.

3. 去除标点符号

上述步骤完成后,继续去除文本中的标点符号,代码如下。

```
1    # 代码示例 5-8
2    import string
3    # 去除所有字符串中的标点符号
4    df.review = df.review.apply(lambda x: x.translate(str.maketrans('', '', string.
     punctuation)))
5    # 打印处理后的样例,进行对比观察
6    print(df.review[0])
```

上述代码第 4 行,针对 df.review 列中的文本(即每个评论),通过 str.maketrans()函数建立的映射表来删除标点符号,其中:

- str.maketrans('', '', string.punctuation) 用来创建一个转换表,将所有标点符号映射为 None(即删除)。
- x.translate(…)利用该转换表在每个字符串中删除标点符号,生成一个只包含字母和空格的字符串。

代码示例 5-8 执行后,将清除文本中的所有标点符号。最后,通过 print(df.review[0]) 打印第一条评论内容(已清除标点),结果如下。

> with all this stuff going down at the moment with mj ive started listening to his music watching the odd documentary here and there watched the wiz and watched moonwalker again maybe i just want to get a certain insight into this guy who i thought was really cool in the eighties just to maybe make up my mind whether he is guilty or innocent moonwalker is part biography part feature film …… people can be different behind closed doors i know this for a fact he is either an extremely nice but stupid guy or one of the most sickest liars i hope he is not the latter

4. 分词

利用 nltk 库中的 word_tokenize 函数,结合 lambda 表达式对所有评论内容进行分词,代码如下。

```
1    # 代码示例 5-9
2    import nltk
```

```
3    #将所有评论中的句子进行分词
4    df.review = df.review.apply(lambda x: nltk.word_tokenize(x))
5    #处理后
6    print(df.review[0])
```

上述代码执行后,每条评论转换为一个列表对象,每个列表包含本条评论分词后的全部单词,最后打印第一条评论(分词后)的结果如下。

```
['with', 'all', 'this', 'stuff', 'going','down', 'at', 'the', 'moment', 'with', 'mj', 'ive', 'started',
'listening', 'to', 'his', 'music', 'watching', 'the', 'odd', 'documentary', 'here', 'and', 'there',
'watched', 'the', 'wiz', 'and', 'watched', 'moonwalker', 'again', 'maybe', 'i', 'just', 'want', 'to',
'get', 'a', 'certain', 'insight', 'into', 'this', 'guy', … … 'well', 'i', 'dont', 'know', 'because',
'people', 'can', 'be', 'different', 'behind', 'closed', 'doors', 'i', 'know', 'this', 'for', 'a',
'fact', 'he', 'is', 'either', 'an', 'extremely', 'nice', 'but', 'stupid', 'guy', 'or', 'one', 'of',
'the', 'most', 'sickest', 'liars', 'i', 'hope', 'he', 'is', 'not', 'the', 'latter']
```

5. 词频分析

每条评论经过分词后转变为词列表形式,其长度就等于列表中包含的词数。下面对每条评论的长度进行统计并绘图观察。代码如下。

```
1    #代码示例 5-10
2    #获得评论段落的长度
3    lengths = [len(rc) for rc in df.review]
4    #绘制 lengths 数据的直方图
5    pd.Series(lengths).hist()
6    #.describe()对 lengths 的统计特性进行汇总,并打印
7    pd.Series(lengths).describe()
```

上述代码中:

- 第 5 行,pd.Series(lengths).hist()首先将 lengths 列表转换为 Pandas 的 Series 对象,然后通过调用 .hist()绘制 lengths 数据的直方图,以展示评论长度的分布。
- 第 7 行,pd.Series(lengths).describe()对 lengths 的统计特性进行汇总分析,并打印结果。

程序运行结果如图 5.18 所示。

在图 5.18 中:

- count:数据的总数(即评论的条数)。
- mean:平均长度。
- std:标准差,用于衡量长度的离散程度。
- min:最短评论的长度。
- 25%:第一四分位数,25%的评论长度小于该值。
- 50%:中位数,50%的评论长度小于该值。
- 75%:第三四分位数,75%的评论长度小于该值。
- max:最长评论的长度。

由此可知,25 000 个评论(review)的平均长度为 229 个词。其中,最短 10 个词,最长 2450 个词。下面继续对语料库中每个单词出现的频率进行统计,并绘图进行观察和分析。代码如下。

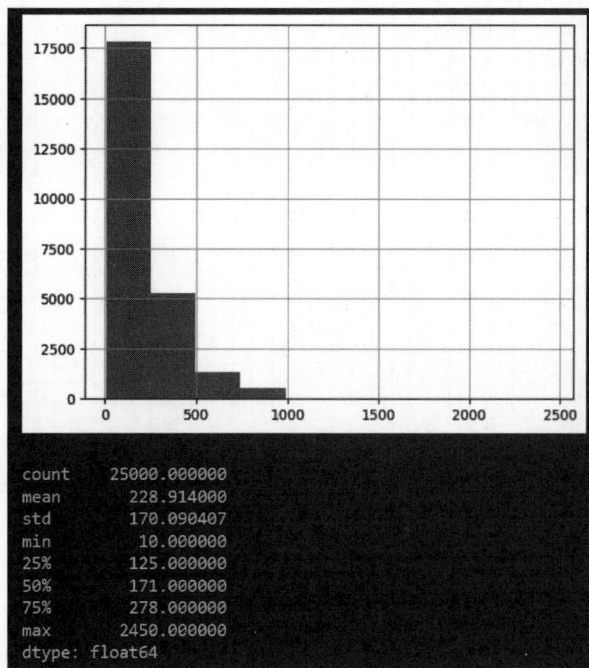

图 5.18　评论长度统计图示

```
1    #代码示例 5-11
2    #分析词频(包括停用词在内),观察图形可知停用词的词频很高
3    words_with_stop_words = df.review.tolist()
4    words_with_stop_words = [
5        item for sublist in words_with_stop_words for item in sublist
6    ]
7    data_analysis = nltk.FreqDist(words_with_stop_words)
8    data_analysis.plot(25, cumulative = False)
```

在上述代码中:

- 第 3~6 行生成了一个一维列表 words_with_stop_words,该列表包含所有评论中的词语。
- 第 7 行代码使用 nltk.FreqDist 函数对 words_with_stop_words 列表中的词语进行词频统计,返回结果 data_analysis 是一个类似字典的可迭代对象,由数个键值对组成。其中,键是单词,值是单词在文本中出现的次数。
- 第 8 行代码,使用上一步返回的 data_analysis 对象,调用 plot()方法绘制折线图来展示词频最高的 25 个词。

程序运行结果如图 5.19 所示。

观察图 5.19,会发现停用词(the, and, a, of, to, is, in,…)的词频很高,因此去除停用词是非常有必要的。

6. 去除停用词

去除停用词操作前,首先要导入停用词集合。由于影评"情感分析"目标的特殊性,一些否定词(如 not, aren't, couldn't, didn't, don't, hadn't, hasn't, isn't 等)需要保留。详细

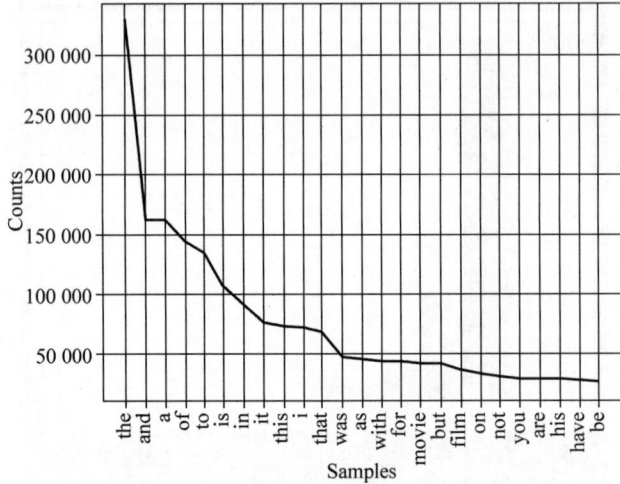

图 5.19 语料库词频统计(前 25 个词)

代码如下。

```
1   #代码示例 5-12  去除停用词
2   from nltk.corpus import stopwords
3   #导入停用词集合
4   stop_words = set(stopwords.words("english"))
5   #由于是情感分析,否定词 not 及其相关的连写用法要保留,因此从停用词集合中去除
6   stop_words = stop_words - {
7       'not', "aren't", "couldn't", "didn't", "don't", "hadn't", "hasn't", "isn't"
8   }
9   #去除停用词
10  df.review = df.review.apply(
11      lambda x: [item for item in x if item not in stop_words])
12  #重新统计去除停用词后的语料库词频
13  words_without_stop_words = df.review.tolist()
14  words_without_stop_words = [
15      item for sublist in words_without_stop_words for item in sublist
16  ]
17  data_analysis = nltk.FreqDist(words_with_stop_words)
18  data_analysis.plot(25, cumulative = False)
```

在去除语料库中的所有停用词后,重新统计语料库的词频,并展示词频最高的 25 个词,结果如图 5.20 所示。

7. 词根化

在图 5.20 中,发现词频统计将"film"和"films","made"和"make"分别当作不同的单词统计。这是由于英文单词具有单复数和不同时态(现在时、过去时和过去完成时等),因此还需要进行词根化处理。代码如下。

```
1   #代码示例 5-13
2   from nltk.stem import PorterStemmer
3   #词根化 Stemming
4   ps = PorterStemmer()
5   df.review = df.review.apply(lambda x: [ps.stem(word) for word in x])
```

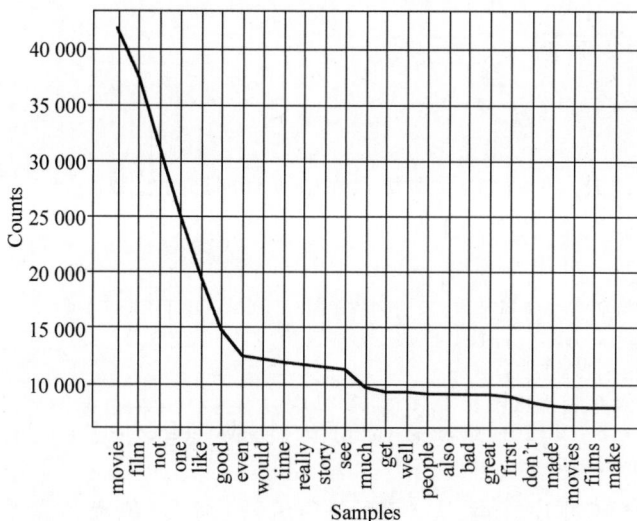

图 5.20　去除停用词后的语料库词频统计（前 25 个词）

```
6    #词根化处理后,查看语料库的词频
7    words_stemming_words = df.review.tolist()
8    words_stemming_words = [
9        item for sublist in words_stemming_words for item in sublist
10   ]
11   data_analysis = nltk.FreqDist(words_stemming_words)
12   data_analysis.plot(25, cumulative = False)
```

对语料库中所有的评论进行词根化后,重新统计语料库词频,并显示词频最高的 25 个词,结果如图 5.21 所示。

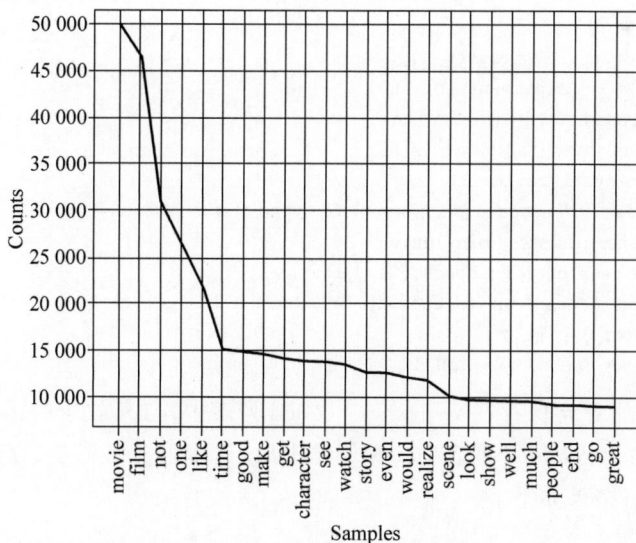

图 5.21　词根化后的语料库词频统计（前 25 个词）

在图 5.21 中,所有词都已转换为词根形式,以热度最高的词根 movi 为例,该词为 movie 和 movies 的词根形式（对比图 5.20）。由于这两个词都转换为同一个词根,因此词频的统计值获得提升,最终的统计结果也更为客观。

5.4.3　字典编码

1. 词的编码

为便于后续的词嵌入处理,需要对语料库中所有词进行整数编码。编码完成后,为读者展示前 5 个词的编码结果,代码如下。

```
1    #代码示例 5-14
2    #对词进行编码,按词频排序,返回列表 List
3    encoded_list = data_analysis.most_common()
4    print(encoded_list[:5])
5    #第一个位置 0,留给填充字符(无意义字符)
6    encoded_dict = {w: i + 1 for i, (w, c) in enumerate(encoded_list)}
7    print(list(encoded_dict.items())[:5])
```

上述代码按照词频排序,序号从 1 开始进行编码。序号(位置)0 留给填充字符(无意义字符)。选取词频最高的 5 个词,以(词,编码)和(词,词频)的形式分别打印,结果如下。

```
[('movie', 49582), ('film', 46295), ('not', 31118), ('one', 26314), ('like', 22058)]
[('movie', 1), ('film', 2), ('not', 3), ('one', 4), ('like', 5)]
```

2. 句的编码

句子编码的目的是便于计算机处理影评文本。去除停用词后,有些影评句可能会因包含的词太少而失去意义,在句子编码过程中还需要去掉长度小于 4 的影评句,代码如下。

```
1    #代码示例 5-15
2    #根据词的整数编码,将句子翻译为词的整数编码形式,同时滤除掉长度小于 4 的句子
3    min_len = 3
4    reviews = df.review.tolist()
5    sentiments = df.sentiment.tolist()
6    reviews_encoded = []
7    sentiments_encoded = []
8    for i in range(len(reviews)):
9        temp_list = [encoded_dict[word] for word in reviews[i]]
10       if len(temp_list) > min_len:
11           reviews_encoded.append(temp_list)
12           sentiments_encoded.append(sentiments[i])
13   print(reviews[0][:10])
14   print(reviews_encoded[0][:10])
```

整数编码后的影评句保存在 reviews_encoded 列表中,与其对应的标记 sentiment 保存到相应的 sentiments_encoded 列表中。编码结束后,打印第一条记录的前 10 个字符和编码进行观察,程序运行结果如下。

```
['stuff', 'go', 'moment', 'mj', 'ive', 'start', 'listen', 'music', 'watch', 'odd']
[484, 24, 176, 6843, 129, 85, 912, 88, 12, 823]
```

3. 影评矩阵

为便于数据批处理,需构建一个影评矩阵(每个句子的长度固定)。根据图 5.18 中的统

计情况,25 000 个评论(review)的平均长度为 229 个词。因此暂设定矩阵的列宽 seq_length=200。任何加入该矩阵的句子,如果其长度超过 seq_length 则需要截断,如果长度不足则要在句子末尾补充编码 0(填充字符)。代码如下。

```
1   # 代码示例 5 - 16
2   import numpy as np
3   # 处理所有的字符串,超过 seq_length = 200 要截断,不足要补充 0
4   # 函数参数中最后一个参数 pos = 'post',表示在句子后面截断和补充 0
5   # 返回二维的 NumPy 矩阵,为获得词嵌入矩阵做准备
6   def trim_and_pad(reviews_int, seq_length, pos = 'post'):
7       features = np.zeros((len(reviews_int), seq_length), dtype = int)
8       for i, review in enumerate(reviews_int):
9           review_len = len(review)
10          if review_len <= seq_length:
11              zeroes = list(np.zeros(seq_length - review_len))
12              if pos == 'post':
13                  new = review + zeroes
14              else:
15                  new = zeroes + review
16          elif review_len > seq_length:
17              if pos == 'post':
18                  new = review[0:seq_length]
19              else:
20                  new = review[review_len - seq_length : ]
21          features[i,:] = np.array(new)
22      return features
23  # 设定所有评论的长度为 200,超过需要从后方截断,不足补充 0
24  seq_length = 200
25  reviews_encoded = trim_and_pad(reviews_encoded, seq_length, pos = 'post')
26  print(reviews_encoded.shape)
27  print(reviews_encoded)
```

上述代码的第 6~22 行,首先定义了 trim_and_pad 函数,该函数用于对句子进行截断和填充,以确保所有句子具有相同长度。在所有影评句完成处理后,打印影评矩阵的形状及内容。程序运行结果如下。

```
(25000, 200)
[[ 484    24   176 ...  606   129   453]
 [ 242   225    99 ...    0     0     0]
 [   2    85   354 ... 1528   176   862]
 ...
 [  82  2022   100 ...    0     0     0]
 [ 890   112   535 ...    0     0     0]
 [ 138     1   451 ...    0     0     0]]
```

5.4.4　数据分批

影评矩阵生成后,利用 sklearn.model_selection 库中的 train_test_split 函数,按默认比例 75% 和 25% 划分数据集(影评矩阵)为"训练集"和"测试集"。代码如下。

视频讲解

```
1   # 代码示例 5 - 17
2   from sklearn.model_selection import train_test_split
3   # 划分数据集 Split dataset
```

```
4    #train_test_split 所在库: sklearn.model_selection
5    #train_test_split 的功能: 划分数据的训练集与测试集
6    #默认比例是 75% 和 25%
7    review_train, review_test, sentiment_train, sentiment_test = train_test_split(
8            reviews_encoded,
9            sentiments_encoded,
10           stratify = sentiments_encoded
11   )
12   total = reviews_encoded.shape[0]
13   print(f"train:{(review_train.shape[0]/total):.2%}, test:{(review_test.shape[0]/
     total):.2%}")
```

上述代码将预处理后的数据集(影评矩阵和标记集),按 75% 和 25% 的比例,划分为 4 个数据集:训练样本集合、训练标记集合、测试样本集合和测试标记集合。并打印这 4 个集合的形状和占比。程序运行结果如下。

```
review_train:(18750, 200),
review_test:(6250, 200),
train:75.00%, test:25.00%
```

继续检查划分后的训练集和测试集样本,查看 Positive 和 Negative 的比例是否均匀。代码如下。

```
1    #代码示例 5 - 18
2    #检查划分后的训练集和测试集中的样本 Positive 比例是否均匀
3    pos_train = sentiment_train.count(1)
4    pos_test = sentiment_test.count(1)
5    print(f'训练集中包含{len(sentiment_train)}个样本, 测试集包含{len(sentiment_test)}个样
     本!')
6    print("Positive % on train", 100 * pos_train/len(sentiment_train),'%')
7    print("Positive % on test", 100 * pos_test/len(sentiment_test),'%')
```

上述代码中:

- 第 3 行 sentiment_train.count(1) 统计训练集中值为 1 的样本数量,也就是 "Positive"的样本数量。
- 同理,第 4 行 sentiment_test.count(1) 统计测试集中值为 1 的样本数量,即测试集中的"Positive"的样本数量。

最后打印训练集、测试集的样本数,以及正样本在这两个集合中的占比。程序运行结果如下。

```
训练集中包含 18750 个样本, 测试集包含 6250 个样本!
Positive % on train 50.0 %
Positive % on test 50.0 %
```

数据处理完毕后,为避免在后续训练或测试工作中重复进行数据预处理,可将经过预处理的训练集和测试集存储为映像文件,并保存到工程项目的"/pt"目录下,方便随时读取和使用。代码如下。

```
1    #代码示例 5 - 19
2    import torch
3    import os
4    from torch.utils.data import TensorDataset
5    #检查根目录下,子目录 pt 是否存在,如果不存在则创建
```

```
6    sub_path = "/pt"
7    if not os.path.exists(sub_path):
8        os.makedirs(sub_path)
9    #1) 首先创建 PyTorch 中的数据集对象
10   sentiment_train = np.array(sentiment_train)
11   sentiment_test = np.array(sentiment_test)
12   train_data = TensorDataset(torch.from_numpy(review_train), torch.from_numpy(sentiment_
     train).float())
13   test_data = TensorDataset(torch.from_numpy(review_test), torch.from_numpy(sentiment_
     test).float())
14   #2) 然后保存映像文件,其中 encoded_dict 为整数编码后的数据字典
15   IMDB_tensorDataPtFile = './pt/IMDB_TensorData.pt'
16   torch.save((train_data, test_data, encoded_dict), IMDB_tensorDataPtFile)
```

上述代码中:

- 第 7、8 行代码,用于在保存之前检查子目录 pt 是否存在,若不存在则创建该目录。
- 第 16 行代码,将最终的映像文件 IMDB_TensorData.pt 保存到 pt 子目录中。

需要注意的是,在映像文件 IMDB_TensorData.pt 中,除了训练集和测试集数据以外,还保存了数据字典 encoded_dict,以便在后续步骤中使用。

5.4.5　情感分析神经网络类

深度学习中,如果模型的参数太多,而训练样本又太少,训练出来的模型很容易产生过拟合的现象。具体表现为:模型在训练数据上损失值很小,预测准确率较高;但是在测试数据上损失值比较大,预测准确率较低。通俗来讲,过拟合现象就是在深度神经网络中,神经元过度依赖某些特定的输入特征或路径,导致深度神经网络对训练数据"记得太牢",而在测试(新)数据上表现较差。

过拟合是很多机器学习的通病。为了解决该问题,通常会采用某些措施,以减轻过拟合的影响。

- 增加训练样本数量是一种较为常见的措施,可以帮助模型学到更多数据的整体特征,而不是特定样本的细节。
- 降低模型复杂度,减少模型的参数(例如,降低神经网络的层数或节点数),可以有效防止模型记住训练集中的细节和噪声,从而降低过拟合的概率。
- 使用正则化技术,如 L2 正则化,通过向损失函数中添加权重的平方和约束,减少模型参数的绝对值,避免过度拟合。
- 利用 Dropout 方法,随机丢弃一部分神经元,使得模型在训练中更具鲁棒性,可以有效避免过拟合。

上述方法中,Dropout 是一项比较有效,且简单可控的缓解过拟合发生的方法,该方法最早是由 Hinton 于 2012 年在论文"Improving Neural Networks by Preventing Co-adaptation of Feature Detectors"中提出,通过在每次训练时随机丢弃(即设置为零)一部分神经元,迫使网络在不同神经元组合下都能学习特征。如此,网络便不会对某个特定神经元产生依赖,而是更全面地学习数据的特征表示,从而获得更加鲁棒和泛化的特征表示。

由于情感分析神经网络类的设计较为复杂,容易出现过拟合的问题,因此当前案例将采用 PyTorch 提供的 Dropout 方法,提升模型的泛化性能。情感分析神经网络类的定义

视频讲解

如下。

```
1    #代码示例5-20
2    import torch.nn as nn
3    #情感分析神经网络类定义
4    class SentimentLSTM(nn.Module):
5        #vocab_size 为词表的长度(总词数),embedding_dim 为词嵌入的长度
6        #hidden_dim 为隐藏层处理数据的长度,n_layers 为 LSTM 模型的层数
7        #drop_prob_lstm 为 LSTM 的丢弃率
8        #drop_prob_self 为全连接神经网络丢弃率
9        def __init__(self,
10                   vocab_size,
11                   embedding_dim,
12                   hidden_dim,
13                   n_layers,
14                   drop_prob_lstm = 0.3,
15                   drop_prob_self = 0.25):
16           super(SentimentLSTM, self).__init__()
17           self.vocab_size = vocab_size
18           self.emb_size = embedding_dim
19           self.hid_size = hidden_dim
20           self.n_layers = n_layers
21           self.dropout_lstm = drop_prob_lstm
22           self.dropout_self = drop_prob_self
23           #创建词嵌入矩阵(行 = self.vocab_size,列 = self.emb_size)
24           self.embedding = nn.Embedding(self.vocab_size, self.emb_size)
25           self.lstm = nn.LSTM(self.emb_size,
26                             self.hid_size,
27                             self.n_layers,
28                             dropout = self.dropout_lstm,
29                             batch_first = True,
30                             bidirectional = True)
31           self.dp = nn.Dropout(self.dropout_self)
32           self.fc1 = nn.Linear(self.hid_size * 2, self.hid_size)
33           self.fc2 = nn.Linear(self.hid_size, 1)
34           self.sig = nn.Sigmoid()
35        def forward(self, x):
36           embeds = self.embedding(x) #[bs, rl, emb_s])
37           lstm_out, hidden = self.lstm(embeds)
38           #上述输出中,hidden 未使用
39           out = self.dp(lstm_out)
40           out = F.relu(self.fc1(out)) #[bs, rl, hs]
41           out = F.avg_pool2d(out, (out.shape[1], 1)).squeeze()
42           #squeeze操作将输入的 out[bs, 1, hs] -> 输出的 out[bs, hs]
43           out = self.fc2(out) #[bs, hs] ->[bs, 1]
44           sig_out = self.sig(out) #[bs, 1]
45           return sig_out
```

上述代码基于 PyTroch,定义了一个用于情感分析的神经网络类 SentimentLSTM,该网络使用了嵌入层(Embedding)、双向 LSTM 层、全连接层和 Dropout 层,并最终由 Sigmoid 激活函数输出情感分析结果(正面或负面情感的概率)。下面将逐行对其中的关键代码进行解析。

1. 类的定义和构造函数

```
1    class SentimentLSTM(nn.Module):
2        #vocab_size 为词表的长度(总词数),embedding_dim 为词嵌入的长度
3        #hidden_dim 为隐藏层处理数据的长度,n_layers 为 LSTM 模型的层数
4        #drop_prob_lstm 为 LSTM 的丢弃率
5        #drop_prob_self 为全连接神经网络丢弃率
6        def __init__(self,
7                      vocab_size,
8                      embedding_dim,
9                      hidden_dim,
10                     n_layers,
11                     drop_prob_lstm = 0.3,
12                     drop_prob_self = 0.25):
13           super(SentimentLSTM, self).__init__()
```

上述代码中,SentimentLSTM 继承自 nn.Module 类,构造函数中的参数如下。

- vocab_size 为词汇表大小,等于总词数。
- embedding_dim 为词嵌入矩阵的维度。
- hidden_dim 为 LSTM 隐藏层的维度值。
- n_layers 为 LSTM 的层数。
- drop_prob_lstm 为 LSTM 层的 Dropout 概率。
- drop_prob_self 为全连接层的 Dropout 概率。

2. 初始化网络层和词嵌入层

```
17           self.vocab_size = vocab_size
18           self.emb_size = embedding_dim
19           self.hid_size = hidden_dim
20           self.n_layers = n_layers
21           self.dropout_lstm = drop_prob_lstm
22           self.dropout_self = drop_prob_self
23           #创建词嵌入矩阵,其中: 行 = self.vocab_size,列 = self.emb_size
24           self.embedding = nn.Embedding(self.vocab_size, self.emb_size)
```

上述代码中:

- 第 14~19 行保存初始化参数。
- 第 21 行定义了一个词嵌入层 self.embedding。

在 NLP 任务中,使用词嵌入(Word Embedding)是一个关键的步骤,用于将离散的词汇转换为连续的数值表示,从而使得词汇能够作为神经网络的输入进行学习和分析。

在 PyTorch 中,通过 nn.Embedding 类创建词嵌入矩阵,并将词汇表中的每个词映射到矩阵中,从而为每个词提供一个固定长度的向量表示。nn.Embedding 类的构造函数包含以下两个重要参数。

- vocab_size:词汇表的大小,即所有独立词的总数(矩阵行数)。
- embedding_dim:指定词向量的维度(矩阵列数)。

词嵌入层 self.embedding 中的参数(即嵌入矩阵的每个词嵌入向量)是可学习的。在情感分析神经网络的训练过程中,通过误差反向传播过程,模型中的优化器会不断调整这些

向量，从而学习到词之间的语义关系。

3. LSTM 层

```
25          self.lstm = nn.LSTM(self.emb_size,
26                              self.hid_size,
27                              self.n_layers,
28                              dropout = self.dropout_lstm,
29                              batch_first = True,
30                              bidirectional = True)
```

上述代码定义了一个双向 LSTM 层，其中：

- self.emb_size 为输入数据 x 的维度。
- self.hid_size 为输出维度。
- n_layers 为创建 LSTM 的层数。
- dropout 指定每一层之间的丢弃率。
- batch_first＝True 说明输入张量的第一维是 batch 维度，[batch_size，sequence_length，embedding_dim]，这通常更符合输入数据的批量处理格式。
- bidirectional＝True 时，LSTM 为双向工作，即从前往后和从后往前两个方向都处理序列信息，此时输出隐藏层的维度将会是 2 * self.hid_size。

```
31          self.dp = nn.Dropout(self.dropout_self)
32          self.fc1 = nn.Linear(self.hid_size * 2, self.hid_size)
33          self.fc2 = nn.Linear(self.hid_size, 1)
34          self.sig = nn.Sigmoid()
```

在上述代码中：

- 第 28 行定义了一个 dropout 层 self.dp，用于在全连接层前对输出进行随机丢弃，以提高模型的泛化能力。
- 第 29 行，self.fc1 是第一个全连接层，将 hidden_dim * 2 的输入转换为 hidden_dim（由于双向 LSTM 的输出是 hidden_dim * 2）。
- 第 30 行，self.fc2 是第二个全连接层，将 hidden_dim 映射到一个输出节点，用于二分类输出。
- 第 31 行，self.sig 被赋值为 Sigmoid 激活函数，用于将最后的输出映射到[0，1]范围的概率值。

4. 前向传播

```
35      def forward(self, x):
36          embeds = self.embedding(x)
37          lstm_out, hidden = self.lstm(embeds)
38          #上述输出中，hidden 未使用
39          out = self.dp(lstm_out)
40          out = F.relu(self.fc1(out))
41          out = F.avg_pool2d(out, (out.shape[1], 1)).squeeze()
```

上述为前向传播函数 forward 中的部分关键代码，其中：

- 第 32 行，参数 x 为输入词（词典编码）序列，其 shape 为[batch_size，sequence_

length]。

- 第 33 行,embeds 为词嵌入层 self. embedding 的输出结果,embeds 的 shape 大小为 [batch_size, sequence_length, embedding_dim]。
- 第 34 行,lstm_out 为 LSTM 层的输出结果,其维度为[batch_size, sequence_length, hidden_dim * 2](当前为双向 LSTM)。需要注意的是,hidden 作为 LSTM 的隐藏状态,但在此处未使用。
- 第 38 行,使用 avg_pool2d 对序列长度维度进行平均池化操作,将 out 的 shape 从 [batch_size, sequence_length, hidden_dim]缩减为[batch_size, 1, hidden_dim], 相当于将序列中所有词的词嵌入求平均值。最后,通过 squeeze()去掉多余维度,得 到最终的 shape 为[batch_size, hidden_dim]。

5.4.6　训练与测试

视频讲解

为了提高代码的可读性、可维护性和复用性,通常将训练过程和测试过程分别封装为独 立的函数。这样做可以避免代码重复,提高实验的组织性,使得每次训练或测试时只须传入 不同的参数即可。

此外,函数化的设计使得模型训练和评估更容易调试和扩展,便于在不同实验配置下进 行多次调用和对比。接下来,将给出"训练函数"和"测试函数"的具体示例,并展示如何在实 际中应用它们。

1. 训练函数

首先,给出训练函数的定义,代码如下。

```
1   #代码示例 5-21
2   #定义训练函数
3   def train(model, device, train_loader, optimizer, epoch, show_info_inter_batches = 10):
4       model.train() #针对 Dropout(以及 batchNorm )的开关操作
5       lossFun = nn.BCELoss()
6       for batch_idx, (x, labels) in enumerate(train_loader):
7           x, labels = x.to(device), labels.to(device)
8           optimizer.zero_grad()
9           pred = model(x)
10          loss = lossFun(pred.squeeze(1), labels)
11          loss.backward()
12          optimizer.step()
13          if (batch_idx + 1) % show_info_inter_batches == 0:
14              done_len = batch_idx * len(x)
15              total_len = len(train_loader.dataset)
16              percent = 100. * batch_idx / len(train_loader)
17              print(f'Train Epoch: {epoch} [{done_len} / {total_len} ({percent: .0f} %)]\tLoss:
                                                            {loss.item(): .6f}')
```

以下是训练函数 train 中各参数的说明。

- model:传入要训练的神经网络模型,通常是一个继承自 nn. Module 的实例。
- device:指定模型和数据运行的设备,通常为 cpu 或 cuda(GPU),用于将模型和数据 迁移到相应的计算设备,以便加速训练。

- train_loader：训练数据集的数据加载器（DataLoader）对象，按批次（batch）提供数据，简化批量训练的实现。
- optimizer：传入优化器对象，用于更新模型的参数以最小化损失函数。
- epoch：当前训练的轮次编号，用于显示训练进度时使用。另外，对于多轮次训练，可根据 epoch 来调整学习率等参数。
- show_info_inter_batches：指定训练过程中打印日志信息的间隔批次数。例如，若值为 10，则每训练 10 个批次后打印一次训练进度和损失值。

2. 测试函数

其次，给出测试函数的定义，代码如下。

```
1    #代码示例 5-22
2    #定义测试函数
3    def test(model, device, test_loader):
4        #使用 model.eval()，在该模式下，将停止 dropout 和 batchnorm
5        model.eval()
6        #reduction = 'sum'代表：累加 loss，默认是平均 loss
7        lossFun = nn.BCELoss(reduction = 'sum')
8        #初始化损失累计值为 0
9        test_loss = 0.0
10       #初始化正确率值为 0
11       acc = 0
12       #获得测试集长度
13       test_total_len = len(test_loader.dataset)
14       for batch_idx, (x, labels) in enumerate(test_loader):
15           x, labels = x.to(device), labels.to(device)
16           with torch.no_grad():
17               y_pred = model(x)
18           test_loss += lossFun(y_pred.squeeze(1), labels)
19           pred = y_pred.round()
20           acc += pred.eq(labels.view_as(pred)).sum().item()
21       test_loss /= test_total_len
22       #计算预测正确率
23       percent = 100. * acc / test_total_len
24       #打印平均损失和正确率
25       print(f'Test set: Average loss: {test_loss:.4f}, Accuracy: {acc} / {test_total_len}
         ({percent:.0f} % )\n')
26       return acc / test_total_len
```

3. 数据加载器

模型训练之前，需要创建数据加载器提供分批数据。首先，从映像文件中取出训练和测试数据；然后，生成 DataLoader 对象，批次长度设定为 50，shuffle 设置为 True。代码如下。

```
1    #代码示例 5-23
2    import torch
3    from torch.utils.data import DataLoader
4    #准备数据和数据加载器
5    #1) 加载数据集对象
6    IMDB_tensorDataPtFile = './pt/IMDB_TensorData.pt'
```

```
7    train_data, test_data, encoded_dict = torch.load(IMDB_tensorDataPtFile)
8    #2) 创建数据加载器
9    batch_size = 50
10   train_loader = DataLoader(train_data, shuffle = True,batch_size = batch_size, drop_last =
     True)
11   test_loader = DataLoader(test_data, shuffle = True,batch_size = batch_size, drop_last =
     True)
```

4. 训练准备

模型训练前,需提前设定训练中使用的超参数,创建神经网络模型对象、优化器对象等。代码如下。

```
1    #代码示例 5-24
2    #判断有无 GPU 设备
3    device = torch.device("cuda" if torch.cuda.is_available() else "cpu")
4    #模型参数设置
5    EMB_SIZE = 128 #embedding size
6    HID_SIZE = 128 #lstm hidden size
7    DROPOUT1 = 0
8    DROPOUT2 = 0.2
9    vocab_size = len(encoded_dict) + 1 # +1 是为了 0 padding
10   n_layers = 2
11   #训练参数
12   nums_epoch = 10
13   best_acc = 0.0                              #最佳模型的正确率
14   PATH = './model/model_lstm.pth'             #定义模型保存路径(最佳模型)
15   show_info_inter_batches = 50                #每隔多少个 batch 显示训练情况
16   #创建情感分析神经网络模型对象
17   model = SentimentLSTM(vocab_size,
18                          EMB_SIZE,
19                          HID_SIZE,
20                          n_layers,
21                          drop_prob_lstm = DROPOUT1,
22                          drop_prob_self = DROPOUT2)
23   model = model.to(device)
24   #创建优化器对象
25   optimizer = torch.optim.Adam(model.parameters())  #默认学习率为 0.001
26   #打印模型
27   print(model)
```

上述代码创建了情感分析神经网络模型对象和优化器对象,并在最后打印了训练模型的结构,如下所示。

```
SentimentLSTM(
  (embedding): Embedding(113298, 128)
  (lstm): LSTM(128, 128, num_layers = 2, batch_first = True, bidirectional = True)
  (dp): Dropout(p = 0.2, inplace = False)
  (fc1): Linear(in_features = 256, out_features = 128, bias = True)
  (fc2): Linear(in_features = 128, out_features = 1, bias = True)
  (sig): Sigmoid()
)
```

5. 模型训练

开始训练之前,确保系统根目录下已经建立了 model 目录,在每轮训练结束后,将会把正确率最高的模型保存到 model 目录下。代码如下。

```
1    #代码示例 5-25
2    #开始训练
3    import torch.nn.functional as F
4    for epoch in range(1, 1 + nums_epoch): #nums_epoch 个 epoch
5        train(model, device, train_loader, optimizer, epoch,
6            show_info_inter_batches)
7        acc = test(model, device, test_loader)
8        if best_acc < acc:
9            best_acc = acc
10           torch.save(model.state_dict(), PATH)
11           print(f"the best acc is {best_acc:.2 %}, and the model have been saved!\n")
12   print(f"finally, the best acc is {best_acc:.2 %}\n")
```

程序运行结果如下。

```
Train Epoch: 1 [2450 / 18750 ( 13 %)]  Loss: 0.625218
Train Epoch: 1 [4950 / 18750 ( 26 %)]  Loss: 0.464298
…
Train Epoch: 1 [17450 / 18750 ( 93 %)]  Loss: 0.463109
Test set: Average loss: 0.3816, Accuracy: 5205 / 6250 ( 83 %)
…
Train Epoch: 10 [2450 / 18750 ( 13 %)]  Loss: 0.000266
Train Epoch: 10 [4950 / 18750 ( 26 %)]  Loss: 0.001030
…
Train Epoch: 10 [17450 / 18750 ( 93 %)]  Loss: 0.000825
Test set: Average loss: 1.9319, Accuracy: 5381 / 6250 ( 86 %)
finally, the best acc is 86.64 %
```

从以上结果可以看出,经过训练,当前的情感分析模型最高准确率已达到 86.64%。读者可以根据已掌握的知识和训练技巧,尝试优化超参数或调整网络结构,从而进一步提升模型的准确率。

习题

一、选择题

1. 随着深度学习技术的发展,LSTM、GRU 和(   )等架构极大地提高了模型对长距离依赖的处理能力。

    A. CNN   B. Transformer   C. Linear   D. HMM

2. ChatGPT、文心一言、通义千问和智谱清言等大模型具备广泛的通用性和强大的(   )。

    A. 针对性   B. 普适性   C. 分析能力   D. 生成能力

3. NLP 的应用不包括(   )。

    A. 文本分类   B. 命名实体识别   C. 人脸识别   D. 机器翻译

4. (　　)是自然语言处理的第一步。

　　A. 文本预处理　　　　B. 词嵌入　　　　C. 数据分批　　　　D. 字典编码

5. (　　)不能减轻过拟合的影响。

　　A. 增加训练样本数量　　　　　　　B. 降低模型复杂度

　　C. 使用正则化技术　　　　　　　　D. 减少样本特征

二、简答题

1. 简述词嵌入技术在自然语言处理中的重要性。

2. 针对模型训练过程中的过拟合问题,简述原因及缓解过拟合发生的方法。

三、编程练习题

针对 5.4 节中的代码示例 5-24,尝试利用已学知识,通过调整模型参数和超参数的设置,以期获得正确率更高的预测模型,并保存模型参数到 .pth 文件中。

第 **6** 章

智能机器人

CHAPTER 6

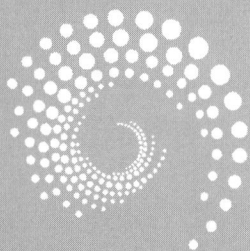

本章学习目标
- 理解大语言模型及其在智能机器人中的应用
- 全面认识智能机器人及其发展现状与前景
- 掌握智能机器人的核心技术和运作原理
- 了解智能机器人的应用领域及其对社会的影响

本章致力于详尽阐述智能机器人领域,涵盖大语言模型的融合应用、智能机器人的基础理论、当前发展状况、核心运作原理,以及其在多元领域的实践应用与社会效应,旨在为读者构建一个全面的知识体系与实践指南,为后续的学术探索与实际应用奠定坚实的基础。

🔑 6.1　大语言模型

大语言模型(Large Language Model,LLM),作为当前自然语言处理(Natural Language Processing,NLP)领域中的一项主流技术,凭借其卓越的语言理解和生成能力,极大地增强了人类与智能机器人之间交流的自然流畅度。在大语言模型的帮助之下,智能机器人得以更精准地领悟人类指令、开展情感层面的沟通,并在多元化的应用场景中提供更为智能且人性化的服务,两者共同驱动人工智能技术迈向新的高度。

6.1.1　大语言模型简介

每天,人们都在通过语言交流来获取信息、表达情感、解决问题。从早晨的问候到工作中的讨论,再到夜晚的闲聊,语言都是人们不可或缺的工具。作为人类用于交流思想、感情、信息和知识的符号系统,如果语言能够被计算机像人一样被理解和生成,那人们的生活会发生怎样的变化呢? 这就是自然语言处理技术的魅力所在。

1. 自然语言处理技术

自然语言处理技术是一种机器学习技术,使计算机具有解释和理解人类语言的能力,能够让计算机"听懂"人类的语言,理解其含义,并做出相应的回应。自然语言处理技术的一般工作流程可以概括为以下几个关键步骤:语料预处理、特征工程、模型训练、应用与评估、优化与迭代,如图 6.1 所示。

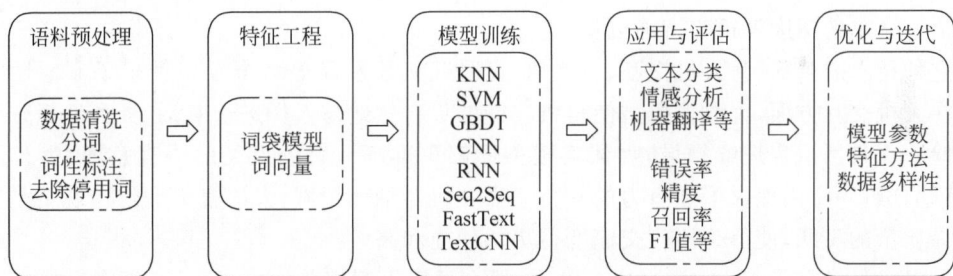

图 6.1　自然语言处理技术一般工作流程示意图

在自然语言处理技术中,语言建模(Language Modeling,LM)是核心任务,通过对文本数据进行分析,建立语言模型,从而实现对自然语言的理解、生成和预测。随着计算机科学和人工智能技术的不断进步,语言模型也得到了飞速的发展。从最初的统计语言模型到神经语言模型,再到如今的大语言模型,这不仅是对技术进步的追求,也是对理解语言这一典型人类特征的追求。

图 6.2 依次展示了语言模型三个重要发展阶段的标志性成果:首先是世界著名自然语言处理专家 Frederick Jelinek 所著 *Statistical Methods for Speech Recognition* 一书的封面,该书在语言模型统计方法领域具有重要地位;其次是 Sepp Hochreiter 和 Jürgen Schmidhuber 合作发表的论文"Long Short-Term Memory"中,一个包含 8 个输入单元、4 个输出单元及 2 个存储单元块的 LSTM 网络示例,该论文对循环神经网络的发展起到了关

键作用；最后是"Attention Is All You Need"一文中的原始 Transformer 模型架构，这一成果对现代深度学习模型产生了深远影响。

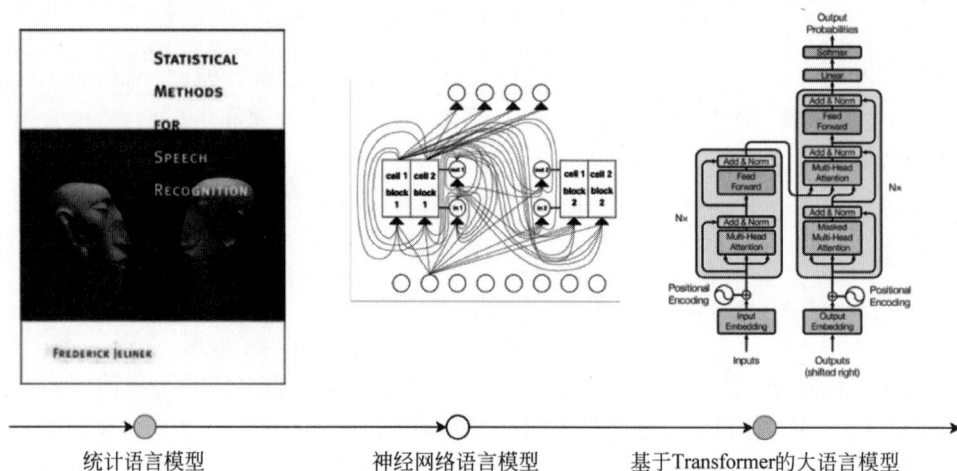

图 6.2 语言模型三个重要发展阶段的标志性成果

2. 大语言模型

大语言模型是自然语言处理领域中的一项关键技术，它通过大规模的文本数据集进行训练，展现出了对自然语言文本卓越的理解和生成能力。从概念层面看，大语言模型不仅突破了传统自然语言处理技术的框架，不再被局限于特定的任务或领域，而且具备了一种广泛且通用的自然语言处理能力，能够精准地捕捉自然语言的统计规律和潜在模式，进而实现对自然语言文本的深度解析与智能创作。

这种技术的革新，为人机交互、自然语言理解、机器翻译等多个领域带来了颠覆性的变革。在人机交互方面，大语言模型使得机器能够更自然地与人类进行对话，极大地提升了用户体验。在自然语言理解领域，大语言模型能够更准确地解读人类的语言意图，为智能问答、情感分析等应用提供了强有力的支持。而在机器翻译领域，大语言模型的出现更是推动了翻译质量的飞跃，使得跨语言交流变得更加便捷和高效。

如果已经掌握了 Python 的基本语法，那么可以下载安装 modelscope 库来轻松实现一个基于大语言模型技术的机器翻译示例，安装命令如下。

```
pip installmodelscope
```

ModelScope 社区成立于 2022 年 6 月，是一个模型开源社区及创新平台，由阿里巴巴通义实验室，联合 CCF 开源发展委员会，共同作为项目发起创建。在 ModelScope 库中，全任务零样本学习模型在 mt5 模型基础上使用了大量中文数据进行训练，并引入了零样本分类增强的技术，支持多种自然语言处理任务。代码如下。

```
1  #代码示例 6-1
2  from modelscope.pipelines import pipeline
3  #下载并加载模型
4  t2t_generator = pipeline("text2text-generation", "damo/nlp_mt5_zero-shot-augment_chinese-base", model_revision="v1.0.0")
5  #打印翻译结果
```

```
6    print(t2t_generator("翻译成英文：你好，各位读者朋友们。"))
```

最终的输出结果是"｛'text'：'hello readers and friends'｝"。

此外，大语言模型还具备强大的泛化能力，能够应对各种复杂的语言现象和场景。基于大规模数据统计规律的学习过程，大语言模型能够处理多样化的语言输入，并生成符合语法和语义规范的输出。这种能力使得大语言模型在文本生成、文本摘要、对话系统等任务中表现出色，为自然语言处理技术的发展注入了新的活力。

3. 大语言模型的特点

在规格层面，大语言模型的特点主要体现在其规模、复杂性和性能上。

大语言模型通常具有海量的参数，这使得模型能够捕捉到更多的语言细节和模式。2021 年，百度与鹏城实验室联合发布了一个具有 2600 亿个参数的大语言模型 ERNIE 3.0 Titan，是世界上第一个知识增强千亿大模型，也是当时全球最大的中文单体模型。

大语言模型内部包含多个层次的不同神经网络结构（Mask Multi-Head Attention、Feed-Forward Neural Network），这些结构通过复杂的连接和运算，实现了对语言信息的深度提取和加工。

大语言模型通常具有出色的语言生成和理解能力，能够处理各种复杂的语言任务，如文本生成、语义分析、情感识别等。

在实现层面，大语言模型的构建和训练涉及多个复杂的技术步骤。首先，需要进行数据预处理，包括文本清洗、分词、去停用词等，以确保训练数据的准确性和有效性。其次，需要选择合适的神经网络架构和算法，如 Transformer 等，以构建模型的基本框架。最后，通过优化算法和训练策略，如梯度下降、学习率调整等，对模型进行训练和优化，以提高其性能和准确性。下文以伪代码的形式详细描述了大语言模型的构建和训练过程。

```
1    #代码示例 6-2
2    #第一步：数据预处理
3    def preprocess_data(raw_data):
4        #文本清洗：去除噪声、HTML 标签、特殊字符等
5        cleaned_data = clean_text(raw_data)
6        #分词：将文本分割成单词或词组
7        tokenized_data = tokenize_text(cleaned_data)
8        #去停用词：移除对模型训练无用的常用词
9        filtered_data = remove_stopwords(tokenized_data)
10       return filtered_data
11   #第二步：选择神经网络架构和算法
12   #假设我们选择的是 Transformer 架构
13   def build_model(architecture = "Transformer"):
14       if architecture == "Transformer":
15           model = initialize_transformer_model()
16       #可以添加其他架构的支持，如 BERT、GPT 等
17       return model
18   #第三步：模型训练和优化
19   def train_and_optimize_model(model, training_data, epochs, learning_rate, optimizer = "gradient_descent"):
20       #初始化优化器
21       if optimizer == "gradient_descent":
22           optimizer_instance = GradientDescentOptimizer(learning_rate)
```

```
23    #可以添加其他优化器的支持,如 Adam、RMSprop 等
24    #进行模型训练
25    for epoch in range(epochs):
26        #前向传播
27        predictions = model.forward(training_data)
28        #计算损失
29        loss = compute_loss(predictions, training_data_labels) #假设训练数据带有标签
30        #反向传播和优化
31        gradients = model.backward(loss)
32        optimizer_instance.update_parameters(model.parameters, gradients)
33        #打印训练进度和性能
34        print_training_progress(epoch, loss)
35        #可选: 学习率调整策略
36        adjust_learning_rate(optimizer_instance, epoch)
37    return model
38 #主函数: 执行大语言模型的构建和训练
39 def main():
40    #加载原始数据
41    raw_data = load_data()
42    #数据预处理
43    preprocessed_data = preprocess_data(raw_data)
44    #构建模型
45    model = build_model()
46    #设置训练参数
47    epochs = 10                              #假设训练 10 个周期
48    learning_rate = 0.001                    #假设初始学习率为 0.001
49    #模型训练和优化
50     trained_model = train_and_optimize_model(model, preprocessed_data, epochs,
       learning_rate)
51    #保存训练好的模型
52    save_model(trained_model)
53 #执行主函数
54 main()
```

请注意,上述伪代码是一种简化的表示,用于概述大语言模型构建和训练的主要步骤。在实际实现中,每个步骤都会涉及更复杂的细节和更多的代码。例如,数据预处理可能需要处理多种语言、多种文本格式和不同的数据清洗策略;模型构建可能需要定义和初始化Transformer 的各个组件(如编码器、解码器、自注意力机制等);训练和优化可能需要使用高级的优化算法、学习率调度策略、批量处理技术等。此外,还需要考虑模型的评估、验证和部署等步骤。

如果已经学习并掌握了 Python 和 PyTorch,那么可以通过 Torchtune 库来进行一次愉快的大语言模型实验。Torchtune 是由 PyTorch 团队开发的一个专门用于编写、微调和实验大语言模型的库,具有简单、强扩展性和高稳定性等优点,能够在不同的硬件上实现开箱即用。

6.1.2　大语言模型发展史

大语言模型的演进历程,是人类智慧与科技创新交相辉映的辉煌叙事。它始于统计模型的初步尝试,经由深度学习浪潮的强力推动,直至现今这个智能化水平前所未有的时代,每一步都蕴含着对语言深层规律的持续挖掘以及对人工智能广阔前景的热切期盼。这不仅

是技术层面的巨大进步,更是对人类认知极限的勇敢跨越,预示着一个语言与智能深度融合、共创未来的新时代的降临。

1. 一"统"江山：语言模型的萌芽期

语言模型的概念最初来源于信息论与概率论的交叉领域,其核心目的在于统计并分析语言的规律性。作为语言模型早期研究的重心,N-gram 统计模型,也称为 N 元语法模型,通过估算单词序列出现的概率来实现语言建模。尽管 N-gram 统计模型在自然语言处理领域具有广泛的应用场景,但它也面临着一些显著的局限性。由于该模型的核心假设是第 N 个词的出现仅依赖其前面的 $N-1$ 个词,与其他词汇无直接关联,且整个句子的概率被简化为各个词出现概率的乘积,这一简化处理方式在处理含有庞大词汇量的语料库时,会因数据稀疏性问题而面临显著挑战。

随着计算能力的显著提升和文本数据集规模的不断扩大,研究者们开始探索更为复杂的模型,如隐马尔可夫模型(Hidden Markov Model,HMM)和条件随机场(Conditional Random Field,CRF)。尽管在这一阶段,机器翻译、语音识别等领域已初步尝试应用神经网络,但由于当时硬件条件的局限以及算法尚未成熟,这些尝试所取得的成效相对有限。

然而,深度学习技术的迅猛发展,特别是循环神经网络(Recurrent Neural Network,RNN)与长短期记忆网络(Long Short-Term Memory,LSTM)所取得的显著成就,为自然语言处理领域带来了革命性的变革。在此背景下,研究者们开始着手训练规模更大的模型,以应对各种复杂的自然语言处理任务。与此同时,Word2Vec、Glove 等词嵌入技术的出现,极大地增强了模型在语义理解方面的能力,为自然语言处理的发展注入了新的活力。

2. "神经"百战：语言模型的突破期

Google 公司在 2017 年推出了 Transformer 架构,作为一种创新的自注意力机制神经网络,对自然语言处理领域产生了深远影响,该架构不仅实现了大规模数据的并行化处理,还显著提升了模型的整体性能,从而引领了语言模型的新一轮革新。2018 年 6 月,开放人工智能研究和部署公司 OpenAI 推出 GPT 模型,是首个采用 Transformer 架构进行大规模无监督预训练的语言模型,这一里程碑式的成就标志着预训练模型新时代的到来。2018 年年底,Google 公司提出 BERT 模型,作为一种创新的双向 Transformer 架构,在多个自然语言处理任务上均取得了显著的性能提升,进一步加速了预训练模型研究的发展步伐。

随着预训练模型研究的不断深入,研究者们开始积极探索各种优化与改进策略,催生了众多变体及改良方法。其中,GPT-2 模型凭借更大的规模和更出色的生成能力,较其前身 GPT 有了显著提升。Facebook 公司与悉尼大学的合作成果 RoBERTa,则通过延长训练时间和扩大数据集规模,进一步优化了 BERT 模型。此外,Google 公司提出的 T5 框架,创新性地将各类自然语言处理任务统一为文本到文本的形式,为模型的通用性和灵活性提供了新的启示。

3. "大"智若愚：语言模型的爆发期

2020 年,OpenAI 发布了 GPT-3 模型,其参数量高达惊人的 1750 亿,展现出了卓越的零样本学习能力和广泛的实用性,这一里程碑式的成就标志着自然语言处理领域正式迈入大语言模型的新纪元,开启了全新的大语言模型时代。随着计算资源的日益丰富和技术的不断成熟,国内外众多科技巨头与研究机构竞相推出了自家的超大规模语言模型,阿里云的M6、百度的 ERNIE 等便是其中的佼佼者。这些模型不仅在参数规模上超越了 GPT-3 模型,更在特定自然语言处理任务上展现出了更为卓越的性能,推动了大语言模型的进一步发展。

作为 OpenAI 的明星产品,ChatGPT 在 2022 年一经推出便迅速吸引了社会各界的广泛关注,发布 5 天注册用户突破百万大关,发布 60 天后月活用户量达到 1 亿多。作为一款基于 GPT 技术的大语言模型,ChatGPT 的问世进一步拓宽了大语言模型在对话生成、知识检索等多个领域的应用场景,为自然语言处理技术的发展注入了新的活力。

在被誉为生成式人工智能元年的 2023 年里,大语言模型新成果层出不穷。Google 公司公布了由 LaMDA 大语言模型驱动的聊天机器人 Bard;百度正式上线文心一言;OpenAI 发布了多模态预训练大模型 GPT-4.0;亚马逊也推出了自家的大语言模型 Titan,这一系列动作标志着生成式人工智能技术正以前所未有的速度向前迈进。

2024 年,马斯克的 xAI 公司发布了参数量高达 3140 亿的大模型 Grok-1,这一数字超越了 GPT-3.5 模型的 1750 亿参数,成为目前市场上参数最多的开源大语言模型之一。与此同时,在瑞士举办的第 27 届联合国科技大会上,世界数字技术院(World Digital Technology Academy,WDTA)正式推出了《生成式人工智能应用安全测试标准》与《大语言模型安全测试方法》两项国际标准,为生成式人工智能及大语言模型的安全应用提供了权威指导。

6.1.3　应用、趋势与发展

大语言模型的应用领域极为广泛,覆盖了从传统的文本生成、情感分析、命名实体识别等自然语言处理任务,到新兴的对话系统、智能写作助手、自动翻译等智能化应用,如图 6.3 所示。在教育领域,大语言模型通过提供个性化的学习资源和辅导,助力学生高效学习,同时也帮助教师提升教学效率。在医疗领域,大语言模型能够解析医疗文献和病历数据,辅助医生进行疾病诊断和制定治疗方案,提升医疗服务的精准度和效率。在金融领域,大语言模型则通过分析市场新闻和报告,为投资者提供精确的投资建议,助力投资决策。

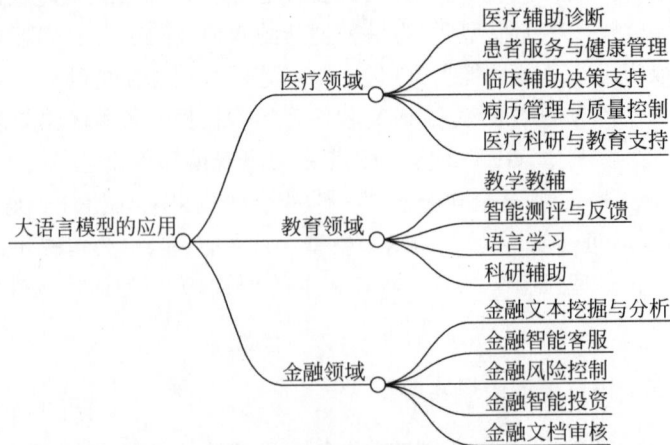

图 6.3　大语言模型的应用

此外,在娱乐、媒体、法律等多个行业中,大语言模型也发挥着不可或缺的作用,为各行各业带来了显著的便利和效率提升。

随着技术的持续飞跃,大语言模型作为新一轮科技产业革命的战略性技术,正引发经济、社会、文化等领域的变革和重塑。其未来的发展趋势主要体现在以下 5 方面。

1. 技术深化与模型优化

大语言模型将不断向更深层次的技术领域探索。在算法层面,研究者们正不断优化模型结构,提升模型的训练效率和性能,使其在处理复杂语言任务时更加准确和高效。同时,随着计算能力的提升和数据的不断积累,大语言模型的规模将进一步扩大,从而具备更强的语言理解和生成能力。2024 年 10 月,xAI 公司正式展示 Colossus AI 超级计算机集群,该集群共安装 10 万个型号为英伟达 H100 的 GPU,成为目前全球最强大的 AI 超级计算机,且该集群目前仍在不断扩大规模中,预计会增加至 20 万个 GPU,如图 6.4 所示。

图 6.4　Colossus AI 超级计算机集群

2. 多模态融合与跨领域应用

考虑到信息处理的全面性和综合理解能力的进一步提升,大语言模型将不再局限于文本处理,而是会融合图像、音频、视频等多种信息形式,实现更加全面和丰富的交互体验。此外,大语言模型会深度应用于教育、医疗、金融、法律、媒体等各个领域,成为推动行业智能化升级的重要力量。通过跨领域的融合与创新,大语言模型将助力解决更多实际问题,提升社会整体效率。

3. 个性化与定制化服务

每个用户都有自己独特的偏好、兴趣和需求,传统的标准化服务已经难以满足这种个性化的需求,因此大语言模型将更加注重个性化与定制化服务。通过深度学习用户的语言习惯、兴趣偏好等信息,大语言模型能够为用户提供更加精准和贴心的服务。例如,在智能客服领域,大语言模型可以根据用户的具体需求,提供个性化的解决方案和建议,提升用户体验。

4. 安全与隐私保护

随着大语言模型在众多领域的广泛应用，其安全性与隐私防护问题越发受到关注。未来的大语言模型在设计、训练及使用阶段将更加重视安全性与隐私保护，运用前沿的加密手段与数据匿名化处理技术，以保障用户数据的安全和个人隐私。此外，大语言模型将强化与相关法律法规的协同，确保在遵循法律框架的基础上，提供智能化服务。

5. 伦理与道德责任

大语言模型作为具有深远影响力的技术工具，在促进社会发展的同时，也面临着伦理道德层面的考验。未来的大语言模型在设计与应用过程中，将把伦理道德责任放在首位，致力于实现技术的公正无私与公平合理。在智能推荐系统中，大语言模型将致力于消除算法歧视与偏见，力求推荐结果的多元化与包容性。此外，大语言模型还将积极投身社会公益事业，为弱势群体提供更加贴心与便捷的服务，助力社会的和谐与进步。

展望未来，大语言模型将在智能化升级与跨界融合中持续领航，深度重塑人们的生活方式与工作范式。技术的迅猛进步与应用领域的持续拓宽，正促使大语言模型与人们日常生活的融合越发紧密，为人们带来前所未有的智能化、便捷化与高效化服务体验。

与此同时，大语言模型的发展也将成为推动智能产业加速升级的核心动力，为构建一个更加智能、绿色且包容的未来社会奠定坚实基础。在此过程中，我们应矢志不渝地关注技术创新，深化跨领域合作，共同推动大语言模型及其相关技术稳健前行，广泛赋能社会各行各业，携手开创一个充满无限可能的新纪元。

🔑 6.2　智能机器人概述

智能机器人是一种具备高度环境感知、外部资源交互及自适应行为调整能力的高级自动化设备。相较于基础机器人，它们拥有更加敏锐的感知能力、卓越的学习效率和更强的自主性，这使得它们能够轻松应对各种复杂多变的环境和任务挑战。随着技术的不断突破和应用领域的持续拓展，智能机器人已在农业、物流、餐饮等多个行业中展现出巨大的潜力，它们的性能将不断提升，为人类社会带来更加高效、优质的服务，创造更加广泛且深远的价值。

6.2.1　机器人简介

"机器人"（Robot）一词首次现身于捷克作家卡雷尔·恰佩克（Karel Čapek）1920年创作的 *Rossum's Universal Robots*（如图6.5所示）中，作品中描绘的机器人能够执行从简单体力劳动到复杂智力任务的各种工作，它们以金属为身躯，外表与人类迥异，却又被赋予了某种"生命力"和自主行动的能力。恰佩克这一创新词汇迅速获得了读者的喜爱，并随着作品的广泛传播，逐渐被科学界和公众熟知。

此后，"机器人"不仅成为科幻文学中的标志性元素，也逐渐融入现实世界的科技发展，成为指代能够自主执行任务、具备智能或可编程功能的机械设备或系统的通用名词。在科幻作家艾萨克·阿西莫夫的短篇小说集 *I, Robot* 中，他提出了著名的机器人三定律：机器

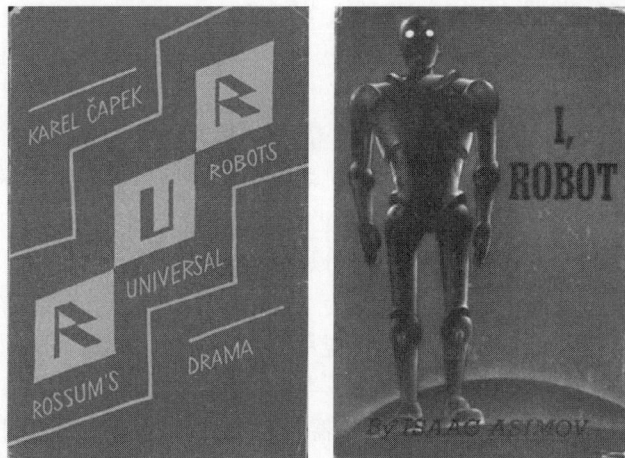

图 6.5　*Rossum's Universal Robots* 和 *I,Robot* 著作

人不得伤害人类个体,或因不采取行动而让人类个体受到伤害;机器人必须服从人类的命令,但前提是这些命令不与第一定律相抵触;机器人在不违反第一定律和第二定律的前提下,必须尽力保护自身的存在。

从广义上讲,机器人可以被视为一种能够自动执行任务的机器系统,这些任务可以包括搬运、加工、检测、移动等多种类型。它们通常具备感知环境、处理信息、做出决策和执行动作的能力,能够在一定程度上替代或辅助人类完成各种工作。随着科技的不断发展,机器人的定义也在不断演变和扩展。一些机器人可能只具备简单的机械结构和运动能力,如早期的工业机器人,而另一些机器人则可能拥有高度复杂的感知、学习和自主决策能力,如现代的智能机器人。此外,还有一些机器人可能结合了生物技术和纳米技术等前沿科技,呈现出更加多样化和智能化的特点。

我国历史上第一台机器人是指南车,它的出现不仅展现了古代中国人民的智慧与创造力,还标志着我国在自动导航和机械传动技术方面的早期探索。指南车设计原理巧妙,能够利用机械结构自动指向南方,为古代的行军打仗、地理探险提供了重要的方向指引,为我国乃至世界的机器人技术发展奠定了重要的历史与文化基础。此外,木牛流马和地动仪也是我国古代机械与自动化技术的杰出代表,前者能够在崎岖的山路上行走自如,后者作为世界上第一台测定地震方向的仪器,能够精确地感知地震波的传播方向,并通过机械结构将地震信息传递给人们。

20 世纪 50 年代末,由约瑟夫·恩格尔伯格(Joseph Engelberger)与乔治·德沃尔(George Devol)携手打造的世界上首台机器人——尤尼梅特(Unimate)横空出世,如图 6.6 所示。这一里程碑式的发明,不仅标志着自动化工业的新纪元,也预示了人类劳动力将迎来前所未有的变革。在随后 20 年的时间里,机器人产业蓬勃

图 6.6　1967 年,Unimate 机器人为人类倒咖啡

发展,机器人技术发展成为专门学科:机器人学(Robotics)。

20世纪80年代,不同结构、不同控制方法和不同用途的工业机器人在工业发达国家真正进入了实用化的普及阶段。这些机器人凭借其高效、精确和可重复性的优势,迅速在汽车制造、电子组装、金属加工等多个领域崭露头角,显著提升了生产效率和产品质量。现如今,机器人种类繁多,涵盖了从家用清洁的扫地机器人到精密操作的医疗手术机器人,再到工厂自动化生产线的装配机器人以及深海科考的潜水机器人等各个领域。这些机器人的应用范围之广泛、功能之丰富,已经远远突破了人们以往的认知边界。

按照应用场景区分,机器人可大致划分为5类。不同类别的机器人在开发内容和目的上各有侧重,但都体现了机器人技术的广泛应用和巨大潜力,详述如下。

- **工业机器人**:这是最为人所熟知的一类机器人,它们被广泛应用于汽车制造、电子组装、金属加工等工业领域。工业机器人通过精确的编程和控制,能够执行各种复杂的生产任务,提高生产效率,降低生产成本。
- **服务机器人**:这类机器人主要面向服务行业,如餐饮、酒店、医疗等领域。它们能够完成一些烦琐的、重复性的工作,如送餐、清洁、护理等,从而减轻人类的工作负担,提高服务质量。
- **娱乐机器人**:这类机器人主要用于娱乐和休闲领域,如机器人玩具、机器人舞蹈表演等。它们能够与人类进行互动,提供娱乐和休闲的乐趣,丰富人类的精神生活。
- **军用机器人**:这类机器人被用于军事领域,能够执行各种危险和复杂的任务,如侦察、排雷、运输等。军用机器人的使用,不仅提高了军事行动的效率,也降低了人员的伤亡风险。
- **探索机器人**:这类机器人主要用于太空、深海等极端环境的探索任务。它们能够耐受高温、低温、高压、低压等极端条件,携带各种传感器和仪器,对未知领域进行探测和研究。探索机器人的使用,为人类探索未知世界提供了有力的支持。

随着人工智能技术的持续进步,机器人领域正经历着深远的变革,正朝着更高程度的智能化、自主性、灵活性和安全可靠性不断演进。它们致力于满足日益多样化的服务需求,构建智能互联的生态系统,并高度重视伦理道德、安全防控和个人隐私保护。展望未来,机器人将成为人类社会不可或缺的关键要素。

6.2.2　认识智能机器人

在人工智能、传感器技术、自动化控制及先进材料科学等多学科尖端技术的融合驱动下,机器人的能力实现了巨大飞跃,从仅能执行简单自动化任务的阶段,进化到了能够自主决策、感知环境、执行任务,并有效与各种实体(包括人类和其他机器人)进行互动的智能化水平。这一类的机器人被赋予“智能机器人”的新称谓。智能机器人不仅保持了传统机器人在精确性、效率及可靠性上的优势,还在智能化水平、自主性、环境适应力及人机协作能力等方面取得了显著突破。

智能机器人与传统机器人在基础构造与功能目标上共享诸多共通之处。两者均具备实体形态,由机械构造、驱动系统、传感装置及执行机构等核心组件构成,能够胜任诸如搬运、装配、加工等物理作业。此外,两者的设计初衷均旨在提升生产效率、压缩成本及确保作业安全,广泛应用于工业生产、科研探索、公共服务等多个领域,展现出了不可或缺的价值。同时,两者都依托计算机技术和自动控制理论,通过预设的程序或算法实现既定功能。

然而,智能机器人相较于传统机器人,展现出更为鲜明的差异与优势。其核心在于智能机器人融合了人工智能与机器学习技术,赋予了其传统机器人所缺乏的自主学习与决策能力。智能机器人能够利用传感器捕捉环境信息,结合机器视觉、语音识别等先进技术对这些信息进行解析,进而通过机器学习算法进行数据分析与模式识别,自主做出决策并灵活调整其行为策略,以适应复杂多变的环境和任务需求。这种高度的自主性与适应性,使得智能机器人在面对复杂、未知或动态变化的环境时,能够高效且准确地完成任务,而传统机器人则通常受限于预设程序,难以应对环境变化。

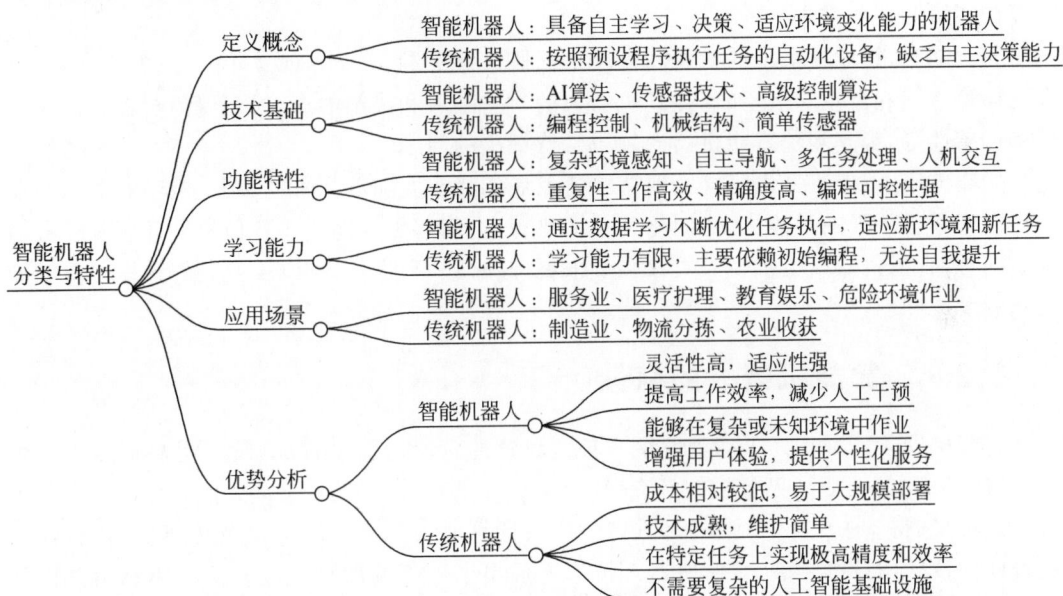

图 6.7　智能机器人与传统机器人对比

在人机交互方面,智能机器人同样展现出传统机器人难以企及的优势。智能机器人能够理解并响应人类的自然语言指令,借助语音识别与合成技术实现与人类的有效沟通,甚至在特定情境下能够理解人类的情绪与意图,提供更加个性化、贴心的服务。这种高级的人机交互能力,使智能机器人能够更自然地融入人类社会,成为人类生活与工作中的得力助手与亲密伙伴。

在应用范畴上,智能机器人同样展现出更为广泛的适用性。除了传统的工业生产领域,智能机器人还广泛应用于医疗健康、日常生活、教育娱乐、公共服务及科研探索等多个领域。它们能够胜任从精密制造、疾病诊断到家庭清洁、陪伴交流等多种任务,为人类社会的可持续发展与繁荣注入了强劲动力。

6.2.3　智能机器人的发展现状

智能机器人的快速发展不仅反映了科技进步的迅猛,也预示着未来工业生产、社会服务乃至日常生活的巨大变革。从传统机器人到智能机器人,这一转变不仅是技术上的升级,更是思维方式和应用模式的深刻变革。

传统机器人主要依赖预设的程序和指令来完成特定任务,它们的行为模式相对固定,缺乏自主决策和学习能力。然而,智能机器人则融合了人工智能、机器学习、传感器技术和自主导航等先进技术,具备了一定程度的自主感知、决策和执行能力。它们能够实时感知周围环境的变化,根据任务需求进行灵活调整,并通过不断学习优化自身性能,实现更高的智能化、协同化和人性化。

当前,智能机器人的发展已经进入了一个全新的阶段。在硬件方面,智能机器人采用了高性能的处理器、先进的传感器和精密的执行机构,使其能够具备更高的运动精度、更强的环境适应能力和更广泛的任务执行能力。在软件方面,智能机器人采用了先进的算法和模型,如深度学习、强化学习等,使其能够具备更强的自主学习和决策能力,能够更好地适应各种复杂环境和任务需求。

与此同时,智能机器人的研发和应用也面临着诸多挑战。例如,如何实现更加高效、精准的环境感知和自主导航,如何提高机器人的自主学习和决策能力,如何保障机器人的安全性和可靠性等,都是当前智能机器人领域亟待解决的问题。

展望未来,智能机器人将继续保持快速发展的势头。随着技术的不断进步和创新,智能机器人将具备更强的智能化、协同化和人性化特点,能够更好地适应各种复杂环境和任务需求。同时,智能机器人也将为人类社会带来更多的便利和进步,推动工业、服务、医疗等领域的不断发展和创新。

6.2.4　智能机器人的前景

智能机器人技术正处于蓬勃发展与日益成熟的阶段,其应用范畴已广泛渗透至工业生产、医疗健康、社会服务及家庭助手等多个领域,市场规模持续膨胀,技术成熟度也不断提升。近年来,得益于人工智能技术的迅猛进步、计算能力的显著增强以及传感器、执行器等关键硬件技术的持续突破,智能机器人技术展现出了惊人的增长速度。这些驱动力共同促进了智能机器人在性能、功能及应用场景上的不断拓展与创新,使其成为推动经济社会发展的关键驱动力。

在技术创新方面,智能机器人领域正经历着前所未有的突破。深度学习、强化学习等先进算法的应用显著提升了机器人的智能化水平,使其能够胜任更为复杂的任务。同时,新材料如轻质高强度材料、柔性电子材料的运用,不仅减轻了机器人的重量,还大幅提升了其灵活性和耐用性。在系统集成层面,模块化设计与云计算、物联网技术的深度融合,使得机器人系统更加便于部署与维护,并促进了多机器人协作能力的提升。展望未来,将会有更深层次的算法与硬件融合创新涌现,如基于脑机接口的人机交互技术及高效的能源管理系统,这些突破将进一步推动智能机器人向更高层次的智能化、自主化迈进,催生诸如智能伴侣、精准医疗、城市管理等全新应用与服务模式,深刻变革人们的生活与工作方式。

市场需求方面,智能机器人技术正面临着巨大的发展潜力。随着消费者对生活品质提升的追求,智能家用机器人、教育陪伴机器人等产品的需求持续攀升。在行业应用层面,智能制造、智慧医疗、农业自动化等领域对高效、智能机器人的需求也日益迫切。当前,智能机器人市场已展现出强劲的增长态势,特别是在亚洲、北美和欧洲等地区。未来,未开发的市场区域如非洲、拉美等地,随着基础设施的逐步完善和经济的持续发展,也将成为新的增长极。此外,灾难救援、深海探测、太空探索等新兴应用场景的不断拓展,为智能机器人提供了更为广阔的发展空间。这些潜力市场正逐步转为实际增长,推动智能机器人行业向更加多元化、专业化的方向发展,预示着其市场规模将迎来爆发式增长。

政策与法规环境方面,智能机器人领域正受益于日益完善的政策支持与法规保障。多国政府及相关机构通过资金补贴、税收优惠、研发资助等多种方式,积极扶持该领域的创新发展。例如,我国泉州市政府出台了《泉州市支持人工智能产业发展若干措施》,在算力中心建设、创新平台打造、技术创新重点攻关等方面给予大额资金补助;南充市也拟定了支持人工智能产业高质量发展的政策措施,对核心技术攻关、大模型研发应用等给予后补助。在法律法规层面,随着《中华人民共和国网络安全法》《中华人民共和国数据安全法》《中华人民共和国个人信息保护法》及《生成式人工智能服务管理暂行办法》等法律法规的相继出台,为智能机器人技术的健康发展提供了坚实的法律保障。未来,随着技术的不断进步和应用场景的持续拓展,预计政府将进一步完善相关政策与法规体系,加强监管与引导力度,推动智能机器人领域向更加规范化、标准化方向发展,为技术创新和市场应用创造更加有利的外部环境。

然而,智能机器人的广泛应用也带来了一系列社会挑战与伦理问题。数据安全、隐私保护问题日益凸显,对就业市场也可能产生一定冲击。针对这些问题,需要政府、企业和社会各界携手合作,通过加强法律法规建设、提升技术水平、优化产业结构、加强公众教育等多元化手段,寻求技术发展与社会伦理之间的平衡点。例如,建立严格的数据保护机制以确保用户隐私安全;推动职业教育和终身学习以助力劳动力适应技术变革并减轻就业压力。通过这些努力,我们将能够最大化地发挥智能机器人的积极作用并有效应对潜在的社会挑战。

🔑 6.3　智能机器人的核心技术

智能机器人集传感器技术、人工智能、控制理论与计算机科学等多学科精华于一体,展现出卓越的集成化与智能化特性。它们能够自主感知周遭环境,深刻理解任务需求,并据此做出决策与执行。通过不断从环境中汲取数据并自我学习,智能机器人的适应性和智能程度得以持续提升。这种自适应与学习潜能,赋予了智能机器人在复杂多变环境中灵活应对各种挑战的能力。更重要的是,智能机器人能与人类、其他机器人及环境实现高效协同与互动,促进信息的无缝共享与任务的协同达成。这种协同与交互机制对于优化生产效率、缩减人力成本及提升整体系统智能层级具有深远意义。

6.3.1　感知技术

感知技术是智能机器人获取环境认知的关键手段,它依赖传感器等硬件装置捕获外界信息,并利用先进的算法和技术将这些原始信息转换为机器人可解读和利用的数据形式。作为智能机器人核心技术的关键一环,感知技术展现出多样性、复杂性、实时响应及信息融合等显著特征。借助多样化的传感器和精密算法,感知技术能够赋予机器人全面而深入的环境感知能力,为其路径规划、行为控制及决策制定提供坚实的信息支撑。

智能机器人的感知技术与人类的五官感受在功能和目的上具有一定的相似性,常用的感知技术包括以下几种。

- **视觉感知**:指智能机器人利用视觉传感器(如摄像头、雷达等)捕捉周围环境光影等信息,进而借助图像处理技术和计算机视觉算法对这些信息进行深度解析与理解,以达到对周遭世界的直观感知与认知,如单目视觉系统、双目视觉系统、全景视觉系统和混合视觉系统等。

- **触觉感知**:指智能机器人通过触觉传感器来检测和响应环境中的物理接触,从而实现对周围世界的触觉认知。触觉感知的核心组件为触觉传感器,它们能够敏锐地捕捉到机器人与外界环境间的各种物理交互,涵盖压力分布、振动反馈及温度变化等丰富的触觉细节,确保机器人能够即时响应并处理来自环境的触觉信息。

- **听觉感知**:指智能机器人借助听觉传感器(如麦克风)捕捉周围环境中的声音信号,并借助音频处理技术、语音识别算法以及自然语言处理技术,对这些声音信号进行深入地分析与解读,从而实现对声音的精准识别、准确定位以及有效响应。

接下来通过一个简单的例子,来模仿智能机器人对一张包含多种水果图片的识别。为了降低读者的编程门槛,本示例特意选用百度飞桨推出的 PaddleX 库,安装命令为

```
pip install paddlex - i https://mirror.baidu.com/pypi/simple
```

该库是基于飞桨核心框架、开发套件和工具组件的深度学习全流程开发工具,具备全流程打通、融合产业实践、易用易集成三大特点,代码如下。

```
1   #代码示例 6 - 3
2   from paddlex import create_pipeline
3   pipeline = create_pipeline(pipeline = "object_detection")
4   output = pipeline.predict("fruit.jpg")
5   for res in output:
6       res.save_to_img("./output/")        #保存结果可视化图像
7       res.save_to_json("./output/")       #保存预测的结构化输出
```

运行结果如图 6.8 所示。

图 6.8 基于 PaddleX 的目标检测示例结果图

6.3.2 路径规划

路径规划技术是智能机器人领域的核心技术之一,具备复杂性、实时响应、多重约束条件及全局与局部兼顾等特性。它在扫地机器人、自动导引车辆、无人机及服务型机器人等多个领域得到了广泛应用。具体而言,路径规划是指机器人在充满障碍物的作业环境中,如何智能地规划出一条从起始点到目标点的安全、无碰撞且高效的移动路径。这一技术使机器

人能够自主导航、灵活避障,并出色地完成各类任务。

1. 路径规划的特点

路径规划在复杂环境中极具挑战性,须考虑障碍物、机器人运动学约束等多种因素,并要求实时性、高效性、鲁棒性,同时满足多约束条件,通常结合全局与局部路径规划策略以达到最优效果。路径规划的特点概述如下。

- 复杂性:在复杂环境中,机器人路径规划非常复杂,需要考虑多种因素,如障碍物的形状、位置、大小以及机器人的运动学约束等。这导致路径规划需要很大的计算量。
- 实时性:路径规划需要实时进行,以便机器人能够根据环境的变化及时调整其运动路径。这要求路径规划算法具有高效性和鲁棒性。
- 多约束性:机器人的形状、速度、加速度等对其运动存在约束。路径规划需要在满足这些约束的条件下找到最优路径。
- 全局与局部性:路径规划可以分为全局路径规划和局部路径规划。全局路径规划是在已知环境信息的情况下进行,而局部路径规划则是在环境信息未知或部分未知的情况下进行。两者各有特点,但通常需要结合起来使用以实现最佳效果。

2. 路径规划的使用场景

扫地机器人、自动导引车(Automated Guided Vehicle,AGV)、无人机及服务机器人等智能设备均依赖路径规划技术,通过感知环境、考虑障碍物及自身运动学约束,规划出安全、高效的最优路径,以完成清扫、搬运、航拍、侦察、货物运输及服务等多种任务,详述如下。

- 扫地机器人:扫地机器人通过内置的传感器和算法对环境进行感知和建模,然后规划出一条最优的清扫路径。在清扫过程中,扫地机器人会不断更新环境信息并调整其路径以避开障碍物和未清扫的区域。
- 自动导引车:在物流仓库中,AGV 需要规划一条从起点到终点的最优路径以实现货物的搬运。路径规划算法会考虑货架、通道等障碍物以及 AGV 的运动学约束,以找到一条安全、高效的路径。
- 无人机:无人机在进行航拍、侦察或货物运输等任务时,需要进行路径规划以避开障碍物并优化飞行路线。这通常涉及三维空间中的路径规划,需要考虑无人机的飞行高度、速度以及地形等因素。
- 服务机器人:如送餐机器人、导引导购机器人等,在服务场所中需要自主导航并避开人群和障碍物。路径规划技术使这些机器人能够在复杂的环境中高效地完成各种任务。

3. 路径规划的常用算法

路径规划的常用算法主要包括以下几种。

1) RRT(快速探索随机树)算法
- 主要思想:在环境中随机撒点,并尝试连接起点与随机点,若连线不与障碍物相交,则沿着连线移动一定距离得到新点,并将新点添加到树上。重复此过程,直到目标点(或其附近的点)被添加到树上,此时即可在树上找到一条从起点到目标点的路径。

* 应用场景：适用于复杂环境中的路径规划,如机器人足球比赛、自动驾驶等领域。

2) PRM(概率路线图)算法

* 主要思想：将连续空间转换为离散空间,再在离散空间中构建一个路径网络图。然后利用搜索算法(如 A＊)在路线图上寻找路径,以提高搜索效率。
* 应用场景：适用于障碍物较为复杂且计算量较大的环境,如室内导航、机器人路径规划等。

3) Hybrid A＊算法

* 主要思想：结合 A 算法和车辆运动学特性,生成的轨迹满足车辆行驶要求。Hybrid A＊算法采用 Reeds-Shepp 曲线连接 A＊算法生成的节点,从而得到一条平滑且可行驶的轨迹。
* 应用场景：主要用于车辆轨迹规划,如自动驾驶汽车的路径规划。

4) Reeds-Shepp 曲线算法

* 主要思想：假设车辆能以固定的半径转向,且车辆能够前进和后退,那么 Reeds-Shepp 曲线就是车辆在上述条件下从起点到终点的最短路径。
* 应用场景：主要用于低速情况下的轨迹规划,如自动泊车等。

5) Dijkstra 算法

* 主要思想：从起始点开始,采用贪心算法的策略,每次遍历到始点距离最近且未访问过的顶点的邻接节点,直到扩展到终点为止。
* 应用场景：用于计算从单一源点到所有其他点的最短路径,如扫地机器人覆盖整个清扫区域的路径规划。

接下来通过一个简单的、基于 NetworkX 库的例子,来模仿扫地机器人路径规划。NetworkX 是一个优秀的 Python 包,用于创建、操作和研究复杂网络的结构、动态和功能,安装命令为

```
pip install network
```

代码如下。

```
1   ＃代码示例 6－4
2   import networkx as nx
3   import matplotlib.pyplot as plt
4   import random
5   ＃创建一个无向图
6   G = nx.Graph()
7   ＃添加一些节点(可以随机生成,也可以手动指定)
8   nodes = ['A', 'B', 'C', 'D', 'E', 'F', 'G', 'H', 'I', 'J']
9   positions = {
10      'A': (0, 0), 'B': (1, 1), 'C': (2, 0), 'D': (3, 1), 'E': (4, 0),
11      'F': (2, －1), 'G': (1, －2), 'H': (3, －1), 'I': (2, －3), 'J': (4, －2)
12  }
13  ＃随机添加边和权重(模拟不同的路径长度或难度)
14  for node in nodes:
15      for neighbor in nodes:
16          if node != neighbor:
17              ＃随机生成一个权重(可以是距离、时间等)
18              weight = random.randint(1, 10)
```

```
19                    #只在一定范围内添加边(如只连接相邻的节点)
20                    #这里为了简化,直接连接所有节点,但在实际应用中可能需要更复杂的逻辑
21                    #例如,可以根据节点的坐标来判断它们是否相邻
22                    G.add_edge(node, neighbor, weight = weight)
23    #定义起点和终点(扫地机器人的起始位置和目标位置)
24    start_node = 'A'
25    end_node = 'J'
26    #使用 Dijkstra 算法计算最短路径
27    try:
28        path = nx.dijkstra_path(G, start_node, end_node, weight = 'weight')
29    except nx.NetworkXNoPath:
30        path = []                                         #如果没有路径,则设置为空列表
31    #打印路径(如果存在)
32    if path:
33        print("Shortest path from {} to {}: {}".format(start_node, end_node, path))
34    else:
35        print("No path found from {} to {}".format(start_node, end_node))
36    #绘制图
37    pos = {node: positions[node] for node in G.nodes()}    #使用预定义的节点位置
38    nx.draw(G, pos, with_labels = True, node_size = 500, node_color = 'lightblue', font_size =
       12, font_weight = 'bold')
39    nx.draw_networkx_edge_labels(G, pos, edge_labels = {(u, v): f'{G[u][v]["weight"]}'for u,
       v in G.edges()})
40    #如果找到了路径,则高亮显示路径上的边
41    if path:
42        edge_list = list(zip(path[:-1], path[1:]))        #将 zip 对象转换为列表
43        nx.draw_networkx_edges(G, pos, edgelist = edge_list, edge_color = 'red', width = 3)
44    #显示图
45    plt.show()
```

6.3.3　定位导航

　　定位导航技术是机器人实现自主智能移动的首要步骤,其核心在于赋予机器人自主定位、构建环境地图、规划行进路径以及避免障碍物的能力。这一技术的实现依赖激光雷达、相机、惯性测量单元(IMU)等多种传感器的数据输入,通过高效融合这些多元数据,机器人能够实时精确地确定自身在周围环境中的位置,并据此构建出详尽且高精度的环境地图,从而顺利实现自主导航功能。

1. 定位导航的特点

　　定位导航技术需具备实时性、高精度、鲁棒性和自主性,以确保机器人能实时更新位置信息,准确构建环境地图,在复杂环境中稳定导航,并自主完成导航任务,提高灵活性和自主性。其具有以下特点。

* 实时性:定位导航技术需要实时地更新机器人的位置信息,以便机器人能够及时地调整其运动路径和速度,从而避免碰撞和迷路。
* 高精度:定位导航技术需要高精度的传感器和算法来确保机器人能够准确地确定自身位置并构建出高精度的环境地图。这有助于机器人更好地规划路径和避障。

- 鲁棒性: 定位导航技术需要在各种复杂环境中保持稳定性和可靠性,包括光照变化、噪声干扰、障碍物遮挡等情况。
- 自主性: 定位导航技术使机器人能够自主地完成导航任务,无须人工干预或预设路径,这提高了机器人的灵活性和自主性。

2. 定位导航的主流算法

SLAM 算法、基于 IMU 的算法、粒子滤波与扩展卡尔曼滤波等算法是机器人领域中常用的定位、建图、滤波和路径规划技术,它们分别通过不同方式实现机器人的自主导航、连续定位、姿态跟踪以及最优路径搜索等功能。分述如下。

1) SLAM 算法

SLAM(Simultaneous Localization and Mapping)即同时定位与地图构建,是一种实现机器人自主导航的关键技术。它能够在未知环境中,让机器人一边移动一边构建环境地图,同时根据地图进行自身定位。根据传感器的不同,SLAM 算法可以分为二维激光 SLAM、三维激光 SLAM 以及视觉 SLAM。常见的视觉 SLAM 算法有 ORB-SLAM、VINS-Fusion 等,它们利用摄像头获取的图像信息进行定位与建图;而激光 SLAM 算法如 Cartographer、LIO-SAM 等,则通过激光雷达数据实现高精度定位和建图。

2) 基于惯性测量单元算法

IMU(Inertial Measurement Unit)是测量物体三轴姿态角和加速度的装置,常被用于机器人的姿态感知和定位。通过融合 IMU 数据,可以实现机器人的连续定位和姿态跟踪,尤其适用于 GPS 信号不佳或无法使用的场景。

3) 粒子滤波与扩展卡尔曼滤波

粒子滤波(Particle Filter,PF)与扩展卡尔曼滤波(Extended Kalman Filter,EKF)算法常被用于机器人的定位过程中。粒子滤波通过一组粒子表示可能的位置,适用于处理非线性和非高斯噪声的情况;而扩展卡尔曼滤波则结合传感器数据和运动模型,对机器人的位置和方向进行估计,适用于线性或近似线性的系统。

以下代码实现了一个图像特征匹配完整示例,它使用了 OpenCV 库中的 ORB(Oriented FAST and Rotated BRIEF)特征检测器和 BFMatcher(暴力匹配器)来匹配两张图像之间的特征点。代码如下。

```
1   #代码示例 6-5
2   import cv2
3   import numpy as np
4   import matplotlib.pyplot as plt
5   #加载图像
6   img1 = cv2.imread('frame1.png', cv2.IMREAD_GRAYSCALE)
7   img2 = cv2.imread('frame2.png', cv2.IMREAD_GRAYSCALE)
8   #初始化 ORB 检测器
9   orb = cv2.ORB_create()
10  #检测关键点和计算描述符
11  kp1, des1 = orb.detectAndCompute(img1, None)
12  kp2, des2 = orb.detectAndCompute(img2, None)
13  #使用 BFMatcher 进行特征匹配
14  bf = cv2.BFMatcher(cv2.NORM_HAMMING, crossCheck = True)
15  matches = bf.match(des1, des2)
```

```
16   #按距离排序匹配
17   matches = sorted(matches, key = lambda x: x.distance)
18   #绘制前 10 个匹配
19   img_matches = cv2.drawMatches(img1, kp1, img2, kp2, matches[:50], None, flags = cv2.
     DrawMatchesFlags_NOT_DRAW_SINGLE_POINTS)
20   #显示匹配结果
21   plt.imshow(img_matches)
22   plt.show()
```

匹配示例结果如图 6.9 所示。

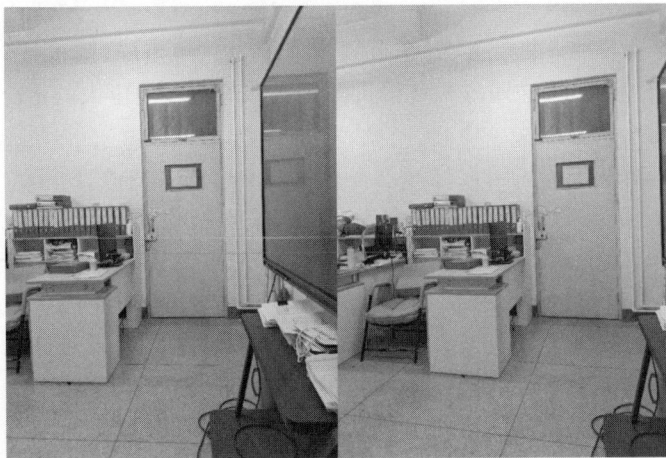

图 6.9　图像特征匹配示例结果图

在图 6.9 中,左图经过向左旋转摄像头得到右图,简单模拟了智能机器人的摇头动作,特征匹配选择了最相近的 10 个匹配点,分别用不同颜色的线条做了连接。

6.3.4　人机交互

人机交互是一门专注于设计、评估及构建交互式计算机系统的学科,其核心在于探索和优化人类与计算机之间的信息交流途径。这一领域不仅涵盖了传统的计算机界面设计,还深入智能机器人技术的范畴。在智能机器人领域,人机交互特指人类与机器人之间复杂而精细的交互模式,其核心目标是赋予机器人理解并响应人类指令的能力,同时确保机器人能够向人类用户提供准确、及时且有价值的信息。通过不断地研究与创新,人机交互技术正逐步推动机器人变得更加智能化、人性化,从而更好地服务于人类社会。

1. 人机交互的特点

人机交互应具备双向性、自然性、智能性、个性化和安全性,以模拟人与人之间的交互方式,降低学习成本,理解复杂指令,提供个性化服务,并确保用户信息和隐私的安全,同时防止机器人对人造成伤害。具有以下特点。

- **双向性**:人机交互是双向的,即机器人能够理解人的指令并做出响应,同时人也能从机器人那里获取所需的信息。
- **自然性**:理想的人机交互应该尽可能地模拟人与人之间的自然交互方式,如语音、手势等,以降低人的学习成本。

- **智能性**：机器人需要具备一定的智能水平,以理解和处理人的复杂指令,同时根据上下文进行推理和决策。
- **个性化**：人机交互系统应该能够根据用户的个人喜好和习惯进行定制,以提供更符合用户需求的服务。
- **安全性**：人机交互系统需要确保用户的信息和隐私不被窃取或泄露,同时机器人也需要具备一定的安全保护措施,以避免对人造成伤害。

2. 人机交互的方式

智能机器人支持多种人机交互方式,包括语音、手势、触摸屏、脑机接口(虽处研究阶段但前景广阔)以及情感交互,这些方式使得机器人能够理解并响应人的指令,同时提供直观、自然且人性化的服务。

- **语音交互**：智能机器人可以通过语音识别技术理解人的语音指令,并做出相应的响应。例如,用户可以通过语音指令让机器人播放音乐、查询天气、设置提醒等。
- **手势交互**：机器人可以通过视觉传感器识别人的手势,并根据手势指令进行操作。例如,用户可以通过手势控制机器人的移动方向、抓取物体等。
- **触摸屏交互**：一些智能机器人配备了触摸屏界面,用户可以通过触摸屏幕来输入指令或查看信息。这种交互方式直观且易于操作。
- **脑机接口交互**：虽然目前还处于研究阶段,但脑机接口技术未来有望成为一种新的人机交互方式。通过直接读取人的脑电波信号,机器人可以理解和响应人的意图,实现更加自然和高效的交互。
- **情感交互**：一些高级的智能机器人还具备情感识别和表达能力,可以与用户进行情感上的交流和互动。例如,机器人可以根据用户的情绪变化调整其语气和表情,以提供更加人性化的服务。

例如,我们可以通过一个简单的 GUI 窗口与智能机器人进行一个简单的问候交互,代码如下,其中,tkinter 库是 Python 的标准 GUI(图形用户界面)库,用于创建窗口应用程序。它提供了一组用于创建和管理图形用户界面的工具,包括窗口、按钮、文本框、菜单等。tkinter 是跨平台的,可以在 Windows、macOS 和 Linux 上运行。

与智能机器人进行问候交互的代码如下。

```
1   #代码示例 6-6
2   import tkinter as tk
3   from tkinter import messagebox
4   def greet():
5       name = entry.get()
6       if name:
7           messagebox.showinfo("问候", f"你好, {name}!")
8       else:
9           messagebox.showwarning("输入错误", "请输入你的名字")
10  root = tk.Tk()
11  root.title("简单的 GUI 示例")
12  label = tk.Label(root, text = "请输入你的名字：")
13  label.pack(pady = 10)
14  entry = tk.Entry(root)
15  entry.pack(pady = 5)
```

```
16    button = tk.Button(root, text = "问候", command = greet)
17    button.pack(pady = 20)
18    root.mainloop()
19    plt.show()
```

运行结果如图 6.10 所示。

图 6.10　基于 Python 的窗口式问候交互运行结果

6.3.5　自主学习

现实环境中的任务往往具有复杂性和不确定性,传统的手动编程方法很难完全应对这些挑战。作为智能机器人中一项关键的技术,自主学习技术可以通过不断试错和迭代学习,逐步掌握应对复杂性和不确定性的方法,从而提高机器人的智能水平和应对能力。具体来说,自主学习是机器人自我驱动的学习过程,它不需要外部人员的直接干预或指导,而是依靠机器人自身的感知、学习和决策能力。

机器人在自我学习技术的驱动下,能够持续不断地学习和更新自身的知识和技能,并在遇到新情况或挑战时灵活调整其策略和行为。例如,AlphaGo 是一款由 DeepMind 公司研发的围棋智能机器人,它凭借自主学习能力和深度强化学习技术,在与世界顶尖围棋大师的较量中脱颖而出,屡获佳绩。AlphaGo 具备自我对弈的功能,能在不断的棋局演练中发掘新的战略与技艺,进而持续精进其决策流程。

在自主学习的过程中,常用的算法有多种,每种算法都有其独特的优势和适用场景。例如,K 均值聚类等聚类算法是一种用于分组数据的自主学习方法,它通过将相似的数据点组合在一起来创建不同的类别或群集;用于数据预处理和特征提取阶段的主成分分析是一种用于降维和数据压缩的自主学习方法,它通过寻找数据中的主成分来表示数据的最大变化;强化学习是一种通过奖励或惩罚来训练机器人进行决策的方法,机器人通过尝试不同的行动并观察结果来学习如何最大化其长期奖励。

　　以下是关于自主学习常用算法 K 均值聚类的 Python 示例，其中，sklearn 库即 Scikit-learn，是一个开源的机器学习库，建立在 NumPy、SciPy 和 Matplotlib 等科学计算库之上，为 Python 编程语言提供了一系列强大的工具，用于机器学习和统计建模。代码如下。

```
1   #代码示例 6-7
2   from sklearn.cluster import KMeans
3   import numpy as np
4   import matplotlib.pyplot as plt
5   np.random.seed(42)
6   #假设 X 是输入的数据集
7   X = np.array([[1, 2], [1, 4], [1, 0],
8                 [4, 2], [4, 4], [4, 0]])
9   #设置聚类数 k
10  k = 2
11  #初始化并训练 KMeans 模型
12  kmeans = KMeans(n_clusters = k)
13  kmeans.fit(X)
14  #输出聚类结果
15  print(kmeans.labels_)
16  #绘制聚类结果
17  #获取聚类中心
18  centers = kmeans.cluster_centers_
19  #为每个点分配颜色，根据它们的聚类标签
20  colors = ['r', 'g', 'b', 'y', 'c', 'm'] #这里假设有足够多的颜色,实际中可能需要循环使用颜色
21  scatter = plt.scatter(X[:, 0], X[:, 1], c = [colors[label] for label in kmeans.labels_], s = 50)
22  #绘制聚类中心
23  plt.scatter(centers[:, 0], centers[:, 1], c = 'black', s = 200, alpha = 0.75, marker = 'X')
24  #设置标题和轴标签
25  plt.title('KMeans Clustering')
26  plt.xlabel('Feature 1')
27  plt.ylabel('Feature 2')
28  #显示图形
29  plt.show()
```

运行结果如图 6.11 所示。

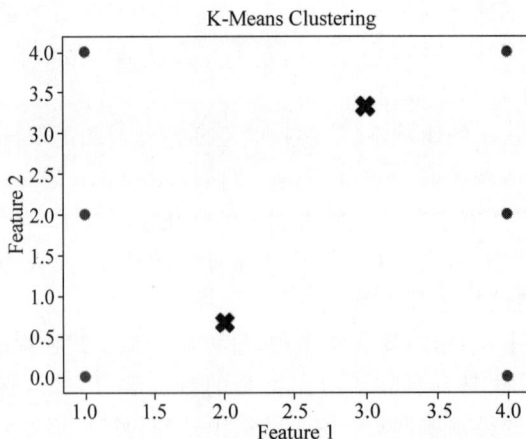

图 6.11　K 均值聚类 Python 示例运行结果

自主学习是智能机器人核心技术中的一项重要技术,它使机器人能够自我驱动、持续更新、高效灵活地完成任务。通过自主学习,机器人能够不断学习和优化自身行为,以适应不同的任务和环境需求。未来,随着技术的不断发展,自主学习将在更多领域得到应用和推广,为人们的生活和工作带来更多便利和效益。

6.4 智能机器人的应用

如今,智能机器人已深深融入多个行业领域,不仅在工业制造中实现了精密组装与高效仓储管理,还深入医疗前线,辅助手术并细致照料病患。在服务业中,从迎宾到物流配送,智能机器人以高效、精确及持续工作的能力,悄然重塑着人们的日常生活与工作模式。更令人瞩目的是,在教育启迪、科研探索及家庭陪伴等方面,智能机器人正逐步展现其不可或缺的作用,其应用边界持续扩张,预示着一个人机和谐共生的新时代正加速到来。

1. 制造业

在制造业领域,智能机器人擅长承担那些重复性高、存在危险或要求极高精确度的作业,如组装、焊接、喷涂及质量检测等关键环节。它们极大地提升了生产速度与产品质量,同时有效削减了人力成本并降低了作业中的安全风险。值得一提的是,2024 年 10 月 30 日,波士顿动力公司公开演示了其人形智能机器人 Atlas 在工厂环境下的卓越表现。Atlas 无须人工远程操控,仅凭其先进的视觉系统、受力感应及本体感受传感器,便能敏锐地感知环境变化并灵活应对,自主地在储物柜间搬运沉重的汽车发动机部件,顺利执行了一系列复杂任务,展现了智能机器人在制造业中的巨大潜力。波士顿动力公司的 Atlas 智能机器人如图 6.12 所示。

图 6.12 波士顿动力公司的 Atlas 智能机器人正将发动机盖装入货架中

2. 仓储与物流

在仓储与物流行业中,自动导引车辆与智能机器人已成为仓库货物搬运、库存监控及订单拣选等流程的中坚力量,如图6.13所示。它们凭借卓越的效率与准确性,显著提升了物流运作的速度与质量。京东物流在2024年亚洲国际物流技术与运输系统展览会上,隆重推出了其自主研发的"智狼"货到人系统,全面展示了集硬件、软件与系统集成于一体的供应链技术创新成果。该系统囊括"智狼"搬运机器人与飞梯机器人、立体货架等核心设备,并辅以自动入库与拣选工作站、空箱回流自动化线等配套设施,能够在不超过10m净高的标准仓库内,实现超高密度的货物存储,其存储坪效相较于行业均值提升了惊人的2.5倍。

图6.13   京东物流发布"智狼"系列机器人:飞梯机器人(左)、搬运机器人(右)

3. 医疗领域

在医疗领域,智能机器人的应用涵盖了手术辅助、康复治疗和疾病诊断等多方面。例如,手术机器人中的佼佼者——达·芬奇手术系统,能够协助医生执行精细度极高的外科手术,极大地减轻了患者的手术创伤并缩短了康复周期,如图6.14所示。康复机器人则致力于患者的康复训练,通过科学的辅助手段提升康复成效。此外,诊断机器人通过深度分析医学影像、病历记录及基因数据,为医生提供精准的疾病诊断支持,进一步增强了医疗诊断的准确性和效率。

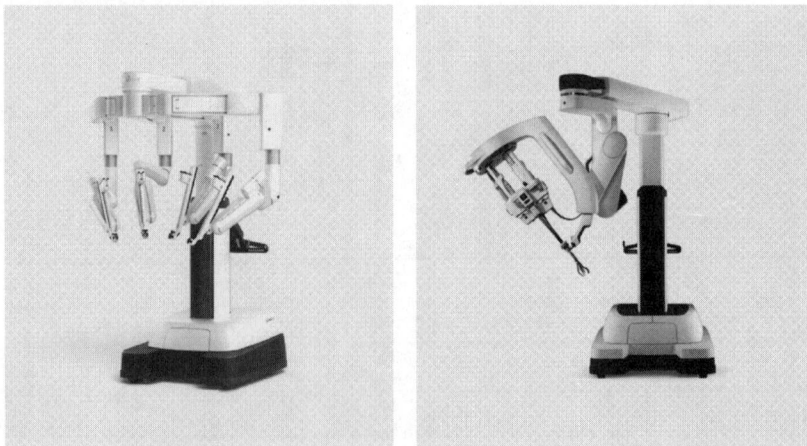

图6.14   Intuitive Surgical 推出的达芬·奇手术系统:Da Vinci 5(左)、Da Vinci SP(右)

4. 家庭服务

在现代家庭服务场景中,智能机器人诸如扫地机器人、智能音箱及语音助手已成为不可或缺的家居帮手。它们不仅承担起了家庭清洁的任务,还能远程操控家电、播放悦耳音乐及提供即时资讯,极大地提升了居家生活的便捷度与舒适度。2024 年 9 月 24 日,腾讯 Robotics X 实验室推出了其最新研发成果——人居环境机器人"小五",如图 6.15 所示。这款机器人融合了众多前沿技术,旨在实现与人居环境的和谐共生,成为一款功能全面的通用型家用机器人。

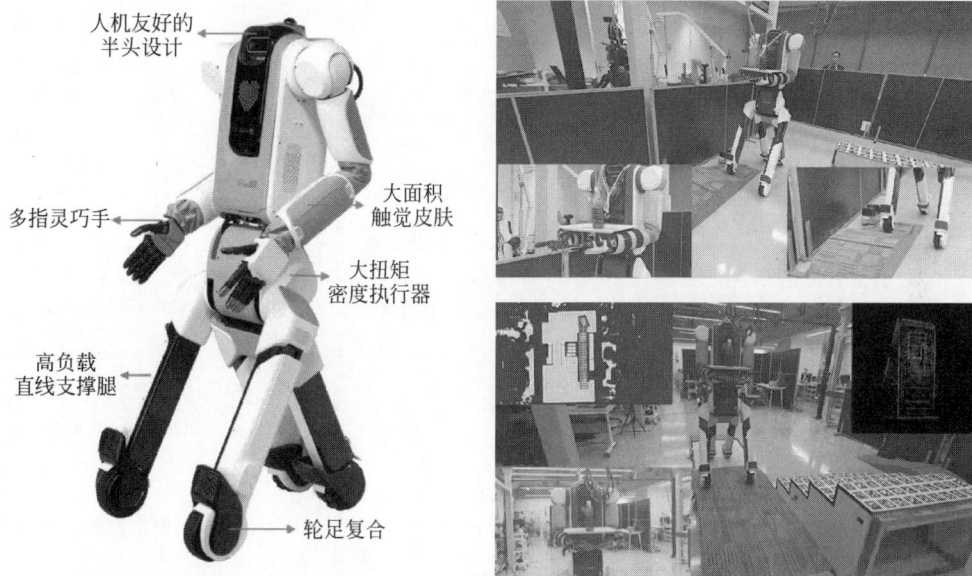

图 6.15　腾讯"小五"机器人：总体图(左)、主动悬挂演示(右)

此外,智能机器人还在教育培训、农业领域和服务业等领域展现出了其强大的应用潜力和价值,随着技术的不断进步和应用的不断深化,智能机器人必将在更多领域发挥更大的作用,为人类社会的发展和进步贡献更多的智慧和力量。

❖ 习题

1. 调研当前智能机器人领域的前沿技术,如强化学习在机器人控制中的应用。
2. 讨论未来智能机器人发展的趋势和可能的技术突破,提出个人见解。
3. 根据以上的学习和调研结果,选择某一个或多个主题,撰写一篇简要的研究报告。

参 考 文 献

[1] 李铮,黄源,蒋文豪,等.人工智能导论[M].北京:人民邮电出版社,2021.

[2] 尼克.人工智能简史[M].2版.北京:人民邮电出版社,2021.

[3] 李玉鑑,张婷.深度学习导论及案例分析[M].北京:机械工业出版社,2017.

[4] 陈俊启,贺建才.人工智能概论[M].西安:西北工业大学出版社,2023.

[5] 周庆国,雍宾宾,周睿,等.人工智能技术基础[M].北京:人民邮电出版社,2023.

[6] 莫宏伟,徐立芳.人工智能导论[M].北京:人民邮电出版社,2023.

[7] 何东彬,祁瑞丽,朱艳红.基于OBE和竞赛的"人工智能导论"课程改革探索:以工程教育认证为背景
     [J].无线互联科技,2024,21(8):106-109+124.

[8] STUART J R,PETER N.人工智能:一种现代方法[M].殷建平,祝恩,刘越,等译.3版.北京:清华
     大学出版社,2013.

[9] SEBASTIAN R,VAHID M. Python机器学习基础教程[M].张亮,译.2版.北京:人民邮电出版
     社,2018.

[10] 李云红.人工智能导论[M].2版.北京:北京大学出版社,2021.

[11] 李侃.人工智能机器学习理论与方法[M].2版.北京:电子工业出版社,2020.

[12] 聂明.人工智能技术应用导论[M].北京:电子工业出版社,2019.

[13] 闵庆飞,刘志勇.人工智能技术、商业与社会[M].北京:机械工业出版社,2021.

[14] MU R,ZENG X. A review of deep learning research[J]. KSII Transactions on Internet and Information
      Systems (TIIS),2019,13(4):1738-1764.

[15] 胡云冰,何桂兰,陈潇潇,等.人工智能导论[M].北京:电子工业出版社,2021.

[16] PIERO S.人工智能通识课[M].张瀚文,译.北京:人民邮电出版社,2020.

[17] YOSHUA B,YANN L,GEOFFREY H. Deep Learning[M]. AARON C,译.北京:人民邮电出版
      社,2017.

[18] FRANÇOIS C. Deep Learning with Python[M].张亮,译.北京:人民邮电出版社,2018.

[19] AURÉLIEN G. Hands-On Machine Learning with Scikit-Learn and TensorFlow[M].宋能辉,李娴,
      译.2版.南京:东南大学出版社,2020.

[20] JOSEPH S R,HLOMANI H,LETSHOLO K,et al. Natural language processing:A review[J].
      International Journal of Research in Engineering and Applied Sciences,2016,6(3):207-210.

图书资源支持

感谢您一直以来对清华版图书的支持和爱护。为了配合本书的使用，本书提供配套的资源，有需求的读者请扫描下方的"书圈"微信公众号二维码，在图书专区下载，也可以拨打电话或发送电子邮件咨询。

如果您在使用本书的过程中遇到了什么问题，或者有相关图书出版计划，也请您发邮件告诉我们，以便我们更好地为您服务。

我们的联系方式：

清华大学出版社计算机与信息分社网站：https://www.shuimushuhui.com/

地　　址：北京市海淀区双清路学研大厦 A 座 714

邮　　编：100084

电　　话：010-83470236　010-83470237

客服邮箱：2301891038@qq.com

QQ：2301891038（请写明您的单位和姓名）

资源下载：关注公众号"书圈"下载配套资源。

资源下载、样书申请

图书案例

书圈

清华计算机学堂

观看课程直播